ハヤカワ文庫NF
〈NF358〉

〈数理を愉しむ〉シリーズ

歴史は「べき乗則」で動く

種の絶滅から戦争までを読み解く複雑系科学

マーク・ブキャナン
水谷　淳訳

HAYAKAWA NONFICTION

早川書房
6525

UBIQUITY
by
Mark Buchanan

Translated by
Jun Mizutani
Published 2009 in Japan by
HAYAKAWA PUBLISHING, INC.
This book is published in Japan by
arrangement with
WEIDENFELD & NICOLSON,
an imprint of THE ORION PUBLISHING GROUP LTD
through JAPAN UNI AGENCY, INC., TOKYO.

ケイトとニーチェとウサギに捧ぐ

謝辞

貴重な時間を割いて原稿の一部を読んでいただき、意見をくださった科学者の方々、そして図やデータや情報を提供してくださった科学者の方々に、感謝申し上げる。特に、ロバート・ゲラー、クリストファー・ショルツ、レナ・オダーシェード、トム・ウィッテン、ポール・メーキン、ジム・マイス、キム・クリステンセン、ステファノ・ザッペリ、レオ・カダノフ、ディートリッヒ・シュタウファー、ジェームズ・ビニー、マーク・ニューマン、ブルース・マラマッド、ジェフリー・ロックウッド、ロイ・アンダーソン、マイケル・ベントン、ウイリアム・クレメンス、ピーター・ヨッジス、ジーン・スタンレー、トーマス・ラックス、パラメスワラン・ゴピクリシュナン、ダーク・ヘルビング、シドニー・レドナー、ゴットフリード・マイヤー＝クレス、ルイス・ミラー各氏には深く感謝する。もちろんこの方々が、本書で私が示した事柄のすべてに同意しているということではない。本書の中に存在しうる誤りや誤解は、すべて私一人の責任だ。

また、本書執筆の価値を認めてくださったワイデンフェルド・アンド・ニコルソン社のピーター・タラック氏、そして、数カ月にわたる執筆の間、絶えず私を支え励ましてくれた妻ケイトに感謝申し上げる。

二〇〇〇年七月、ノートルダム・ド・クールソンにて

マーク・ブキャナン

目次

第1章 なぜ世界は予期せぬ大激変に見舞われるのか 9
第2章 地震には「前兆」も「周期」もない 41
第3章 地震の規模と頻度の驚くべき関係――べき乗則の発見 62
第4章 べき乗則は自然界にあまねく宿る 79
第5章 最初の地滑りが運命の分かれ道――地震と臨界状態 99
第6章 世界は見た目よりも単純で、細部は重要ではない 122
第7章 防火対策を講じるほど山火事は大きくなる 144
第8章 大量絶滅は特別な出来事ではない 171
第9章 臨界状態へと自己組織化する生物ネットワーク 190
第10章 なぜ金融市場は暴落するのか――人間社会もべき乗則に従う 221

第11章　では、個人の自由意志はどうなるのか　253
第12章　科学は地続きに「進歩」するのではない　269
第13章　「学説ネットワークの雪崩」としての科学革命　295
第14章　「クレオパトラの鼻」が歴史を変えるのか　325
第15章　歴史物理学の可能性　344
訳者あとがき　355
解説／増田直紀　359
原　注　387

歴史は「べき乗則」で動く

種の絶滅から戦争までを読み解く複雑系科学

第1章　なぜ世界は予期せぬ大激変に見舞われるのか

政治とは可能な事柄に対する技術ではない。破滅と嫌悪との間の選択だ。

——ジョン・ケネス・ガルブレイス(1)

歴史とは、決して繰り返されることのない事柄についての科学である。

——ポール・ヴァレリー(2)

一九一四年六月二八日午前一一時、サラエボ。夏のよく晴れた朝だった。二人の乗客を乗せた一台の車の運転手が、間違った角で曲がった。車は期せずして大通りを離れ、抜け道のない狭い路地で止まった。混雑した埃まみれの通りを走っているときには、それはよくある間違いだった。しかし、この日この運転手が犯した間違いは、何億という人々の命を奪い、そして世界の歴史を大きく変えることとなる。

その車は、ボスニアに住む一九歳のセルビア人学生、ガブリロ・プリンツィプの真正面で止まった。セルビア人テロリスト集団「ブラック・ハンド」の一員だったプリンツィプは、自分の身に起こった幸運を信じることができなかった。彼は歩を進め、車に近づいた。そしてポケットから小さな拳銃を取り出し、狙いを定めた。そして引き金を二度引いた。それから三〇分経たないうちに、車に乗っていたオーストリア＝ハンガリー帝国の皇子フランツ・フェルディナンドと、その妻ゾフィーは死んだ。それから数時間のうちに、ヨーロッパの政治地図は崩壊しはじめた。

数日後オーストリアは、この暗殺を口実に、セルビア侵攻の計画を立てはじめた。ロシアはセルビアの防衛を約束したが、それに対してドイツは、もしロシアが介入したら、オーストリアを守るために我々も介入すると申し出た。そして、あの出来事からたった三〇日のうちに、このような国家間の脅しと約束の連鎖反応によって多くの軍隊が動員され、オーストリア、ロシア、ドイツ、フランス、イギリス、トルコが、死の鎖に絡まり合うこととなった。五年後、第一次世界大戦が終結したときには、一〇〇〇万人の命が奪われていた。ヨーロッパはそれから二〇年間、不安定な平和を経験し、その後第二次世界大戦によって、さらに三〇〇〇万人の命を失うこととなる。わずか三〇年の間に、世界は二度の大激動に悩まされたのだ。なぜだろうか？　すべて一人の運転手の過ちによるものなのだろうか？

第一次世界大戦の原因や発端については、ほとんど語り尽くされている。歴史学者のA・J・P・テイラーは、プリンツィプがひとたび引き金を引いたことで、国々は、まるで鉄道のダイヤに従うかのように、軍隊配備から宣戦布告へと後戻りのできない道を進んでいき、そして必然的に戦争へと突入することになったのだと言う。テイラーによれば、好戦的な国々は「軍隊配備のための巧妙な仕掛け作り」にはまり込んでいったのだ。(3)他の歴史学者のなかには、単純にドイツの攻撃性と領土拡張欲に注目し、五〇年前にビスマルクがドイツを統一した時点で、すでに戦争は不可避のものになっていたと主張する者もいる。この戦争の原因に対する学説の数は、この問題を研究する学者の人数より多いほどであり、今日もなお、新たな研究結果が頻繁に発表されている。(4)すべての歴史的事柄に対する「説明」は、必ずそれが起こった後でなされるものだということは、心に留めておく必要がある。

我々は、人類の歴史の移り変わりをどれだけ把握できるのか、そして未来の概略をどれだけ予想できるのか。これらの問題を考えるうえでも心に留めておかなければならないのは、ヨーロッパの歴史上、一九一四年までの一〇〇年間は穏やかな平和の日々であり、当時の歴史学者にとって戦争勃発は青天の霹靂(へきれき)であったということだ。アメリカの歴史学者クラレンス・アルヴォルドは、第一次世界大戦の後に次のように書いている。「地獄の申し子たちが、我が物顔に世界を蹂躙(じゅうりん)し、世界を修羅(しゅら)場に変えた。我ら世代が計画し作り上げてきた歴史という見事な建造物が、粉々に崩れ去った。我々歴史家がこれまで歴史から読み解いてきたものは、誤りだった。残酷なまでの誤りだったのだ」(5)。アルヴォルドを含む歴史学者は、自分たちは過去の歴史における論理的パターンをすでに見つけたと考え、現代の人類の歴史は合理的な方向へ徐々に進んでいくはずだと信じていた。しかし未来は、悪意をもった驚くべき力の掌(てのひら)の上に身を預けており、その力はひそかに想像を絶する破局を準備していたのだ。

世界史のうえで第一次世界大戦は、予測できなかった大激変の典型例である。この戦争は、「歴史上もっとも有名な迷い道」(6)が引き金となって起こったものであり、そんなめったにない出来事など二度と起こりはしないと、楽観的に考える人もいるかもしれない。今日、多くの歴史学者は後知恵を頼りに、二〇世紀に起こった世界大戦はもっと大きな力が原因となったものであり、今では再びはっきりと将来を見通せるようになったと考えている。しかし、アルヴォルドたちも一世紀前、これとほぼ同じ自信を抱いていた。しかも現在、彼らより聡明な者は、我々のなかには本職の歴史学者も含めてほとんどいないと思われる。

ソビエト社会主義共和国連邦は、一九八〇年代半ばの時点で誕生以来七〇年近く経っており、世界という舞台の上で永遠に存在するかのように思われていた。その頃アメリカにとって、軍事的に先をいくソ連は明らかに脅威であり、アメリカがそれに追いついていくには、一丸となって努力する以外に道はなかった。一九八七年の時点では、今後一〇年はおろか、五〇年のうちにでもソ連が崩壊するかもしれない、と一言でも示唆（しさ）した歴史学や政治学の雑誌を見つけるためには、あちこち探し回らなければならなかったであろう。ところが誰もが驚いたことに、それからたった数年後に、想像を超えた出来事が現実のものとなったのだ。

ソ連崩壊を受けて、歴史学者のなかには別の結論に飛びついた者もいる。民主主義が世界中に広がり、平和で永続的な「新世界秩序」の下、世界が一つにまとまるというのである。「新世界秩序」——民主主義（そして資本主義）が社会主義に勝利したと高らかに宣言した西側政治家たちにとっては、すばらしい言葉だった。なかには、我々は「歴史の終焉（しゅうえん）」に近づいており[7]、世界が地球民主主義とも言える究極の安定状態に落ち着き、何世紀にもわたって個人の尊厳を追い求めてきた努力がついに実を結ぶ、と考える者さえいた。そのわずか数年後再びヨーロッパで、かつてのユーゴスラビアの地を、戦争と恐ろしい残虐行為が襲った。これは一時的な後退だったのか？　それとも、これから起こることの最初の不吉な前兆だったのか？

歴史学者は当然、なぜこれらの出来事があのように展開していったのかを、後知恵ではあるが、もっともらしく解釈できる。この解釈の方法は間違ってはいない。考察と解釈が必ず時間をさかのぼって行なわれるというのは、歴史学の本質なのだ。かつてセーレン・キルケゴールは、あるジレンマについて語った。「人生は時間をさかのぼって理解されるものだ。だが、人生は時間を下って生きなければならない」。出来事の後でなされる解釈に頼らざるをえないという事実は、人間の行為には単純で理解可能なパターンなどないということを示しているようにも思える。人類の歴史のなかでは、次の劇的な出来事、次の大激変は、必ず一寸先に身をひそめて待ち構えているのだ。

だから多くの歴史学者は、たとえ歴史のなかに意味深い傾向を見出そうとしていたとしても、H・A・L・フィッシャーが一九三五年に下した次の結論に共感するはずだ。

私よりも賢く学識のある人たちは、歴史のなかに、筋書きや周期や一定したパターンを見出している。こういった調和は、私の目からは覆い隠されている。私には、次々に現われる出来事の一つ一つしか見えない。歴史家が身を守るために唯一必要なのは、偶然の出来事や予測不可能な出来事が人間の運命において演じる役割を認識することだ。ある世代によって築かれた基礎は、次の世代には失われるかもしれない。[8]

ここまで読んできた読者は、この本が歴史学ではなく理論物理学を基礎とする概念を扱った本だと聞いたら、きっと驚くことだろう。私が本書を、前世紀初めの大戦について詳説し、人類の歴史の不規則で突発的な性質を強調するところから始めたのは、きっと奇妙なことだと思われるだろう。歴史は曲がりくねった道を進み、その進路を予測しようとする試みは徒労に終わるという考えは、目新しいものではない。しかし私の目的は、我々はある特別な時代に生きているということを、読者に納得してもらうことである。なぜ歴史はこのような形になったのか、なぜ歴史は劇的で予測不可能な大激変によって区切られるのか、あるいは区切られなければならないのか、そしてなぜ、歴史の変化のなかに周期や連鎖や理解可能なパターンを見出そうとした過去のあらゆる試みが、そろって失敗に終わってきたのか。今やこれらの問題は、変わった由来をもつ新たな概念によってとらえられるようになってきたのだ。

はかない平穏

人類の歴史は人間の不可解な行動に左右されるものなので、それを理解するのは不可能だと考える人もいるかもしれない。個人における予測不可能性を何十億回も掛け合わせなければならないことを考えれば、歴史学者が未来へ進む道を予測するための単純な歴史法則――ニュートンの法則のようなもの――など存在しないと考えるのも当然だ。この結論はもっともらしく思えるが、しかしそれに飛びつく前にもっとよく考えるべきである。もし人類の歴史が、予測不可能な大激変に支配され、どんなにささいな出来事によっても次から次へと徹底的に振り回されるとしたら、歴史が独自の過程をたどることなどありえないはずだ。我々の世界においてこのような性質は普遍的なものであり、そしてそこに何か奥深い理由があるかもしれない、と考えはじめている者もいる。

神戸という都市は、現代日本の珠玉の一つである。神戸は、日本最大の島である本州の南海岸に沿って広がっており、世界第六位の規模である神戸港は、毎年日本全体の輸出入の三分の一近くを取り扱っている。神戸には優秀な学校がいくつもあり、住民は安定した環境に囲まれたこの安息の地の恩恵に浴している。この都市は、「アーバンリゾート」と呼ぶのにふさわしい(9)。何世紀にもわたって神戸は、平和な夜明けを迎え、明るく暖かい日々を過ごし、そして涼しく平穏な夜を迎えてきた。あなたがもし神戸を訪れていたとしても、そのすぐ足下で、見えない力が想像を絶する猛威を振るわんと準備を進めていたとは、決して思わなかったであろう。一九九五年一月一七日午前五時四五分、静寂が突然ずたずたに破られたとき、たまたまそこに居合わせていなかったらの話だが。

その瞬間、日本列島のすぐそば、神戸市の南西二〇キロの地点で、大洋底にあるわずかな数の小さな岩石が突然砕けた。その出来事自体は、ありふれたものだった。地球上を少しずつ動いている大陸プレートが互いに擦れ合って、ゆっくりと歪みが蓄積し、そのために毎日地殻はわずかずつずれていく。しかしこのとき、わずかなずれはそれだけでは終わらなかった。初めのわずかな数の岩石の崩壊が、周囲の岩石の歪みを変え、それらを砕けさせた。さらに続いて他のいくつもの岩石も次々とそれに倣い、たった一五秒の間に、大地は約五〇キロの長さにわたって引き裂かれた。その結果発生した地震は、核爆弾一〇〇個分のエネルギーで地面を揺さぶり、神戸周辺の幹線道路や鉄道をすべて破壊し、神戸市内では、一〇万戸以上の建物を傾け崩壊させた。その地震で発生した火災は一週間鎮火せず、神戸港の一八六のバースは、九つを除いてすべて使用不能になった。結局、五〇〇〇人以上が死亡し、約三万人が負傷し、約三〇万人が家を失うこととなった。[10]

何世紀もの間、神戸周辺一帯は地質学的に平穏だった。それがわずか数秒の間に壊滅したのだ。なぜなのか？

日本は地震国である。一八九一年、今回の一〇倍のエネルギーをもった地震が、中部にある濃尾地方を破壊した。そして、一九二七年、一九四三年、一九四八年には、他の地域を地震が襲った。これらの大地震の間隔は、三五年、一六年、五年と、単純で予測可能な反復パターンを示してはいない。これは、世界のどこにおいてもたいてい言えることだ。

歴史学者H・A・L・フィッシャーが、歴史のなかに「筋書きや周期や一定したパターン」を見出せなかったのと同様に、地球物理学者たちも、その大変な努力にもかかわらず、地震活動に何らかの単純なパターンを見出すことにはことごとく失敗してきた。現代の科学者は、遠く離れた彗星や小惑星の運動を、驚くべき正確さで描き出せる。しかし大地の仕組みの何かが、不可能とは言わないまでも、地震予知をきわめて難しいものにしている。複雑に絡み合った国際政治と同様に、地殻も、突発的で一見説明不可能な大変動に支配されているのだ。

大火災

ワイオミング州にある広大なビッグホーン盆地の西に、イエローストーン国立公園の手つかずの自然がロッキー山脈まで広がっている。ポプラや松の広大な森林が山々を柔らかい布地のように覆い、そこにクロクマ、グリズリー、ムース、エルク、鹿、そして数え切れないほどの種類の鳥やリスが身を隠し、原初の姿を留めた自然のなかで生きている。そこかしこで巨大な岩の塊が松の森を貫き、時を越えた番人のように高くそびえている。これが、一八七二年に保護の対象となったアメリカ一美しい自然公園の姿であり、現在毎年一〇〇万人以上が休暇で訪れている場所だ。

イエローストーンは確かに果てしない平穏な場所だが、時折そこは恐ろしい山火事が猛威を振るう場所にもなりうる。毎年この公園内では、雷によって何百という森林火災が発生している。そのうちのほとんどは一エーカー（約〇・四ヘクタール）も焼かずに鎮火するが、ときには数エーカーを焼くこともある。また、数百エーカー、あるいは稀に数千エーカーを焼きつくす森林火災が発生することもある。一八八六年に発生した記録史上最大の森林火災でも、二万五〇〇〇エーカーを焼くに留まった。一九九八年六月末、夏の嵐に伴う稲妻が、イエローストーンの南端近くに小さな山火事を発生させた。誰もあまり警戒していなかった。その山火事はショショニと名づけられ、林野庁はその拡大を監視しはじめた。それから一週間以内に、公園内の他の二ヵ所で、嵐により再び山火事が発生した。しかし、まだ心配する必要はなかった。七月一〇日、にわか雨が降った後でも、いくつかの山火事はまだくすぶっていたが、どれも手のつけられないような状態ではなく、数週間以内に鎮火すると思われた。しかし実際にはそうではなかった。

異常に乾燥した状態で風が吹きつづけていたとはいえ、その山火事が大きくなりつづけるとは、七月半ばまでは誰も思わなかった。「その時点までは、この森林火災の問題は通常の業務の範囲内でした」と国立公園部の広報担当官は後に語っている。[11] しかし七月一四日には、クローバーと名づけられた山火事が四七〇〇エーカーに燃え広がり、ファンという名の山火事は二九〇〇エーカーを覆うまでになっていた。四日後には、ミンク・クリークという地域で発生したもう一つの山火事が爆発的に燃え広がって、一万三〇〇〇エーカーを覆うまでになった。森林管理者たちは、誰もが予想だにしなかった出来事を目にしはじめていた。山火事ショショニが突然息を吹き返し、わずか数日で三万エーカー以上を焼きつくした。そして八月までに公園全体で約二〇万エーカーが、すでに燃えつきたか、あるいは燃焼中の状態になった。火は毎日、八から一六キロの割合で広がりつづけ、煙は一六キロの高さまで覆いつくした。

その後の二カ月間で国じゅうから一万人以上の消防士が集まり、一一七機の飛行機と一〇〇台以上の消防車を使って消火が試みられたが、まったく功を奏さず、火は公園じゅうに燃え広がった。結局、火は一五〇万エーカーを焼きつくし、一億二〇〇〇万ドル以上の連邦消防予算が費やされた。秋になって初雪が降り、やっと火の勢いは弱まりはじめた。

いくつかの取るに足らない稲妻が、まるで庭先のバーベキューのように、イエローストーン史上最悪の大火災を引き起こしたのだ。なぜこれほどまでに悪い事態になったのか？　そしてなぜ誰もそれを予想できなかったのか？

突然の暴落

一九八七年九月二三日、世界中の投資家が『ウォールストリート・ジャーナル』紙を広げ、そこに夢のようなニュースの見出しを見つけた。「活発な商いで株価高騰、工業指数七五・二三ポイント上昇(12)」。信じられないような夏だった。ほとんど規則的に毎日毎週、株価が上昇し、資産価値が増えていった。数週間前、ニューヨーク証券取引所での株価は史上最高値を更新し、その後わずかに下落したものの、引きつづく九月二三日の急上昇は、まさにほとんどの市場関係者が予想していたものだった。短い「調整局面」は自然と終わり、さらなる上昇への地盤が固められた。ある市場関係者は、「このような市場では、どんなニュースもよいニュースだ。市場が上昇しつづけるのだから、それも当然だ」と言った[13]。

そして二週間後の一〇月六日、取引開始の時点では、ほとんどのアナリストが株価のさらなる上昇を予想していた。その予想を裏切って株価が急落しはじめても、初めのうちは不安はほとんど広がらなかった。大部分のアナリストは、これはささいな調整局面であり、投資家が金利やドルの価値に疑いを抱いたための一時的な後退だと、当然のように思っていた。しかし何らかの理由で、このわずかな調整局面が根を下ろしはじめた。その日の終わりまでには、売り注文が殺到しはじめ、楽観的な「弱気筋」は突然出鼻をくじかれたと感じた。ある者は次のように述べている。

まさに寝耳に水だった。こんなにひどい状況だとは予想もしていなかった。午後三時頃には、凍(こお)りついてスクリーンを見つめるだけだった。電話さえも鳴らなくなった。我々は現在進行中の歴史の目撃者となった[14]。

それでもまだ、歴史的な物語は始まったばかりだった。

新聞は即座に、一〇月六日の下落は比率で言うと歴史上ワースト一〇〇にも入らないと指摘して、人々を安心させようとした。まだそれほど深刻なものではなかった。翌週も市場は下がりつづけ、一〇月一四、一五、一六日には三日連続で下落した。それでも『ウォールストリート・ジャーナル』紙は、頑固なまでに自信と期待をもちつづけていた。

> これは過去三番目の下落だった。しかし、金曜日の取引における出来高の大きさが今後の好転を示唆していると、何人もの専門アナリストたちは語っている。[15]

しかし実際は、さらに不吉な出来事が起こりつつあった。

一〇月一九日、暗黒の月曜日(ブラックマンデー)。ここ何週間かにわたって大口投資家の心に蓄積してきたわずかな懸念が、突然怒濤(どとう)の恐怖へと発展した。午前九時半に市場が取引を開始すると、狂わんばかりのパニックが市場を席捲(せっけん)した。株価が急落しはじめたのだ。売り注文が殺到して、午後遅くまでに株価や債券価格は五分の一以上下落し、投資家の資産は約五〇〇〇億ドル減少した。取引が終了すると、ウォール街は悪夢のような陰鬱(いんうつ)な雰囲気に覆われ、市場関係者は、一日のうちでは証券取引史上最大の暴落をじっと思い返していた。『ニューズウィーク』誌は次のように書いた。「まるで世界の終わりのようだった。二世代の間、こんなことは起こりえないと信じてきたのに」。この暴落は、一九二九年に起こった悪名高い株式市場崩壊の倍近いという深刻なものだったが、今回は幸運にも、世界的な経済恐慌のきっかけとはならなかった。ある億万長者の投資家は語った。「神が我々の肩をたたいたのだ。正気に戻れと警告するために」。

第一次世界大戦や阪神大震災と同様、誰もこの暴落を予想できなかった。その代わり、暴落直後にアナリストは、なぜこのときにこのようなことが起こったかについて、様々な疑わしい説明をひねり出した。今日でも、ほとんど意見は一致していない。ウォール街のあるベテランアナリストは、次のように語っている。

一九八七年の暴落では誰もがいっせいに理性を失ってしまったので、「市場機械説」をとる学者は、懸命になって暴落の原因を探り、市場を立て直す方法を考えた。もっとも支持された理論によれば、この暴落は、いわゆるポートフォリオ・インシュアランス・コンピュータ・プログラムによって引き起こされたとされている。このプログラムは、市場が下落したら株式を売るように設計されている。しかし残念ながらこの理論では、なぜ世界中の市場が同時に暴落し、そしてなぜ下落が止まったのかを十分に説明できない。コンピュータ取引が行なわれていない世界中の市場の株価指数が、なぜダウ工業指数よりも大きく下げたのかということを説明するのに、この理論はまったく役に立たないのだ。さらに、一九八六年から一九八七年にわたってずっと、株式評論家が真面目な口調で次のように語っていたということも、見落としてはならない。「株式市場の暴落は起こりえない。なぜなら『適切な予防対策』があるからだ。(16)たとえばポートフォリオ・インシュアランス・コンピュータ・プログラムのような」。

剣先に立つ

戦争の原因は政治や歴史に求め、地震の原因は地球物理に求め、森林火災の原因は気象や自然の生態系に求め、そして市場暴落の原因は財政、経済、あるいは人間の行動心理に求めるべきものである。どれもそろって「大惨事」や「大激変」と形容されるが、これらの出来事はそれぞれ特有の土壌から発生してきたものだ。しかしそれでも、これらはある興味深い類似性をもっている。国際関係のネットワーク、森林や地殻の構造、投資家の期待や展望のつながりあい——こうしたシステムの組織構造はどれも、小さな衝撃がシステム全体へと広がりうるようになっている。それはまるで、これらのシステムが不安定な剣の先でバランスをとっていて、それがいつ崩れてもおかしくない状態であるかのようだ。

生命の歴史にも、これと似たパターンを見出すことができる。化石の記録によれば、地球上の生物種の数は過去六億年の間、大雑把に言って着実に増加しつづけてきた。しかし、少なくとも五回、突然ほとんどすべての生物が姿を消すような、恐ろしい大量絶滅が起こっている。何が起こったのか？　多くの科学者は、巨大小惑星や彗星の衝突によって、地球の気候に急激な変化が起こったためと指摘している。また他の科学者のなかには、たった一つの種の絶滅が、たまたま他の種の絶滅を引き起こし、そしてそれがまた別の種を絶滅させ、最終的に生態系の大部分を巻き込むような大量絶滅に拡大したと主張している者もいる。大量絶滅の謎はいまだに生物学者や地質学者を悩ませつづけているが、明らかなことが一つだけある。生態系は回復力をもっていて釣り合いの取れた状態にあるように見えるが、実際はもっと不安定な状態にあるということだ。地球の生態系は時折、突発的な崩壊に見舞われてきたのだ。

私が小学生のとき、数学の先生が、二つの三角形が相似形かどうか調べよという、いやな問題を出した。先生は言った。「ここに大きい三角形があります。そしてここにもっと小さい三角形があります。向きは違っています。大きさや向きを無視したとき、この二つは同じ三角形でしょうか？　言い方を変えると、どちらかの三角形を、好きな大きさに縮めたり広げたり、好きなようにひっくり返したり回したりして、もう一つの三角形とぴったり重ね合わせることができるでしょうか？　できたとしたら、二つの三角形は相似形です。一方の三角形で角度や辺の長さの比といった性質が分かれば、もう一つの三角形の性質も分かるはずです」。

三世紀前、アイザック・ニュートンは、ある別の類似性に着目して科学に革命を起こした。ニュートンが、リンゴが地面に落ちるのは地球が太陽のまわりを回っているのとまったく同じことだと言っても、当時の人々は初めは信じることができなかった。しかしその後、皆が衝撃を受けることになった。ニュートンは、地球もリンゴも、「万有引力に支配されて運動する物体」という同じ一つの種類に属する、ということを発見した。ニュートン以前には、地上での出来事と天界での出来事は、まったく比較のしようがないものだと考えられていた。後に、リンゴや矢や衛星の運動、そして銀河全体の運動でさえ、もとをただせば同じもので、それらはある単一の深遠なる過程の単なる具体例にすぎないととらえられるようになった。

アメリカの哲学者で心理学者のウィリアム・ジェームズは、こう書いている。「賢明なる技術とは、何を見過ごすかを見極める技術だ」[17]。本書は、何を見過ごすかを知るために、険しい科学的道筋をたどっていく本である。三角形や運動する物体の類似性についてではなく、我々の人生に影響を及ぼす様々な激変のあいだにある深遠な類似性の発見と、そして経済、政治体制、生態系など、激変が起こりうる複雑なネットワークの自発的な構築過程についての本だ。様々な激変のなかには、ファッションや音楽に対する嗜好の劇的な変化、社会的混乱、技術革新、そして科学上の大発見までもが含まれるだろう。これから見ていくように、このような出来事、そしてそれらを引き起こすシステムの変化は、ごく少数の単純で普遍的な基礎的過程を反映したものなのだろう。そしてさらに意外なことに、そのような作用は、初歩的な数学ゲームを使って理解できるのだ。

砂遊びをする男たち

アルベール・カミュはかつて、「あらゆる偉大な行為や偉大な思考は、滑稽（こっけい）な起源をもつ」と書いた。[18] 一九八七年、三人の物理学者が、ニューヨーク州にあるブルックヘブン国立研究所の一室で、ちょっとした奇妙なゲームを始めた。理論物理学者とは、宇宙の起源について考察したり、原子核物理や素粒子物理の最新の謎を解き明かしたりしているものだ、と思っている読者も多いことだろう。しかしパー・バク、チャオ・タン、クルト・ヴィーゼンフェルドは、まったく違うことに専念していた。まったく単純に、テーブルの上に砂粒を一粒ずつ落としていったら何が起こるのか、という問題を考えていたのだ。

物理学者は、一見つまらない問題を設定してみて考えを進めていったところ、その問題がそれほどつまらないものではないと分かったとき、喜びを感じるものだ。その点で言うと、この砂山ゲームは大当たりだった。砂粒が積み上がってくると、当然、大きな砂山が徐々に空に向かって伸びていくと考えられる。しかし明らかに、それがずっと続くことはない。山が大きくなってくると、斜面はどんどん急になり、次の砂粒が引き金となって雪崩が起きる可能性がどんどん高まっていく。砂は斜面を滑り落ちて平らな場所に広がり、山は高くなるどころか、逆に低くなるだろう。結果として、山は高くなったり低くなったりしつづけ、山の輪郭は永遠に変化を繰り返すはずだ。

バク、タン、ヴィーゼンフェルドの三人は、この変化について理解しようと思った。砂山が拡大縮小するときの典型的な周期は、どんなものだろうか？ つまらない問題だと思われるかもしれない。しかし、砂を一粒ずつ落としていくのは、神経を使うつらい作業だ。そこでバクたちは、何らかのヒントを得るためにコンピュータに向かった。彼らはコンピュータを使って、仮想のテーブルの上に仮想の砂粒を落としていき、そこに、山の斜面が急になるにつれて砂粒がどのように崩れ落ちていくかを定めた単純な規則を設定した。これは本物の砂山とまったく同じというわけにはいかないが、コンピュータを使うことで、数日もかけずに数秒で山を作れるという利点があった。このゲームは簡単に実行できたので、三人の物理学者はすぐにコンピュータの画面に釘づけになって、落ちる砂粒を追いかけ結果を見つめつづけた。そして、いくつかの興味深い事柄に気づきはじめた。

最初の大きな驚きは、次のような単純な質問に対する答えであった。雪崩の典型的な規模はどれだけなのか？ つまり、次に起こる雪崩はどれだけの大きさになると予想できるのか？ 彼らは膨大な数のテストを行ない、何千という砂山で起こった何百万という雪崩の砂粒の数を数え、崩れ落ちる砂粒の典型的な数を導き出そうとした。結果はどうなったか？　実は、結果は得られなかったのだ。「典型的な」雪崩などというものは、存在しなかったのである。あるときは一粒だけ崩れ落ち、またあるときは一〇粒、一〇〇粒、一〇〇〇粒が崩れ落ちた。またときには、何百万という砂粒が崩れ落ちて砂山全体に大変動が起こり、山自体がほとんど崩壊するようなこともあった。いつも、まさにどんなことでも起こりうるかのように見えた。

通りを歩いていて、次に出くわす人の背の高さを予想することを考えてみよう。もし人の身長がこの雪崩のように振る舞うとしたら、次に出くわす人の身長は、一センチ以下かもしれないし、一キロ以上かもしれない。その人に気づく前に、虫のように踏みつぶしてしまっていることさえありうる。あるいは、仕事から帰るのにかかる時間が、同この雪崩のように振る舞うとしてみよう。すると、あなたは生活の予定を立てられなくなるだろう。なぜなら、明日の帰宅にかかる時間には、数秒から数年までの幅があるからだ。これは、控えめに言ってもかなり劇的な、予測不可能な出来事である。

なぜこの砂山ゲームから予測不可能性が現われてくるのか、それを調べるためにバクは、コンピュータにちょっと細工をした。今、砂山を上から覗き込んで、傾斜の大きさに応じて山を色分けしたと考えてみよう。比較的平坦で安定している部分を緑で塗り、傾斜が急で、今にも雪崩が起きそうな部分を赤で塗ることにする。さてどのように見えるだろうか？　初めのうち、山はほとんど緑色に見えるが、山が大きくなっていくにつれて、赤色の部分が出現してくる。さらに砂粒を落としていくと、赤色の危険な部分が大きくなっていき、ついには、不安定な部分が網目状に広がって山全体を密に覆うことになる。これで、砂山の奇妙な性質を説明する手がかりが得られた。赤い部分に落ちた砂粒は、ドミノ倒しのように、近くにある別の赤い部分を滑らせる。もし危険な赤い部分がまばらで互いに十分離れていれば、一粒の砂は限られた影響しか及ぼさない。しかし、赤い部分が山じゅうに広がっていると、次の砂粒が何を引き起こすかはきわめて予測不可能になる。わずかな砂粒が転がるだけかもしれないし、劇的な連鎖反応が引き起こされて、何百万という砂粒が巻き込まれるかもしれない。

これは物理学者だけが面白がることだ、とあなたは思うかもしれない。でもちょっと待ってほしい。コンピュータの砂山がおのずから組織化したこの過敏な状態は、「臨界状態」と呼ばれている。この基本的な概念は、物理学者には一世紀以上前から知られていたものだが、これは理論の上だけでの異常な問題であって、非常に例外的な条件の下でしか現われない、とてつもなく不安定で稀な状態であるとみなされてきた。ところがこの砂山の場合、特に考えもせずに砂粒を落としただけで、このような状況がおのずから必然的に現われたのだ。[19]このことから、バク、タン、ヴィーゼンフェルドは、ある刺激的な可能性について考えはじめた。砂山でこれほど簡単に例外なく臨界状態が出現するのなら、似たような状態はそこらじゅうで発生するのではないか？ 論理的に同じたぐいの不安定性が、たとえば地殻や森林や生態系や、もっと抽象的な経済構造のなかにおいても、謎めいた形で連鎖を引き起こしていくのではないか？ 神戸近郊で初めに崩壊したいくつかの岩石や、一九八七年の株式市場の暴落を引き起こした初期のわずかな下落について考えてみてほしい。これらの出来事は、「砂粒」の役割を果たしたのだろうか？ なぜ世界がこれほど予測不可能な激変に見舞われるのかを、臨界状態の組織化という考えによって説明できるのだろうか？

何百人という物理学者が、一〇年間研究を続けてこの問題に取りくみ、初めのアイデアを大きく広げてきた[20]。そこには多くのあいまいな点や異なる解釈もあり、それらは本書で後に扱うことにするが、大雑把に言うとその基本的な主張は単純だ。独特できわめて不安定な臨界状態が組織化されるという現象は、確かにこの世界中にあまねく存在しているようだ、ということである。研究者たちはここ数年で、この現象の数学的特徴を、私がここまで取り上げてきたすべての激変の仕組みのなかに、そして、伝染病の流行、交通渋滞の発生、職場での管理職から部下への指示の伝わり方などといった、いろいろな場所に見出してきた[21]。そしてもっとも重要な事実として、原子、分子、生物種、人間、さらには思考といった、あらゆる物事のネットワークは、どれも同様の方法で自らを組織化していくという目立った傾向をもっていることが発見された。科学者たちはこの洞察を元にして、あらゆるたぐいの無秩序な出来事の奥に潜むものが何かを推測し、これまで何もパターンがないと思われていた所にパターンを見出しはじめたのである。

これは意味深い発見だ。しかしそれを説明する前に、臨界状態とは何かを明らかにしておかなければならない。

蝶(バタフライ)を超えて

英語で臨界(critical)という言葉はcから始まるが、金融市場や気象などとの関連で近年取りざたされている言葉にも、cから始まるものがいくつかある。まず「カタストロフィー理論」(catastrophe theory)、次に「カオス」(chaos)、そしてもっとも新しいのが「複雑系」(complexity)だ。臨界状態は、これらの概念とどういう関係があるのだろうか？

ストローの両端をそっとやさしく押していき、それを圧縮して短くしようとすると、確かにごくわずかだけは短くなる。しかしもっと強く押していくと、ある時点でストローは突然折れてしまう。一九七〇年代にルネ・トムという数学者が、このような突然の変化を説明するための理論を作り、そのような変化を「カタストロフィー」と呼んだ。しかしトムのカタストロフィー理論は、その刺激的な名前にもかかわらず、地殻や経済や生態系の仕組みについてはほとんど説明できなかった。このような何千何万という要素が作用しあう場面では、全体としての集合的組織化や集合的行動が重要になる。このようなシステムを理解するには、カタストロフィー理論が対応できなかった、相互作用しあう物事からなるネットワークといったものに、一般的に適用できる理論が必要となる。

カオス理論の起源は、偉大なフランス人物理学者アンリ・ポアンカレの一世紀以上前の研究にさかのぼれるが、科学者たちがその真の重要性に気づいたのは一九八〇年代になってからだった。ある物がカオス状態にあるというのは、ピンボールゲームの球のように、将来起こる出来事が途中のわずかな影響に応じて非常に敏感に変化してしまうということである。たとえば、風船の中では、分子はカオス法則に従って運動している。たった一つの分子をわずかに突いただけでも、ごく短い時間のうちに、風船の中のすべての分子が影響を受ける。地球大気に関して言えば、カオスによって「バタフライ効果」が発生する。ポルトガルで一匹の蝶が羽ばたくと、数週間後にモスクワが激しい嵐に見舞われるという、にわかには受け入れがたい結論が得られる。

この信じがたい敏感さのために、どんなカオス的システムでも、未来を予測することは現実的に不可能となる。カオス的過程は、機能する規則がどんなに単純だとしても、非常に気まぐれに振る舞うように見える。研究者たちは、レーザーからウサギの個体数、そして人間の心臓の拍動周期にまで、カオスの数学的特徴を発見してきた。一九八〇年代後半から一九九〇年代初めまでには、カオス理論によって金融市場の激しい変動をついに理解できるようになるかもしれない、と期待した研究者もいた。しかしうまくはいかなかった。非常に単純な理由のためだ。

科学者でない人々は、バタフライ効果を、カオスという概念を端的に表わしたものととらえているようだ。しかしバタフライ効果としてよく知られている話は、残念ながら少々誤解を招くものである。風船の中の分子の運動がカオス的だったとしても、中で特に変わったことは起きないはずだ。あなたは、中で嵐が巻き起こっている風船を見たことがあるだろうか？　風船の中の蝶がいくら羽ばたいても、それが影響を及ぼすことはない。カオスだけでは、なぜ蝶が嵐を起こしうるのかを説明できないのだ。確かにカオスは、なぜ小さな原因が未来の詳細（各分子の位置）を変化させるのかを説明することはできる。しかし、なぜ小さな原因が最終的に大激変につながりうるのかを説明するには、何か別のものが必要なのだ。カオスは、単純な予測不可能性についてなら説明できるが、「激変性」について説明することはできない。

もう一つcから始まる言葉は、「複雑系（complexity）」である。物理学者たちは何世紀にもわたって、量子論や相対論のような、時間に依存しない不変な方程式で記述される宇宙の基本法則を追い求めてきた。風船の中にもある種の不変性が存在する。条件が変化さえしなければ、風船内の空気は平衡状態を保つからだ。それに対して、大気中の空気は平衡状態から大きく外れている。太陽からの光の流入によって、絶えずかき回され、揺り動かされ、エネルギーを与えられているからだ。ここに激変の源(みなもと)を探る手がかりがある。平衡状態で起こることと、平衡から大きく外れた状態で起こることとの違いが重要である。平衡状態は非常に単純だが、平衡から外れた状態は明らかに複雑になりうるのだ。

種々の激変を説明できるある発見、そして本書の中核をなす概念は、非平衡物理学という急速に発展しつつある分野に属している。もっと流行(はや)りの言葉で言うと、複雑系物理学だ。非平衡状態のもとで相互作用する物事が形作るネットワーク、そのなかで生じる自発的パターンを研究することによって我々は、荒れ狂う大気から人間の脳まで、幅広い種類の自然現象を理解できるかもしれない。複雑系の研究はどれも、平衡状態から外れた物事に関するものであり、科学者たちはこれらの研究に取りかかりはじめたばかりである。臨界状態と複雑系との関係はきわめて単純だ。臨界状態の普遍性が、複雑系理論における初めての真なる発見であると言えるだろう、ということだ。

しかし、もう一つ重要な点がある。物理学者は複雑系の研究を通して、ある単純な事実を新たに認識するようになった。我々の目の前の世界では「歴史」が重要だ、ということだ。突きつめるとたった一つの細胞から進化してきた生物に関しては、これは当然のことだ。しかし、鉄のパイプの硬さや、壊れたレンガの不規則な表面でさえも、その成り立ってきた歴史全体を調べることなく理解することはできない。風船の中では歴史は意味をなさない。平衡状態では何も変化しないからだ。しかし平衡状態から外れれば、歴史が意味をもつようになる。雪の結晶のきわめて複雑な形は、希薄な空気からゆっくり凝結(ぎょうけつ)することで成長してきた歴史を追跡することでしか、説明できない。

非平衡物理学、複雑系物理学、そして新しい言葉として「歴史物理学」には、様々な課題が存在する。物理法則が本質的に単純であるのなら、なぜ世界はこんなに複雑なのだろうか？　なぜ生態系や経済は、ニュートンの法則と同様の単純性をもちあわせていないのだろうか？　その答えは一言で言えば、「歴史」なのだ。

歴史の意味

平衡状態から外れた物事は、時間に依存しない方程式を解くことでは調べられない。そこで物理学者たちは、別の方法に切り替えた。方程式の代わりにゲームを使うことにしたのだ。物理学の雑誌は今、単純なゲームの研究に関する論文でいっぱいだ。ある論文は結晶成長の原理を探るもので、また別の論文は粗(あら)い表面の生成を再現するもので、といった具合である。わずかずつ異なる何百というゲームが行なわれている。そして砂山ゲーム同様、そのどれもが非平衡システムに関係しており、そのために本質的に深く歴史に依存している。すべてのゲームが、フランシス・クリックがかつて「凍結した偶然」と呼んだものに影響されている。砂山ゲームでは、一粒の砂がどこに落ちるかは、偶然に支配される。そして砂山がその砂粒の上に成長し、その砂粒はその場所で「凍結」することになる。砂山全体は、その砂粒が他ならぬその場所にあるという事実に、永遠に影響を受けつづけることになる。つまり、今起こっていることは、決して消え去ることなく未来全体に影響を与えつづけるのだ。

もし物理法則が凍結した偶然を許さなかったとしたら、世界は平衡状態になり、すべてが風船の中の気体のように、永遠に均一で不変の状態に留まっていたはずだ。しかし実際には物理法則は、一つの出来事が、そこに永続的な結果をもたらし未来の進む先を変化させることを許している。物理法則は、歴史の存在を許しているのだ。臨界状態の普遍性の発見は、複雑系理論の初めての信頼しうる発見であるだけでなく、歴史における出来事の典型的な性質に関する、初めての意味深い発見でもある。そしてそれは、我々を本章の出発点へと立ち返らせることになる。

理論的には歴史は、実際よりもずっと予測可能な状態で展開しうる。原理的には、歴史は必ずしも様々な恐ろしい大変動に従う必要はないのだ。本書の役割の一つは、なぜ人類の歴史が今見るような形になっており、別の形になっていないのかを調べることである。その答えは、臨界状態のなかに、そして、可能な複数の歴史過程を調べ分類するという新たな非平衡科学のなかに見出されるものと、私は考えている。もし多くの歴史学者が、歴史の意味を見つけ理解する方法として、歴史の漸進的な傾向や周期を探しているとしたら、それは間違った方法である。これらの概念は、平衡系の物理学や天文学に現われるものだ。適切な方法は、歴史が意味をもつような物事の理解に特化した、非平衡物理学のなかに見出されるべきなのだ。

バク、タン、ヴィーゼンフェルドが例のゲームを考え出したちょうど同じ年に、歴史学者ポール・ケネディが『大国の興亡』を著した。[22] そのなかでケネディは、この世界の大規模な歴史的変化は、政治や経済の世界的ネットワークにおける緊張の自発的な蓄積と解放によって規定されている、という考えを示した。彼は、歴史の力学のなかに「偉大な個人」が影響を及ぼす余地はほとんどないと考え、本章の初めに引用したジョン・ケネス・ガルブレイスの言葉に共鳴した。彼の考えでは、個人はその時代の所産であり、強大な力を前にして反応する自由は限られているという。ケネディの主張の本質は、次のようになる。国の経済力は、おのずから盛衰を繰り返す。時が経つと、いくつかの国々は、自国の経済がもはや維持できないような力に執着するようになり、他の国々は、新たな経済力を獲得してより大きな影響力を求めるようになる。これは必然的な結果なのだろうか？　緊張は、どちらかが屈するまで蓄積していく。通常はこの緊張は、軍事的衝突によって解放され、それによって両国の影響力は、真の経済力に見合った程度にまで後退することになる。

この過程が、徐々に歪みが蓄積しそれが突然地震によって解放されるという、地殻で起こる過程や、斜面がどんどん高く不安定になっていきそれが雪崩によって崩されるという、砂山ゲームで起こる過程と似ていると感じられるのは、おそらく偶然ではない。後に見るように、戦争は実際に、地震や砂山の雪崩と同じような統計的パターンに従って起きている。ケネディはもしかしたら、このような理論的結果から、自身の主張をより適切に表現する言葉のみならず、それを強力に支持する事実を見つけることができたかもしれない。また、臨界状態に対する数学的表現を、数式ではなく言葉を使って、そして歴史の文脈において表現しなおそうと奮闘したかもしれない。

このような事実から歴史学者がどんな教訓を引き出したとしても、その個人にとっての意味はかなりあいまいだ。世界が臨界状態のような形に組織化されているとしたら、どんなに小さな力でも恐ろしい影響を与えられるからだ。我々の社会や文化のネットワークでは、孤立した行為というものは存在しえない。我々の世界は、わずかな行為でさえ大きく増幅され記録されるような形に、（我々によってではなく）自然の力によって設計されているからだ。すると、個人が力をもったとしても、その力の性質は、個人の力の及ばない現実の状況に左右されることになる。もし個人個人の行動が最終的に大きな結果を及ぼすとしたら、それらの結果はほぼ完全に予測不可能なものとなるはずだ。世界でまさに今も、歴史という砂山の赤い部分に砂粒が落とされようとしている。戦闘集団を降伏させようとしている者は、成功するかもしれないし、かえって事態を悪化させ戦争を引き起こすことになるかもしれない。争いを煽り立てようとしている者が、長い平和を導くことになるかもしれない。我々の世界では、物事の始まりは物事の終わりとほとんど関連をもたない。アルベール・カミュは正しかったのだ。「あらゆる偉大な行為やあらゆる偉大な思考は、滑稽な起源をもつ」。

この物語によって必然的に導かれる結論の一つは、歴史の周期(あるいは、非周期と言ってもいい)を見出すには、たとえば地震発生などの過程を調べていけばよい、ということである。大変動や過敏性への組織化という現象があまねく起こるものだとしたら、それを見つけるのにわざわざ難しい所を探す必要はない。そこで、人類の歴史や個人についてはしばらく棚上げにして、まず初めに、より単純な非生物の世界について見ていこう。地表の下の、暗い砂まみれの地下世界へと潜り、そこで何が起こっているか詳しく調べることにしよう。驚くことに、変化する地球の地下で起こるうごめきに、様々な物事の仕組みの見本を見つけることになるのだ。

第2章　地震には「前兆」も「周期」もない

「科学」とは単に、必ずうまくいくようなレシピの集合体でしかない。残りはすべて文学である。

――ポール・ヴァレリー(1)

私は、地震学にかかわりはじめて以来ずっと、地震予知も予知をする人も大嫌いだ。マスコミや一般大衆は、餌場に集まる豚のように地震予知の内容に飛びつくのだ。

――チャールズ・リヒター(2)

一九九〇年一一月にセントルイスの寂れた下町を歩いていたら、誰もが呆然としたはずだ。クリスマスまで一カ月足らずだった。本来なら商店は、プレゼントやツリーの飾り付けを買い求める人々でごった返していたはずだった。しかし一九九〇年の冬には、大きなスーパーはがらんとし、通りに人の姿はほとんどなかった。人々は別の所に集まっていた。郊外のスーパーや道具屋で何百万人という人々が、休暇を楽しむためでなく、迫り来る災害を生き延びるための準備を整えていたのだ。彼らはプレゼントの代わりに、飲料水や缶詰を買いこみ、ろうそくやランプや毛布やシャベルや発電機を仕入れていた。すべてはある新聞記事がきっかけだった。その記事の言っていることは、ほぼ確実だと思われた。一二月の初めの五日間に、セントルイスは巨大地震に襲われると。

パニックになったのは、セントルイスの人々だけではなかった。その冬、イリノイ州、アーカンソー州、テネシー州など、アメリカ中西部全域で、人々は恐怖に怯え、大慌てで備えに走った。地方や州の当局は、迫りくる破局を収拾するための計画を立てた。多くの州で学校が閉鎖され、緊急部隊が警戒を強めた。ボランティアの部隊がいくつも結成され、水の供給、仮設病院の設営、消防士の支援など、それぞれ特定の任務が与えられた。当局の予測では、セントルイスだけで死者は少なくとも三〇〇人にのぼり、被害は六億ドルを超えるということだった。

この地震予知は、アイベン・ブラウニングという「ビジネス・コンサルタント兼気候学者」によって出されたものだった。ブラウニングが博士号をもつ科学者だということで、マスコミは彼の予知を真に受けてしまった。彼の博士号は生物学で取ったものだったのに。ブラウニングは次のように主張した。問題の日、太陽と地球と月が特別な配置になり、そのために合成された重力が潮汐力を生み出し、ニューマドリッド断層帯に限界を超える歪みを引き起こして地震を発生させると。ミズーリ州政府は、地震に備えるために二〇万ドルを拠出した。セントルイスでは、住宅保険の担保が急上昇したために、家をもっている人々は総額二二〇〇万ドルを追加で支払わなければならなくなった。そしてもちろん、一九九〇年に大地震は起こらなかった。

このブラウニング騒動の間じゅうずっと、米国地質調査所やこの地域の大学の権威ある科学者たちは、この予知には科学的な意味はないと力説していた。ある報告書は、ブラウニングを次のように非難した。

科学を成功した立派な学問にしているところの、立証可能な証拠や仮説の検証を示すという過程を省いて、仮説から予知へと一足飛びに進んでいる。(3)

主流の地球物理学者たちはブラウニングと異なり、地震予知に関しては偏執的なまでに慎重である。これは、予知が引き起こす社会の混乱に配慮するという健全な理由だけによるものではない。実際には、科学者自らが地震予知にことごとく失敗してきたという経験が、その直接の原因となっている。一世紀にわたって研究が続けられてきたにもかかわらず、ほとんどすべての地震は予知されることなしに発生している。日本は、長年にわたり潤沢（じゅんたく）な予算を費やして地震予知の研究を進めてきたにもかかわらず、先ほど見たように、誰も一九九五年の神戸の地震を予知できなかった。さらに厄介（やっかい）なのは、科学者が予知したいくつもの地震が、ブラウニングの例のように、実際には起こらなかったということである。

不安定な地面

一九七〇年代末、日本の科学者は、東海地震がすぐにでも中部日本を襲うだろうと信じていた。ある研究者は、次のように述べた。

日本の多くの地震学者、地震対策の技術者、国や地方自治体の防災担当者は今や、近い将来、東京から名古屋までの中部日本の東海地方を、マグニチュード八程度の大地震が襲うものと確信している。問題の地域は、一八五四年や一七〇七年など、歴史上たびたび大地震に見舞われている。そして、この地域で再び大地震が起こるまでの周期は、約一二〇年と見積もることができる。すでに最後の大地震から一二〇年以上経過しているので、遅かれ早かれ再び大地震が起こるものと、確信をもって言える。(4)

そう考える根拠は単純だ。地震の間隔には「典型的な」時間があるはずだというものだ。ある地域において、最後の地震からすでに典型的な時間が過ぎてしまっているとすると、次の地震は発生が遅れているだけに違いない。一九七〇年代に日本の当局は、このような考え方を信じて早期警戒システムを作った。奇妙な地震学的データが見つかると、地震予知連絡会が緊急招集され、そこで原子炉、高速道路、学校、工場を閉鎖するかどうかが決定される。それ以来日本人は毎年、一九二三年の関東大震災と同じ日に、警戒宣言に対する訓練を行なってきた。しかし一〇年経っても、東海地震は起きなかった。そのかけらさえもなかった。そしてあの神戸の地震は、当局が危険は少ないと考えていた地域で起きたのだ。

一九七六年、米国鉱山局のブライアン・ブレイディーは、一九八一年八月と一九八二年五月に、ペルー沖合でマグニチュード九・八と八・八の巨大地震が発生すると予知した。さらに、それに先だつ一九八一年六月に、マグニチュード七・五から八の大きな前震が起きると主張した。実際はその前震は起こらず、面目（めんもく）を失ったブレイディーは予知を撤回した。しかしペルー政府はすでに恐怖に陥（おちい）っており、それをなだめるために米国地質調査所の職員がわざわざ訪問するまでに至った。(5)

もっと最近でも、地震予知の失敗は当たり前になっている。一九九五年、南カリフォルニア大学の地質学部長が、一九九五年の春か初夏にカリフォルニア中部で大地震が発生すると予知した。[6]地震は現実のものとはならなかった。

これらの予知はどれも、地球科学の主流で活躍している科学者たちによってなされたものである。もちろんそれ以外にも、アイベン・ブラウニングのような者たちによって行なわれた何百という予知が、失敗に終わっている。一九七四年、二人のアマチュア地震専門家が次のような本を発表した。

これまで何十年も知られてはいたが、決して組み合わせられることのなかったいくつもの証拠が、驚くべき形でつながった。そしてそれは、一九八二年にサンアンドレアス断層のあるロサンゼルス地域に、人の住む地域としては今世紀最大の地震が発生することを示唆している。この証拠の連鎖のとりをなすものとして、直接この災害を引き起こすことになるのは、太陽系の惑星の稀な直列現象である。[7]

この手の予知は、推測ということに関してマーク・トゥェインが述べたある言葉を思い起こさせる。「科学とは魅力的なものだ。くだらない事実に傾倒し、そこから山のような推測を得るのだから」。[8]もちろん、一九八二年にロサンゼルスで大地震は発生しなかった。

地震予知は、場所と時刻と規模を予告しなければ役に立たない。ある地震専門家は、学校や工場の閉鎖や都市からの避難という損失の大きさを考慮して、有効な予知とは「発生確率は五〇パーセント以上、発生時刻の精度は一日以内、発生場所の精度は五〇キロ以内でなければならない」と概算している。[9] また、地震の大きさも比較的正確に予測できなければならない。このようなことができたとしたら、影響を受ける地域の住民は大きな恩恵にあずかることになるだろう。[10]

それが可能になるところまで、我々はどれだけ近づいているのだろうか？　現在科学者は、地殻のある部分の隆起、沈下、移動をセンチメートル単位の正確さで測定するという、信じられないような技術をもっている。しかし東京大学の地球物理学者ロバート・ゲラーは、一九九七年に地震予知の現状を総説したなかで、ただ悲観的な考えを示すばかりだった。

地震予知の研究は、一〇〇年以上もの間、目立った成功もなく続けられてきた。成功したという主張はことごとく、綿密な調査をくぐり抜けられなかった。大規模な調査でも、信頼できる前兆現象は見つけられなかった。差し迫った大地震に対して信頼性の高い警報を発することは、事実上不可能であろう。[11]

「もし科学が「必ずうまくいくようなレシピの集合体」であり、残りはすべて文学だとしたら、地震に関する科学など存在しないと結論づけなければならない。うまくいくようなレシピがないからだ。地震に関しては、文学しか存在しない。一世紀にわたる研究は、無に等しいものなのだ。だとしたら、予知は本当に不可能なのだろうか？

ミッション・インポッシブル？

ピーター・メダワーは、かつて次のように指摘した。「あらゆる種類の予測のなかで、『ある原理的に起こりうる出来事が、実際には決して起こらないだろう』とするたぐいの予測ほど、明白に誤りだと分かり、人々を強烈に裏切るものはない[12]」。もちろんこれは、地震予知に関しても言えることかもしれない。「どこからともなく」大きな出来事が起きることはありえないというのが、我々が自然界に対してもっている深い信念である。必ずある特別で異常な条件が、その出来事のお膳立てをしなければならない、という信念だ。都心で大爆発が起こったとしたら、前もって大きな爆弾が仕掛けられたと推測できるということだ。

歴史学者が過去について考えるとき、そこにはいろいろな目的がある。歴史学者は、自分たちは何をなすべきなのかを、何世紀にもわたって議論してきた。しかし多くの歴史学者にとって、目的の一つは間違いなく、戦争や革命といった重要な出来事をある特定の時刻ある特定の背景で引き起こすような、一般的な原因や条件を探ることだ。そのような条件が特定できれば、将来我々が同じような出来事の発生を阻止する際に役立つかもしれない。同様に地球物理学者も、大地震が起きたとき、あるいは火山が突然爆発したとき、次のような問いかけをする。何がそれを引き起こしたのか？　そして、それが発生間近であることを我々に警告してくれていたかもしれない、岩石の中のささいな現象は、はたして存在したのだろうか？　少なくともいくつかの火山噴火については、その通りであるらしい。たとえば一九八〇年のワシントン州セントヘレンズ山の大噴火では、それに先立って、一日あたり一メートルにも達する地面の変形、ガスや水蒸気の噴出、そして何千回もの微小地震が起こり、[13]これらすべての現象が山を吹き飛ばすような破壊的な爆発につながった。こういった前兆現象のおかげで、政府は発生一ヵ月前に市民に警告を発することができた。

地球物理学者は一世紀以上にわたって、これと同じような、大地震の直前に起こる特別な状況を示す徴候を探しつづけてきた。大地震の少し前に必ず起こる特定可能な出来事があれば、それを地震の前兆として使えるかもしれない。考え方としては、地震は「自分がパンチを繰り出すことを前もって電報で知らせていて」、我々が必要なのはその電報をいかに読むかを知ることだ、というものである。この理にかなった方法には一つだけ問題点がある。それは、まだ誰も信頼できる前兆を発見できていないことだ。研究者のなかには、大地震の直前に地中を進む奇妙な電流をとらえたり、地下水位の突然の変化に気づいたりした者もいる。あるいは、イヌやウシが奇妙な行動をとるのを見つけたり、首をかしげるような天気の変化を目撃したり、不思議な光を見て驚いたりした者もいる。これらの出来事が起こった可能性は、どれも大きい。しかしこうした現象が、すべての、あるいはほとんどすべての大地震の前に起こってくれなければ、信頼できる前兆現象とは言えない。[14] ゲラーの一九九七年の総説には七〇〇以上の論文が引用されており、その多くで何らかの前兆現象が特定されたという主張がなされている。しかしゲラーは残念ながら、その一つたりとも信頼できるものはないと結論づけている。

世界の主

おそらく前兆など存在しないのだ。それでも、少なくともいくつかの地震を予知する方法ならば、あるかもしれない。世界がどのように動いているかに関して、我々が抱いている先入観がもう一つある。我々はしばしば、単純な規則性が見つかることを期待する。月、太陽、惑星、そして暦（こよみ）。我々は規則的な周期からなる世界に生きている。その多くは天体に由来する。地震のなかにも、このように振る舞うものがあるのだろうか？　もしそうならば、我々がすべきは、ほぼ完全に規則的な周期で地震が発生している場所を特定することだけである。この特別な場所で予知をするのは、簡単なことだろう。地球科学者たちは一九八〇年代半ばに、この一見妥当に見える考えを思いつき、そして図（はか）らずも自分たちを、もっともやる気をくじかせる失敗へと導くことになった。

サンアンドレアス断層は、カリフォルニア州の西端に沿って走っている。空から見ると、それは、いくつもの丘を貫いて北から南へと走る独特な直線として、はっきり認識できる。この断層の西側の地面は、東側の地面に対して一年に二から三センチというゆっくりとした速度で、北に向かって動いている。つまりカリフォルニア州は、単一のプレートではなく、互いにゆっくりと押しのけ合う二つのプレートからできているのだ。二つのプレートは摩擦によって密着し合う傾向があるので、普通はこの動きを認識できない。ちょうど、家具をずらそうとしても床と密着してしまっているのと同じだ。しかし、十分強い力で家具を押せば、たいてい一気に突然ずれることになる。サンアンドレアス断層をはさんだ二つの地殻の断片も、これと同様である。普通は密着し合っているが、時々滑り、それが地震を引き起こすのだ。

一九七九年、カリフォルニア州メンロパークにある米国地質調査所の地球物理学者ウィリアム・ベークンたちは、サンフランシスコの南約二四〇キロのパークフィールドという農村近くに位置する、サンアンドレアス断層の一部分で起こった過去の地震の記録を調べていた。そして、ある興味深いことに気がついた。その地域では、一九六六年に地震が一回起きている。そして一九三四年にも、別の地震が起きている。さらにさかのぼっていくと、一九二二年、一九〇一年、一八八一年、一八五七年に起きていることが分かった。この地質調査所の研究者たちは、これらの地震の間隔の年数を数えていき、二四年、二〇年、二一年、一二年、三二年という結果を得た。二〇に近い数字が多く現われ、地震の間隔の平均は二二年となった。そしてさらに興味深いことがあった。地球物理学者は、地震の大きさを普通、五とか六・四といった、マグニチュードという数字で表現する。これは、地震の近くで地面がどれだけ激しく揺さぶられたか、言い換えればその地震がどれだけのエネルギーを解放したかを示す指標である。[15] ベークンたちは、パークフィールドで発生する地震がすべてマグニチュード五・五から六の間であることに気がついた。これらのことは暗に、ある疑いようのない事実を指し示しているように思えた。これらの地震は、ある周期的に繰り返される過程によって引き起こされているに違いない、というのだ。おそらく、約二二年かかって歪みが限界に達し、そのときにこの断層部分に沿って岩盤がずれるのだろうと、彼らは結論した。

世界中の地球物理学者たちはすぐに、このパークフィールド近郊の断層は「地震の間欠泉」のようなものだと確信するようになった。一時間おきに吹き上げるイエローストーンの有名な間欠泉と同様に、パークフィールドの地震は、時計仕掛けさながらに約二二年周期で発生するのだと考えられた。最後の地震は一九六六年に発生したので、次は一九八八年のはずだった。[16] 地震予知の分野がついに、長く待ち焦がれた大成功を収めるかに思われた。国際的な専門委員会がベークンたちの予知を信頼できるものと判断したのを受け、米国地質調査所の所長は一九八五年四月五日に、パークフィールド近郊で今後五年から六年の間に地震が発生するはずだという、めったに出さない予知情報を発表した。[17]研究者たちは、その地域の丘陵に世界のどの地域よりも稠密で精巧な地震観測網を設置し、事の起こるのを待ち構えた。一九八六年、米国学術研究会議の地球科学委員会は、科学者たちの確信を次のように代弁した。

世界中のどこにも、パークフィールドほど高い確信をもって予知できる地はない。過去一〇年間の研究によれば、サンアンドレアス断層の特定の二五キロの部分で、一九八六年から一九九三年までの間にマグニチュード六程度の地震が起こる確率は、九五パーセントである。[18]

舞台は整えられた。『ジ・エコノミスト』誌の一九八七年のある号は、パークフィールドを「地球物理学におけるワーテルロー」と呼んだ（ワーテルローはナポレオン軍が大敗北を喫したベルギーの古戦場。「惨敗」の喩えに用いられる）。「もし予知どおりに地震が起こらなかったら、地震は予知不可能なもので、科学は敗北することになる。逃げ口上は残されていないだろう。このような出来事をとらえるのに、これ以上注意深く仕掛けられる罠など存在しないからだ[19]」。

ところが、地球物理学者たちは落胆した。それがまさに現実になったのだ。重大な偽警報がまた一つ増えてしまった。パークフィールドではそれまで、目を見張るほど規則正しく地震が発生してきたというのに、それ以来現在にいたるまで、マグニチュード五・五から六の地震は、パークフィールド地域では一回も発生していない。もし今起こったとしてももう遅い。この予知はすでに間違ったものになってしまったのだ。

研究者たちは、周期などないところに規則的な周期を見つけたいという人間の欲求そのものに、担がれてしまったのだ。[20] カリフォルニア大学ロサンゼルス校の地球物理学者ヤコフ・カガンが指摘したように、地震が発生する場所、そして地球物理学者によって研究されている場所は、地球上に山ほどある。今、地震はでたらめに、明白なパターンなどまったくなしに発生するとしてみよう。しかし、たとえそうだとしても、時々どこかで、まったく偶然に、非常に規則的な間隔で一連の地震が発生することがあるはずだ。そして地球上には地震が起きる場所はたくさんあるのだから、記録を入念に調べていけば、これまで地震が規則的に発生してきた場所がどこかで見つかるかもしれない。その場所というのがたまたま、パークフィールドだったのだ。

このみじめな一連の失敗から見ると、地球科学は、少なくとも今の時点では本当に敗北を喫しているように思える。信頼できる前兆現象は見つかっておらず、特定の地震を正確に予知するのはまだ不可能だという見解で、ほとんどの地球物理学者たちは一致している。

大きな泥玉

とすると、歴史学者が人類の歴史について言っていたことは、そのまま地殻の仕組みについても当てはまるように思える。大きな戦争や革命は、単純な周期で巡ってくることもないし、あらかじめ電報で知らせてくることもない。それらの出来事に先立って起こる状況はいつも違っていて、何らかの信頼できる前兆現象を誰も特定できていない。ある歴史学者は次のように書いている。

歴史は未来の出来事を予知するのにほとんど役に立たないということが、再三再四、明らかになってきた。歴史は決して繰り返されないからだ。人間社会において、まったく同じ状況でまったく同じように二度起こる出来事など存在しない。(21)

地震もそうだ。周期も警報も合図も前兆もない。地球はいつでも好きなときに身を震わせるのだ。

科学者は、台風がいつどこを襲うのか、そしてそれはどのくらいの破壊をもたらすのかを、少なくとも大雑把には予知できる。大気の状態がいつ竜巻の発生に適したものになるか、あるいは大河でいつ洪水が差し迫るかを、我々は知ることができる。どちらの場合も、積乱雲（せきらんうん）や風や雨などといった適切な前兆現象を見つけ、そして危険な状況になったら警報を鳴らすということは、単純な作業にすぎない。気象学者も、比較的高い確率で毎日の、あるいは数日先の天気を予想できる。しかし地震については、それらに相当する技術は科学の範囲を超えたものであるように思える。なぜだろうか？

その手がかりを得るには、地球内部で起こっていること、そして地殻で自発的に起こる圧力と歪みの蓄積と解放について、もう少し詳しく見る必要がある。地球物理学者は、地震の機構について様々なことが分かっているだけになおさら、予知が不可能なことに苛立（いらだ）ちを覚える。歴史学者は人間行動に潜む深遠な謎に取り組むことになるので、人間社会の泥臭さを知らないと途中で行き詰まってしまうかもしれない。しかし、地震を引き起こす過程に謎はない。しかも地震には、本質的に予測不可能なランダム性が支配する量子力学も関係してはこない。地中で起こっていることは完全に決定論的であり、原理的には完全に予測可能である。岩が岩を押す以上の何ものでもないのだ。

地球の内部がどのようになっているのかをイメージするために、ぬれた泥で作った大きな玉を温風で乾かしているところを想像してほしい。しばらくすると外側が乾き、硬い皮ができるが、内部の泥は液状のままだ。地球内部の液状部が動いているのに対して、泥玉の内部は静止しているという点で、両者には違いがある。もし何らかの巧みな方法で中の液状の泥をかき回し、表層の下を泥が流れるようにすることができれば、地球の大雑把な模型を手にできる。地球には、硬い物質でできた殻、つまり地殻と、その下で流れている熱い物質、つまりマントルがある。

マントルの流れは、地球内部の猛烈な熱によって引き起こされている。当然、熱い物質は上昇し、冷えた物質は下降する。(22)その結果、大規模な伏流をもつ深いマントルの海に地殻が浮かんでいるという状態になる。地殻は固体状なので、その下で流れる熱いマントルのように途切れなく動くことはできない。その代わり地殻は、大きな断片に分かれ、巨大な筏のように地球上を滑っていく。プレートテクトニクスと呼ばれている地殻の動きに関する現代の理論では、この何百キロという厚さのもろい地殻の断片を「プレート」という言葉で表現している。

いくつかの場所では、プレート同士が互いに正面衝突している。これが、日本の地下で起こっていることである。日本の地下では現在、三枚のプレートがぶつかり合っている。

一方、カリフォルニアのような場所では、二枚のプレートが長い境界線に沿って肩を擦り合わせている。その一つ、太平洋プレートは、大部分が太平洋の下にあるが、カリフォルニアのうちサンアンドレアス断層の西側の小さな部分も、その上に乗っている。サンアンドレアス断層の東側の地殻は、北アメリカプレートに属しており、このプレートは北アメリカ全体と大西洋の西半分を覆っている。北アメリカプレートはおよそ南に向かって動いており、太平洋プレートは北に向かって動いている。その結果、断層全体にわたって互いに激しく擦れ合っている。

地震の基本的な機構は単純だ。ここまで見てきたように、一つの岩石がもう一つの岩石とずれようとするときに、密着し合ったり滑り合ったりするだけのことだ。プレートの容赦ない動きに永遠に逆らうことはできない。岩石が変形し、圧力がある限界を超えると、その表面が突然滑り、地震が発生する。これこそが、一五〇〇万年から二〇〇〇万年の間サンアンドレアスで起こってきたことなのだ。

一つ地球物理学者に分かっているのは、地震がどこで起こりやすいのかということである。それは、二つ以上のプレートが接している所だ。地球儀の上に、ここ一〇〇年間に起こったすべての大地震の場所を黒い点で記していくと、目立ったパターンが見えてくる。黒い点の群れが、すべてのプレートの境界に浮かび上がってくる。そしてもっと密に点を打っていくと、各プレートを浮き彫りにするように、地球表面のひび割れの様子が現われる。

地震のメカニズムなど単純だと言い切ると、若干誤解を招くことになる。地球物理学者に言わせると、そんなに単純ではないのだ。まず二枚のプレートは、先ほど述べた二種類の衝突以外に、別の種類の衝突も起こすことがある。プレートの出会う場所のなかには、プレート同士が互いに離れあい、下から新たな熱い物質が湧き上がってくる場所もあれば、一方のプレートがもう一方の下に滑り込み、古い地殻が回収されてマントルの坩堝に戻されるような場所もある。地球上には八枚の大きなプレートと、それに加えて様々な小さなプレートがあり、そのどれもが、その下のマントル流の隠れた運搬作用によって動き回っている。

地震発生の過程は、確かにプレート同士の密着と滑り合いにすぎない。しかし、地殻の全体構造は非常に複雑である。単にたくさんのプレートがあるというだけではない。それぞれのプレートは、何百種類という岩石からできており、すべて異なる性質をもっている。あるプレートの岩石は固く、別のプレートの岩石はもろい。地球上には、互いにそっくりな性質の地震発生地域など存在しないと言ったほうがよい。おそらく地震予知の問題も一つではないだろう。地域によって、その問題も違うものになるはずだ。さらに、地殻を走るたくさんの断層が互いに作用しあっていることも、問題をさらに複雑にしている。ある断層の動きが他の断層に影響を及ぼすのだ。こういった複雑さを考えると、地震予知が成功していないのは、驚くことではないのではないか？

背景雑音

最後にもう一つ、この問題の困難さの原因を付け加えるとしたら、それは微小な地震が常に起こっているということである。我々は大きな地震を気にかけるが、それは比較的稀にしか起こらない。しかし小さな地震は違う。米国地質調査所のウェブサイトを覗くと、過去何週間か、あるいは何時間かの間にカリフォルニア北部のサンアンドレアス断層で起こったすべての地震に関する、最新の記録を見ることができる。調査所の設置した地震計は、記録直後にデータを送ってくる。これらの地震をニュースで知ることはない。すべての地震がマグニチュード三以下だからだ。マグニチュード三の地震はマグニチュード七の地震の一万分の一の大きさだということに、注意してほしい。窓に止まったハエさえも、振り落とされることはない。たとえば一九九九年八月三〇日には、カリフォルニアの各地で二二回以上地震が発生した。[23] そのうち一つだけが、マグニチュード三に達した。これが普通の日である。これらの微小地震の際にも、大地震と同様に断層沿いの岩石が滑ったが、その滑った距離は非常に短く、おそらく一ミリ以下だったろう。

　当然、ある単純な疑問が浮かんでくる。なぜ、ある地震は大きく、別の地震は小さいのだろうか？　ある場合には他の場合に比べて岩石が大きく滑る、というのが当然思いつく答えである。しかし、これは本当の答えではない。なぜ、ある地震では他の地震に比べて岩石が大きく滑るのか？　この後見ていくように、半世紀にわたる研究によって、この疑問に対してある逆説的な答えが得られ、そして今まで述べてきた複雑さは実際には隠れ蓑にすぎないということが明らかになってきた。こうした複雑さは、地震を発生させている過程が本当はどれほど単純なものなのかを、科学者たちに気づかせないようにしているのかもしれない。

第3章　地震の規模と頻度の驚くべき関係——べき乗則の発見

未知の物事を既知の物事にまでさかのぼるのは、人を癒し鎮め満足させ、さらなる充実感を与えるものだ。未知の物事には危険、不安、心配がつきまとう。第一本能が、これらの悩ましげな状態を取り除く。第一原理——「いかなる説明もないよりましだ」。ゆえに、原因を作り出そうとする衝動は、恐怖心によって左右され喚起される。

——フリードリッヒ・ニーチェ(1)

過去一世紀、数学が人類に施してきた大きな貢献の一つは、「常識」をあるべき所に植えつけたことだ。「不要な無意味」と書かれたゴミバケツの隣にある一番上の棚に。

——エリック・テンプル・ベル(2)

一八一一年一二月一六日、セントルイスの南東約二四〇キロにあるミズーリ州ニューマドリッド周辺の地域を、立て続けに三度起こった大地震のうちの一つめが襲った。この一回目の地震はあまりにも大きく、揺り動かされた教会の鐘の音ははるかボストンにまで届き、ミズーリ州とテネシー州の大部分の地形は変わり、雄大なミシシッピー川は逆流した。ある体験者は次のように語っている。

大きな遠雷に似てはいたが、もっと耳障りでうち震えたような、とても恐ろしい音が鳴り響き、その数分後にはまわりに硫黄(いおう)臭の蒸気が充満した。どこへ行けばいいのか、どうすればいいのか分からず、恐れおののく住民たちの叫び、鶏(にわとり)やあらゆる獣(けもの)の鳴き声、木が落ちて裂ける音、数分間にわたって逆流したミシシッピー川の轟(とどろ)き――これらが真に恐怖に満ちた場面を形作っていた。[3]

この地震と、それに引きつづいて起こった一八一二年一月二三日と二月七日の二度の地震は、新たな湖を作り出すほど大きいものだった。テネシー州メンフィスの北東約一六〇キロにあるリールフット湖は、一八一〇年には存在していなかった。

カリフォルニア州同様テネシー州でも、人間の感知限界以下の微小地震が絶えずガタガタと発生している。その激しさで言えば、これらの地震はニューマドリッドの巨大地震と比べようもないが、だからといってそれらを地震と呼ばないのは不自然だ。あらゆる地震と同様、これらの微小地震も、地殻の中で突然岩石が滑りエネルギーが解放されるという出来事には違いない。[4]しかし、この大地震と微小地震との大きな差は、当然ながらある疑問を抱かせる。核爆弾一〇〇〇個というエネルギーを解放する地震が、その一億倍も弱い地震と同じたぐいの出来事であるはずがない。だとしたら、巨大地震を引き起こすような地殻の中の特別な条件とは、何なのだろうか？ これが問題となる疑問である。一八一一年のニューマドリッドの地震は、人口の少ない地域を襲った。今日同程度の地震が起これば、メンフィス全体が崩壊するだろう。

我々はすでに、第一次世界大戦は当時の歴史学者にとって、いかに混乱を与え心をかき乱すものだったかを見た。それは、その恐ろしい犠牲のためだけでなく、それがどこからともなく起こったかのように思えたからでもある。歴史学者は、それが近づいてくるのに気づかなかった。もちろん起こった後では、何が災厄を導いたのかを推定するのは簡単だ。思想家のなかには、単純に「退屈」が関係していたと示唆する者もいる。

ヨーロッパの多くの大衆は、ただ市民生活の単調さと一体感の欠如に飽き飽きしたというだけの理由で、戦争を待ち望んだ。戦争を導いた意志決定に対するほとんどの解釈には、すべての国を戦時体制に導いた圧倒的な大衆の熱狂については考慮されていない。ある証人はベルリンの群集の気持ちを次のように表現している。「誰も互いのことを知らない。しかし、すべての人が一つの真剣な感情に襲われていた。戦争、戦争、そして連帯感と」(5)。

我々は皆、どんなたぐいの大きな出来事の裏にも重要な原因（それが無類の退屈だったとしても）を見出したいという、「常識的」性向をもちあわせている。地球物理学者も同じである。しかし地震に関しては、大地震を導いた「特別な」条件の探索をあきらめざるをえないのかもしれない。困ったことに、破壊をもたらす大地震は何も特別な原因なしに起こっているように思える。だとすると、地震予知はほとんど不可能なのかもしれない。我々は、地震予知の試みがこれまでどれほど失敗してきたかを見てきた。実は数学者も、それと同じ結論を指摘している。皮肉にも、その証拠は五〇年間、科学者たちにとって当然のものだったにもかかわらず、その重要性が完全に認識されはじめたのは一九九〇年代になってからのことだった。

爆弾探知

ほとんどの地球物理学者は、断層の一部分を調べることで、近い将来大きな地震が起こるかどうかを知る手がかりを見つけ、それを地震予知につなげたいと考えている。たとえばサンアンドレアスなどの断層全体にわたって、ここ一〇〇年間で生じたずれの程度の平均値はある一定の値(あたい)になっているが、断層のある一部分だけは取り残されていてあまりずれが生じていないことが分かったとしよう。すると、この「ずれの不足」によって、その取り残された部分には異常な歪みがかかり、他の場所のずれに追いつこうと待ち構えている状態になっているのかもしれない。何人かの研究者は一九八〇年代に、その状況がまさにカリフォルニアに当てはまるものと考えていた。米国地質調査所が一九八三年に発表したある報告では、「一九〇六年のサンフランシスコ地震での破断地域のうちもっとも南の部分は、その北側の各地点に比べてずれがきわめて少なく、そのため今後数十年で破断する可能性が高い」と指摘されていた。(6)

科学者が、このような考えをもとにしてある断層を詳細に調べ、そして予知を出すときには、彼らは本質的に次のようなことを言っていることになる。この地域の断層の歴史、歪みと圧力のパターン、そして地殻の性質などが、そこにはまさに爆発寸前の爆弾そのものがあることを示していると。もちろんこういった見方は、なぜ一八一一年にニューマドリッドで大地震が発生したのかという疑問に答えられるものである。イギリス流の言い回しを借りれば、地殻の一部分が「よじれたパンツにいらいらしていた」に違いないのだ。

そこの岩石は、過去の小さな地震では十分に歪みを解放できなかった。そのエネルギーが蓄積して、その岩石は最終的に劇的な崩壊点に達する。巨大地震は、地殻の巨大爆弾が原因で起こるのである。

この考え方によると、断層のどんな部分でも、大地震を起こしていない期間が長いほど次の地震はすぐに起こるという、一見合理的な推測に至る。地球上のある地域では「大地震の発生が遅れている」という話をよく聞く。この考え方は合理的で当然のものに思えるが、ところがありのままの統計データは実はまったく逆を示している。地震の間隔を統計的に詳しく調べたところ、ある地域で地震の発生しなかった期間が長いほど、近い将来にそこで地震が発生する可能性は低くなるということが見出されたのだ。(7) ロンドンの人々は、一九番のバスを一時間も待った挙げ句、一度に三台もやってきた、とよく不満を垂れる。地震もそうなのだ。地震はまとまって起きるのである。現在地震を予知する最良の方法は、一度地震が起きるのを待ち、そして直ちに、別の地震が起きるという予知を出すという方法だろう。(8)

地震予知において、「爆弾探知法」が成功するかどうかはまだ分からない。もしかしたら科学者たちは、地殻におけるどのような歪みと圧力のパターンが「爆弾」、つまり準備中の大地震の存在を表わすのかを特定する方法を、まったく習得できていないのかもしれない。地殻での現象はきわめて複雑なので、何が爆弾で何が爆弾でないのかを見極めるのは、簡単なことではない。ところが半世紀前、カリフォルニア工科大学の二人のアメリカ人地震学者は、爆弾探知法そのものに疑いの目を向けざるをえないような統計データを集めた。一九五〇年代、ビーノ・グーテンベルクとチャールズ・リヒターは、現場や研究室を離れて図書館にこもることでも、地球物理学の重要な研究ができることを実証した。

地震には小さなものも大きなものも、中間の大きさのものもあるということを、我々は知っている。しかしそのなかに、他の地震よりも一般的な地震というのはあるのだろうか？　地震の典型的な大きさとはどのくらいなのだろうか？　グーテンベルクとリヒターは、地震の統計を取ることで何か興味深いことが分かるのではないかと期待した。地震のほとんどは、マグニチュード三とか七になるのだろうか？　マグニチュード二とか五とか八の地震は稀なのだろうか？　もしそうだとしたら科学者は、いつどこで地震が起きるかを予知できなくても、少なくとも次の地震がどのくらいの大きさになるか、あるいはもっと確実にどのくらいの大きさにはならないかを予知できるかもしれない。

この二人の研究者は、何百という本や論文を詳しく調べ、世界中で起きたたくさんの地震に関する詳細を集めた。まず、すべての地震についてマグニチュードを記録した。そして、マグニチュード二から二・五の地震の数を数えた。さらに同じことを、二・五から三の間、……と続けていった。こうして彼らは、大きさに対する地震の相対頻度の統計表を作った。この相関関係は、単純なグラフを使って視覚的に表わすことができる。しかしそ

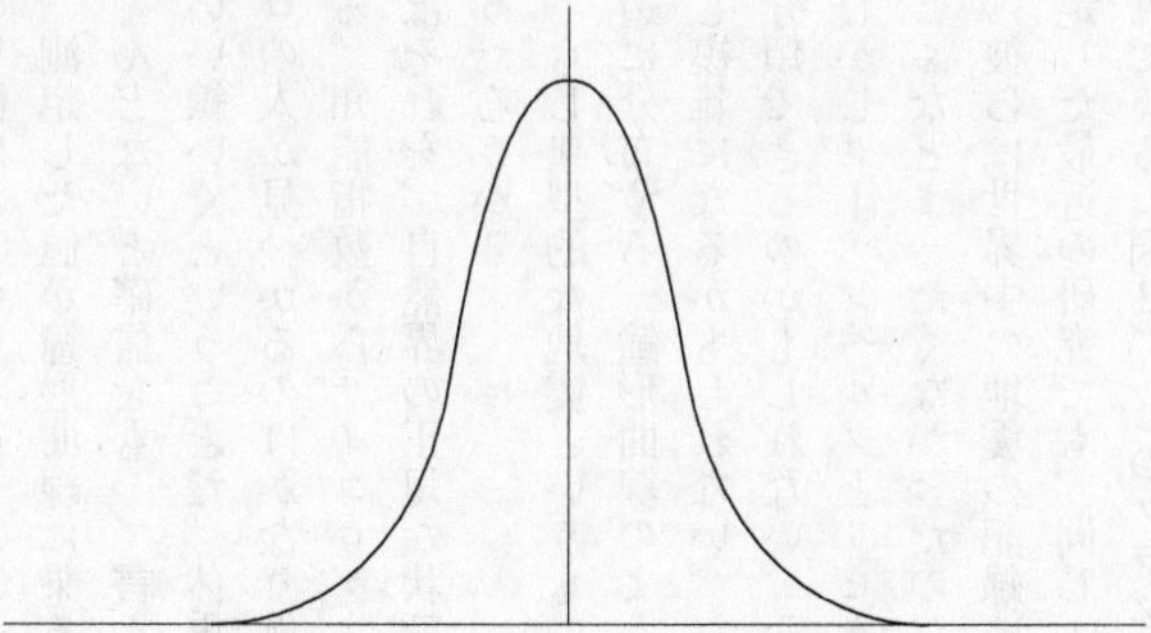

図1　この鐘形曲線は、数学の世界でもっとも有名な曲線の一つである。1000個のタマネギやリンゴの重さを量ったり、500人の学生に試験を受けさせたり、高速道路を走る何千台という車の速度を測ったりすると、どの場合もその値は鐘形曲線に乗り、大部分が平均値に近い値になる。ある統計が鐘形曲線に従うとすると、その値は狭い範囲に集中し、その範囲から大きく外れた値はきわめて出現しにくいことになる。

れを見る前に、どんな関係になっているのと思われるか考えてみよう。

一つの可能性が、数学の世界でもっとも有名な曲線の一つである、鐘(かね)形曲線のようなグラフになるというものだ。一〇〇〇人の学生に試験を受けさせたり、外に出てある小さな町の成人男子の体重を測ったりすると、そのテストの得点や体重は釣り鐘形の曲線の上に乗るだろう（図1）。そして平均値は、もっとも頻度の高くなる、曲線の頂点に位置することになる。異常な高得点や異常な低得点はとても稀なので、この曲線は両側で急速に下がる。たとえば、男性の平均体重は八〇キロで、ほとんどの男性は六〇キロから一〇〇キロの間に位置するといったようになるだろう。

測定した値が鐘形曲線に乗るとしたら、平均値から大きく外れた値に出くわすことはほとんどないと確信をもって言える。つまり期待できる値としては、平均値を使うとかなりいい線いくということだ。体重一二〇キロの人を何人か探すことならできるが、二〇〇キロの人が見つかるのはかなり例外的で異常なことであり、二〇〇〇キロならなおさらである。知能指数からサイコロゲームまで、あらゆるものが鐘形曲線に従うので、数学者たちはそれを、自然界の正規な状態という意味で、「正規分布」と呼んでいる。(9) では地震はどうだろうか？

もし典型的な地震というものがあったとしたら、ほとんどの地震がある平均の強さの周辺に分布する、鐘形曲線のようなものが現われると予想できる。もちろん実際にはもう少し複雑になるかもしれない。たとえば、もしかしたら地震は一種類ではなく、何種類かに分類できるのかもしれない。その場合は、グラフにいくつかのこぶができることになる。しかしグーテンベルクとリヒターが見出したのは、もっとずっと変わったグラフだった。こぶなどまったくなかったのだ。

彼らは世界中の地震の記録について調べたが、カリフォルニア南部で起こった地震に限定した最近の研究でも、同じようにこぶのまったくない、特徴に欠けたパターンが見出されている（図2）。このグラフは単純に、地震は大きいほど稀だということを示している。

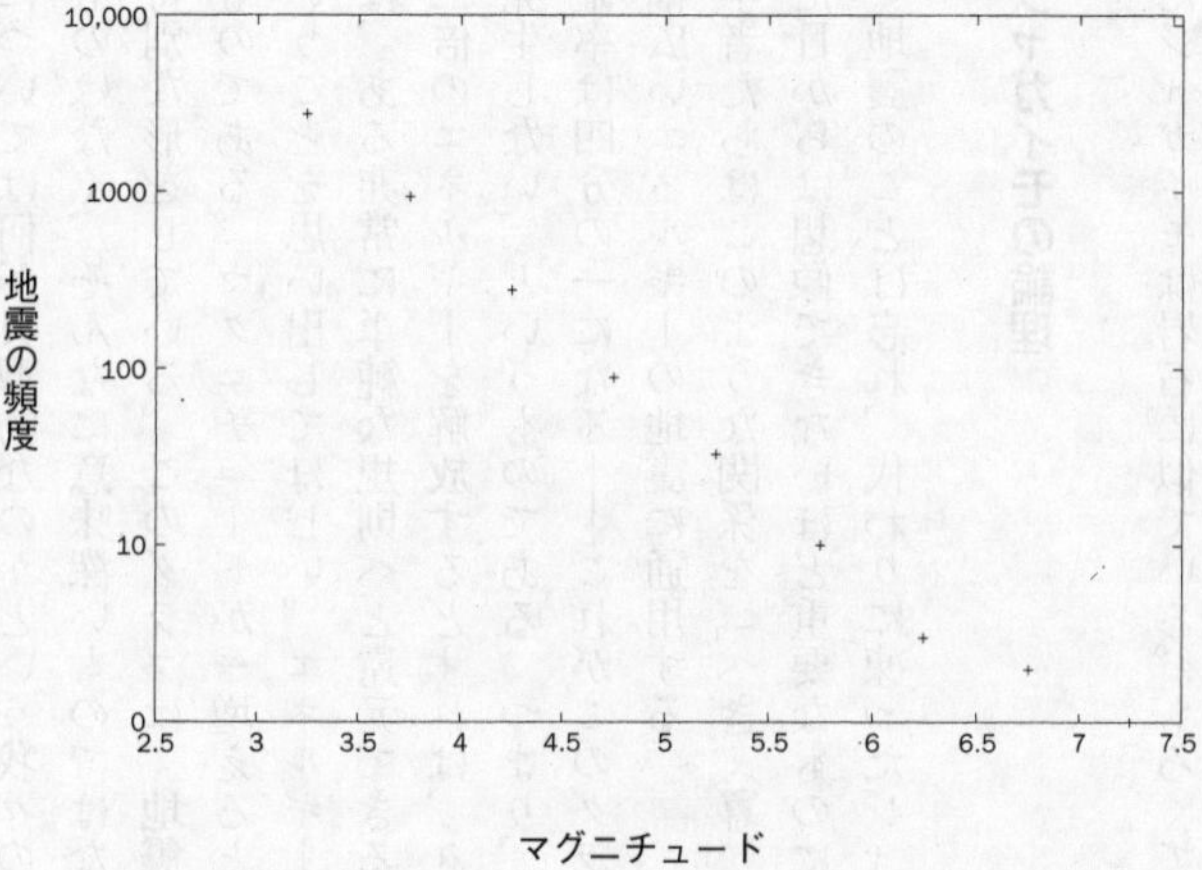

図２　一回の地震によって解放されるエネルギーは、膨大な範囲で変化しうる。それでもなお、すべての地震の統計データはあるきわめて単純なパターンを示すことが分かる。たとえば、1987年から1996年までには、たくさんの地震がアメリカ・カリフォルニア南部で発生した。グラフ上の点は、2.0～2.5、2.5～3.0……といった各マグニチュードの範囲に、それぞれ何回の地震が含まれるかを表わしている。エネルギーで表わせば、解放されるエネルギーが２倍になるごとに地震の発生確率は４分の１になるということを、このデータは示している。（データは南カリフォルニア地震データセンター、www.sccedc.scec.org より）

地震については何が典型的なのかという我々の疑問に関して言うと、この法則にはあまり得るものはなく、そんなに意味深いものではないようだ。しかしこの曲線は、とても興味深い特別な形をしている。このグラフは、地震の回数をそのマグニチュードに対して表わしたものである。マグニチュードが一増えると、解放されるエネルギーは一〇倍に増える、ということを思い出してほしい。エネルギーで考えれば、グーテンベルク＝リヒターの法則は、ある非常に単純な規則へと還元できる。それは、タイプAの地震がタイプBの地震の二倍のエネルギーを解放するとすれば、タイプAの地震はタイプBの四分の一の回数しか発生しない、というものである。つまり、エネルギーが二倍になると、その地震の起きる確率は四分の一になる――これがこのグラフの意味である。この単純なパターンは、非常に幅広いエネルギーの地震に通用する。

物理学者たちはこのような関係を「べき（冪）乗則（じょうそく）」と呼んでおり、この法則はその単純な見た目からは想像できないほど重要なものになっている。それがなぜかを見るために、しばらく地震のことは忘れ、代わりに凍ったジャガイモについて考えてみよう。

ジャガイモの論理

凍ったジャガイモは岩石に似ている。もろくて、強い衝撃を受けると粉々になる。凍ったジャガイモを一つ壁に向かって投げると、様々な大きさの破片の山ができあがる。あるものはゴルフボール大で、あるものはサクランボの大きさ、そしてあるものはナシやブドウの種の大きさになる。では、その典型的な大きさはどのくらいになるのだろうか？ それを知るために、一〇〇個ぐらいのジャガイモを壁に向かって投げてたくさんの破片を作り、それをグーテンベルク＝リヒター流に処理してみよう。初めに破片を、重さによっていくつかの山に分ける。十分注意して、一〇くらいの山に分けることにしよう。一番小さい破片は一グラム程度になるかもしれない。もっと小さな破片もあるだろうが、取り扱いがかなり難しいので、無視することにしよう。そしてグラフ上に、それぞれの山に含まれる破片の数をその重さに対して記すことにする。

地震の代わりにジャガイモの破片を使うと、グーテンベルク＝リヒターの法則と同様の、特徴のない曲線が得られる。ブドウの種くらいの微小な破片は膨大な数あり、破片が大きくなっていくにつれて、その数は徐々に少なくなっていく。実際注意深く調べていくと、破片の数は、大きさに応じてきわめて規則正しく減少していくことが分かる。重さが二倍になるごとに、破片の数は約六分の一になるのだ。グーテンベルクとリヒターが発見したべき乗則と同様のパターンである。一つ違うのは、重さが二倍になるごとに、この場合には六分の一になるが、地震の場合には四分の一になるという点である。

しかしちょっと待ってほしい。先ほど無視した非常に小さい破片はどうなるのだろうか？　それらも凍ったジャガイモの破片には違いないので、本当はそれらも含めて考えなければならない。そのためには虫眼鏡を使って、それらの破片を分けていかなければならない。そうすることで、破片の分布をより小さい領域にまで広げることができる。この範囲では分布はどのようになるのだろうか？　驚くことに、それらの破片もまた、まさに同じ法則に従う。破片が小さくなるほど数は増え、その増え方は規則的になる。重さが半分になるたびに、その数は六倍ずつ増えていく。南デンマーク大学の三人の物理学者は、一九九三年に実際にこの実験を行なった。私が先ほど、このべき乗則の倍数が四ではなく六だと書くことができたのは、彼らの実験のおかげである。[10]この実験では、破片の重さは一〇〇グラムから一〇〇〇分の一グラムにまでわたっており、その間ずっとこの単純なパターンが保たれていた。

なぜこのパターンがべき乗則と呼ばれるのか、まだ説明していなかった。簡単に触れておこう。まず、破片の「典型的な」あるいは「一般的な」大きさに関する我々のもともとの疑問に対して、べき乗則は何を教えてくれるのだろうか？　今あなたが、好きなように自分の体の大きさを変えられる存在だったとしよう。あなたが指をパチンとならすと、あなたはサクランボの大きさから瞬時にナシの大きさにまで大きくなったり、そこからアリの大きさにまで小さくなったりできる。これは、破片の山を調べるときにとても役に立つだろう。どんな大きさの破片を調べたいときでも、ただ自分をそれと同じ大きさに変え、まわりを歩き回って見ていけばいい。今、ナシの大きさから始めたとしよう。あなたはしばらくナシと同じ大きさの破片や、それより幾分大きかったり小さかったりする破片があるのに気づくだろう。次にあなたは、自分を一〇分の一の大きさに縮めることにする。すると、この大きさにおいても、まわりはさっきとまったく同じように見えることを知って、あなたは驚くことになる。あなたがナシの大きさだったときには、自分と同じ重さの破片一つに対して、その半分の重さの破片は約六個あった。ところが自分が縮んだ後でも、まったく同じ規則を発見する。再び、自分と同じ重さの破片一つあたり、その半分の重さの破片が約六個あるのだ。どんな大きさでもまわりの景色はまったく同じに見えるので、もし自分を何回縮めたか忘れてしまうと、まわりを見ただけでは自分の大きさがまったく分からなくなってしまう。

これが、べき乗則の意味するところである。凍ったジャガイモが壊れる過程は、きわめて複雑であろう。実際、ばらばらになるときの正確な形は、壁に投げたジャガイモの一つ一つで異なっている。それでもその過程には、驚くほど単純な何かが秘められているはずだ。なぜなら、破片の山は必ず、「スケール不変性」や自己相似性と呼ばれる特別な性質をもっているからである。破片が広がった様子はどの大きさにおいても同じに見え、まるで各部分が全体の縮小像であるかのように見えるということだ。

べき乗則のもう一つの意味は、破片の山のなかには他よりも「好まれる」大きさなどない、ということだ。これは非常に特殊な状況である。ニワトリが、バスケットボール大の卵や、ダニほど小さい卵を抱くことは決してない。ニワトリの体は、産まれる卵の大きさを、見慣れた典型的な大きさのあたりで鐘形曲線をなすような方向へと、偏らせるような構造になっている。しかし凍ったジャガイモがばらばらになる過程では、偏りは生じない。物理法則は本来、幅広い範囲にわたる大きさの破片を生み出すようにできているのだ（もちろん限界はある。もとのジャガイモより大きい破片も、原子一個より小さい破片も見当たりはしない）。

したがってべき乗則のもとでは、一般的な、あるいは典型的な破片というものは存在しない。これは重要なことである。ここで少し専門的な面について触れておく必要がある。どの場合にべき乗則が有効になるかを調べるための、非常に簡単な方法がある。代数学では、べき乗則とは、縦軸の値が横軸の値の何乗か（つまり何回か掛け合わせたもの）に比例しているような曲線のことを指す。たとえば、縦軸=(横軸)^{2}という等式は、どんどん傾斜が急になりながら上に上がっていく曲線を表わしている。これは、べきが二の場合のべき乗則となる。地震の場合、マグニチュードでなくエネルギーの大きさで考えてみると、グーテンベルク=リヒター曲線は、あるEというエネルギーの地震の頻度がEの二乗(E^2)に反比例するということを示している。このべき乗則によって、これまで述べてきたような単純なパターン、すなわちエネルギーが二倍になるごとに地震の頻度が四分の一

（二の二乗分の一）になるというパターンが現われてくる。

べき乗則が有効かどうかを判断するには、単に注目している分布をグラフで表わし、その曲線が代数的なべき乗則の形になっているかどうかを見ればよい。もしそうなっていたら、今取り扱っているものは、「一般的」「典型的」「異常」「例外的」といった言葉が通用しないたぐいのものだということになる。べき乗則が成り立ちさえすれば、対象物が何であれ必ずそのようになる。そしてこのことによって我々は、グーテンベルクとリヒターの研究からもっとも重要な結論を導き出すことになる。

原因は一つ

ジャガイモの破片の山におけるスケール不変性は、大きい破片は小さい破片を拡大したものにすぎないことを示している。すべての大きさの破片は、あらゆる大きさで同じように働く崩壊過程の結果として生じる。グーテンベルク＝リヒターの法則は、地震や、地震を発生させる地殻で起こる過程についても、同様のことが言えることを示している。地震のエネルギーはべき乗則に従うので、その分布はスケール不変的になる。大きな地震が小さな地震とは違う原因で起こると示唆するものは、まったく何もないのだ。大きな地震が特別なものである理由がないという事実は、小さな地震を引き起こすものと大きな地震を引き起こすものはまったく同じであるという、逆説的な結果を示唆している。この考え方にもとづけば、大地震に対する特別な説明を探しても意味がないことになる。そこには、我々の足下で絶えず起こっている微小な振動と比べて、特別で異常なことは何もないのだ。きわめて重要なこととして、この結論はべき乗則以外のどんな数学法則からも導くことができない。しかし、べき乗則からは必然的にこの結論が出てくる。グーテンベルク＝リヒターのべき乗則から考えて、巨大地震を予知する計画が実行可能であるとはとても思えない。実際に、地震予知計画は根本的に誤った道へと進んでいて、現実的に予知は不可能である。これは、地震の科学が構築不可能だという意味ではない。第5章では、グーテンベルク＝リヒターの法則をどのように解釈できるかということ、そして現在地震科学が目指している魅力的で新たな方向性について見ていくことにする。さらに、「大地震はまったく何の理由もなしに起こる」という奇妙な事実の正確な意味について、詳しく調べていくことにしよう。

しかしこれらの問題に移る前に、一旦立ち返って全体像を見ておくべきである。一九八〇年代初めには、どんな分野の科学者も、べき乗則のもつ深遠な重要性に気づいていなかった。その後静かな変革が、文字通り何百という科学分野の伝統的な見方を覆（くつがえ）したのだ。

第4章　べき乗則は自然界にあまねく宿る

科学とは、現世代の愚者が前世代の賢者の到達点を超えうる学問分野のことだ。

――マックス・グラックマン(1)

時間とは、すべてが同時に起こることを防いでいるものである。

――ジョン・アーチボルド・ホイーラー(2)

聡明な歴史学者アイザイヤ・バーリンはかつて、思想や文化の歴史を、「偉大な解放的思考が、必然的に息苦しい拘束衣へと変質する様子」と表現した(3)。いかなる考えも、たとえそれがどんなに美しく新奇で強力で柔軟であろうとも、最終的には限界にぶつかることになる。一六八六年春のロンドンで、アイザック・ニュートンは『プリンキピア』の初版を王立協会に進呈した。この本には、万有引力の法則や運動の一般法則に関する彼の洞察がつづられており、これは二世紀以上にわたる順風満帆たる科学という名の航海のための海図を与えるものだった。しかし一九〇〇年までの間、ニュートンの考えに内在した決定論的精神は、科学の想像力を抑えつけ衰えさせてしまった。ニュートン物理学は邪魔者であった。原子の世界の謎と取り組んでいた物理学者にとって、勇敢な取り組みで自らの身を何とか解放させ、新たな量子論を作り出した。最終的に何人かの物理学者が、アメリカ人物理学者リチャード・ファインマンは以前、エルヴィン・シュレーディンガーの考案した有名な波動方程式について次のように言った。「それがどこから出てきたのかなどと聞かないでほしい。それはシュレーディンガーの頭のなかから出てきたのだ」。シュレーディンガーの創造したものは、ニールス・ボーア、ヴェルナー・ハイゼンベルク、ポール・ディラックの考えとともに、科学者を再び解放し、世界に対する見方を一変させた。一九二〇年代末までには、矛盾した事実で満ちた混乱した世界は、おのずから再び落ち着きを取り戻した。

最近では、IBMのある数学者がこれに匹敵する変革を引き起こした。一九六三年、ベノア・マンデルブローは、シカゴ商業取引所での綿花価格の騰落のパターンについて研究していた。綿花の価格は不規則に上下し、数カ月間の価格のグラフは激しくうねる山脈のように見える。しかしマンデルブローは、その変動に隠された規則を見つけられるはずだと考えた。彼はこのグラフから、価格はあらゆる時間のスケールで変動していることに気がついた。価格は毎日上昇下落しているし、毎時間、毎分にも上下しているし、もっとゆっくりと何週間や何カ月にわたっても変動している。それ自体はそんなに驚くことでも目ぼしいことでもない。しかしマンデルブローはさらに、たとえばグラフの一日分の範囲を切り取って、それをグラフ全体と同じ大きさに拡大すると、両者はほとんど同じに見えるということを発見した。つまり速い変動は、短い期間に圧縮されているだけで、より長い期間での変動とほとんど同じに見えるのだ。

鈍感な科学者だったら、これは単に物珍しいことにすぎないと考え、別の研究に移ってしまったかもしれない。しかしマンデルブローはそうではなかった。彼は、金や小麦といった別の商品の価格変動も調べ、そこにも同じパターンを見出した。さらには、株式や債券の価格の騰落にも同じことを発見した。グラフのいかなる小部分も、全体の大まかなコピーであるかのようだった。一九七〇年代初め、マンデルブローは注目する先を変えた。市場の喧騒を離れ、自然界、特に網状に枝分かれする大小の川について、詳しく調べはじめた。金融とはかけはなれたことについて考えるのは難しかったが、ここでもマンデルブローは同じパターンに出くわした。たとえば、最終的にミシシッピー川へとつながっていく水路網を写した空中写真において、そのなかのどの一部分を拡大しても写真全体と同じように見えることに、彼は気づいたのだ。

その後の一〇年間マンデルブローは、図書館での調査やあらゆる分野の科学者たちとの

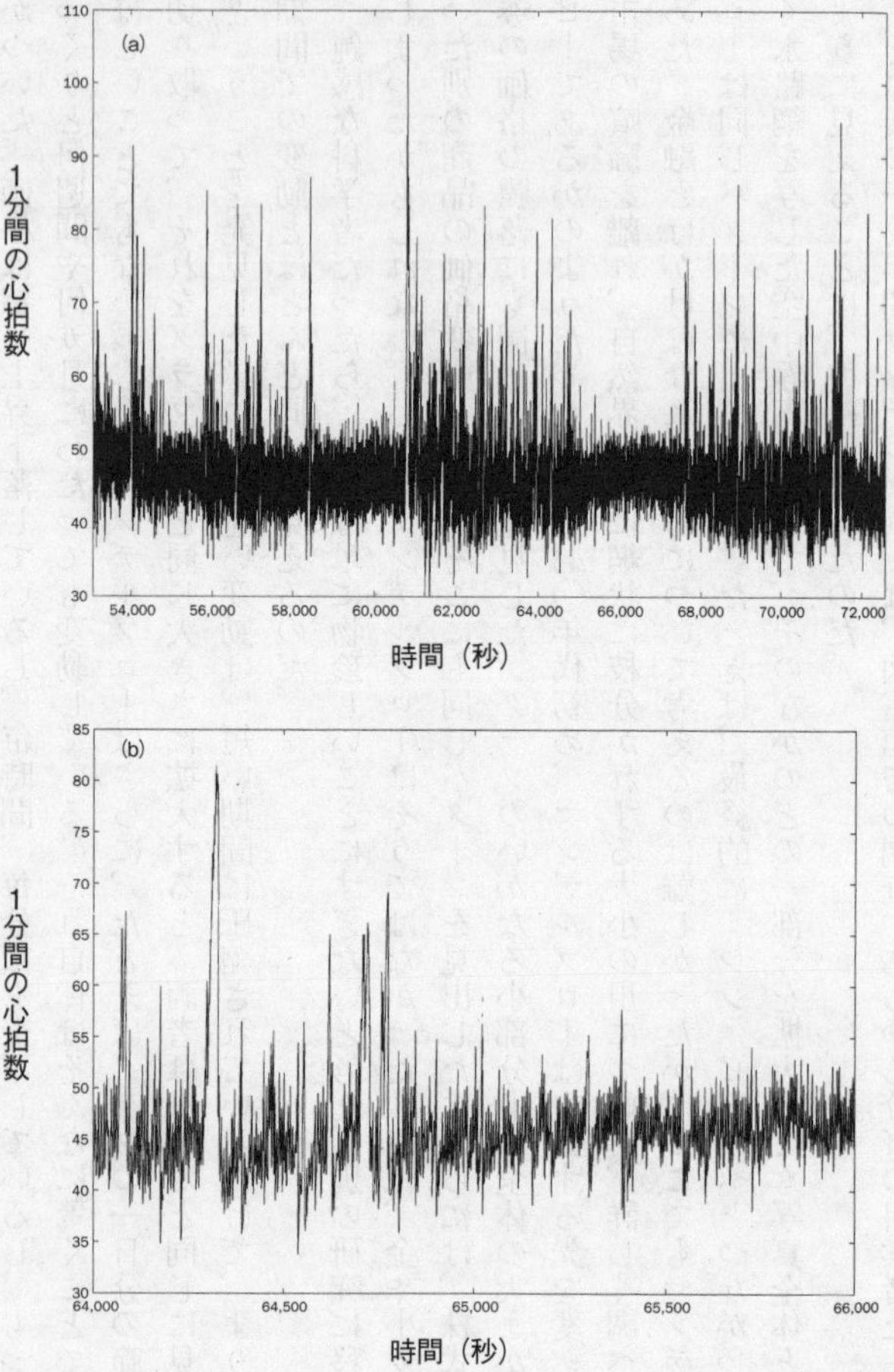
(a)
1分間の心拍数
110
100
90
80
70
60
50
40
30
54,000
56,000
58,000
60,000
62,000
64,000
66,000
68,000
70,000
72,000
時間（秒）
(b)
1分間の心拍数
85
80
75
70
65
60
55
50
45
40
35
30
64,000
64,500
65,000
65,500
66,000
時間（秒）

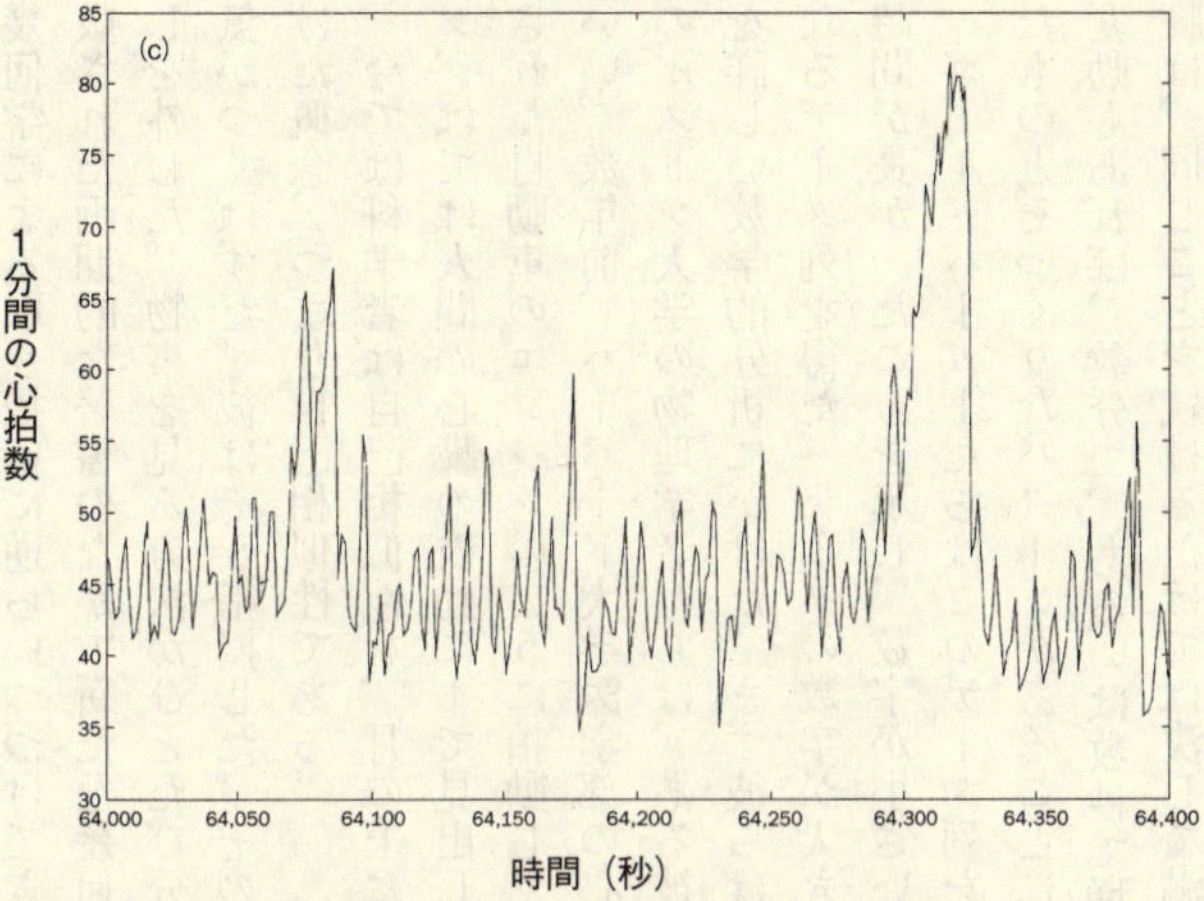

図3　あなたの心臓が時計のように動いているという考えは、捨てるべきである。健康な人では、たとえ休んでいても、心拍の間隔は荒っぽく気まぐれに変動する。数時間単位でゆっくりと増減する傾向があるが（a)、詳しく見ると同じような変動が分単位でも（b)、さらに秒単位でも（c）起こっている。（グラフはハーバード大学医学部のエイリー・ゴールドバーガー氏提供。許諾を得て掲載）

意見交換に膨大な時間を費やし、綿花の価格について発見した興味深い事実を出発点とした知的過程をたどることとなった。彼は同様のパターンを、山脈の不規則な形、まばらな雲の形、割れたガラスのぎざぎざな角、砕けたレンガの粗い表面、海岸線や木などの一定しない自然の形にも見出した。これらの不規則な形は、何世紀にもわたってあらゆる科学的説明を退けてきたものである。それらは数学や科学の支配を大きく超えたところにあり、通常の幾何学による取り扱いに逆らいつづけてきた。しかしマンデルブローは、一九八三年に出版された画期的な著書のなかで新たな幾何学を創造し、科学者たちの目を覆ってきた目隠しを外した。(4) 物事を見る方法がひとたび分かれば、それはたいてい非常に単純なものだと気がつくはずだ。彼はそう指摘した。その鍵となるのは、我々がジャガイモの破片で見つけた概念、つまり自己相似性である。

今では科学者は自己相似性を、月の上に刻まれたクレーターから海に浮かぶプランクトン、はては人間の心臓の鼓動にまで見出している。もしあなたが、自分の心臓はよく調整された自動車のエンジンのように拍動していると思っているとしたら、考え直したほうがいい。数年前、ハーバード大学医学部の心臓内科医エイリー・ゴールドバーガーと、近隣のボストン大学の物理学者たちは、ある被験者の心臓の鼓動を一日中記録し、そのデータを詳しい数学的分析にかけた。まず彼らは、各心拍の間隔を計算し、約一〇〇万の数字からなるデータ列を得た。データの数字が大きいところは、心臓がゆっくり動いて拍動しない時間が長かったことを示し、数字が小さいところは、心臓が速く動いたことを示す。

ゴールドバーガーたちはこのデータ列を見て、マンデルブローが金融のデータに見出したものとそっくりなパターンがあることに気がついた。そこには、数時間かけて増減する変動もあれば、数分で、あるいは数秒で増減する変動もあった(前頁・図3)。人間の心臓は、同じことを続けるだけでは決して満足せず、常に速さを変えているように思えた。

ゴールドバーガーたちは、ここにもある程度の自己相似性があることを見出したのだ。データの一部を切り取って拡大すれば、数秒間の変化が、もっとゆっくりの数分間や数時間で起こる変化とそっくりだということが分かった。この不規則さの裏には、奇妙な秩序が隠れていた。ただそれは、秩序立った科学が伝統的に取り扱ってきたたぐいのものとはまったく違っていた。

このたぐいの秩序性には名前がついている。マンデルブローが自らその名前をつけ、それは近年でもっとも重要な科学的動向の火蓋(ひぶた)を切った。フラクタルである。

完璧なフラクタル

ほとんどの人は、幾何学図形を思い浮かべなさいと言われれば、直線や三角形といった、学校で教わったユークリッド幾何学の基本図形を思い浮かべることだろう。それに対してフラクタルは、完全な自己相似性をもった数学的形態という、まったく別の種類の幾何学図形である。自然の物にフラクタルを見出したのはおそらくマンデルブローが初めてであろうが、それよりずっと前から数学者はこの概念について考えてきた(5)。

フラクタルの簡単な例として、ドイツの数学者ヘルゲ・フォン・コッホが一九〇四年に考案したコッホ曲線というものがある。コッホ曲線は、ある反復過程によって作ることが

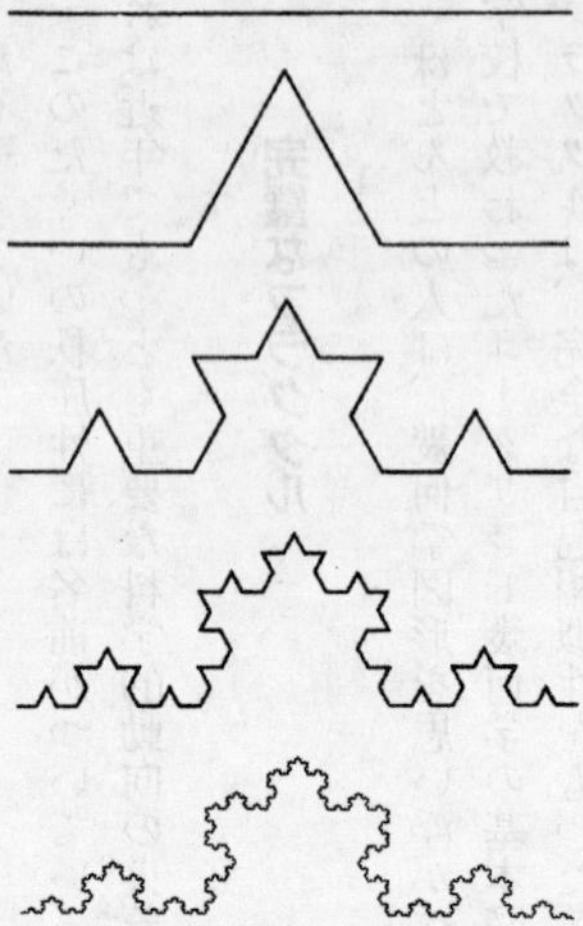

図4　コッホ曲線は、無限の反復過程で作られるフラクタルである。

できる。まず水平な直線を書く。次にそこに三角形のこぶをつけて、二つの平野の間に一つの山がそびえているような形にする。次に、その平野と山の斜面の両方に再びこぶをつける。そしてこの、すべての直線の真ん中にこぶをつけていくという過程を続けていくと、この図形はどんどん細かくなっていく（図4）。もしこの過程を無限回続けられれば、コッホ曲線を得ることができる。もちろん、その無限に複雑な本当の形を紙の上に書くのは不可能だ。絵を使ってできるのは、その基本的な考え方を理解することまでである。

この曲線が特別なのは、どんなに近くで見たとしても同じ構造が現われるという点である。どの部分を拡大しても、全体と同じになる。コッホ曲線を何万回拡大しても、同じ構造が次から次へと現われてくる。もちろんこの自己相似性は、実際には書くことのできない完璧な図形でしか成立しない。コッホ曲線として先ほど示した図は、無限に細かく印刷できないので、ある縮尺で限界に達し、フラクタルではなくなってしまう。したがってこの図は、近似的なフラクタルにすぎない。

この図のように、現実世界のいかなる物も、真に数学的なフラクタルではない。たとえば我々のジャガイモの破片の山については、べき乗則をもたらす自己相似性は、約一〇〇グラムから一〇〇〇分の一グラムまででしか通用しない。しかしそれは一〇万倍という広範囲にわたっており、この範囲では事実上のフラクタルとなる。現実世界には完璧な円や完璧な直線は存在しないが、そのために、地球の形や光の通り道を表わす上でこれらの概念が役に立たないということはない。同様にフラクタルの数学も、あらゆる種類の物事に何らかの方法で現われてくるスケール不変性を表現するための、理想的な概念を提供することになる。

この「何らかの方法で」というのが重要な点になる。数学上の完璧なフラクタルは、数学者の想像力が生み出したものである。しかし、現実世界におけるフラクタルはどこから生み出されるのだろうか？　原因は何なのだろうか？　マンデルブローのフラクタル幾何学は、フラクタルとは何か、そしてあるフラクタルは他のフラクタルとどう違うかを説明することならできるが、あるものがどのようにしてフラクタルになるかを説明できる方法はもちあわせていない。ケプラーが惑星の運動におけるいくつかの規則性を突き止め発表したずっと後になって、ニュートンがその過程に隠された物理を明らかにしたのと同様に、マンデルブローの発見も、より深遠な説明を導くためのものにすぎない。

電子の小島

では、現実世界のフラクタルはどこから現われるのだろうか？　一つの答えはカオスである。この言葉は、人それぞれにとって違う意味をもっている。生態学者にとってカオスとは、南イングランドなどに棲むキツネの数が毎年完全に予測不可能な形で変動することを意味する。気象学者にとっては、コンピュータで数週間の天気をシミュレートできる望みはなさそうだということを意味する。そして粒子加速器を設計している物理学者にとっては、電子が測定中に装置から飛び出してしまうという困った傾向をもっていることを意味する。この三つめの場合、カオスはフラクタルと同様にひどい頭痛の種になる。

電子は、加速器の中を光速に近い速さで飛んでいくので、加速器のリングを一秒間に何十万回も周回することになる。当然ながらその軌道を保つには、高度な制御装置が必要になる。物理学者は、加速器の導管に沿って途切れなく大きな磁石を置き、電子が軌道を外れはじめたら中に押し戻すようにしている。しかしいつでもうまくいくわけではない。電子がリングを一周すると、導管の中でわずかだけ横にそれるかもしれない。もしこのそれる過程がカオス的だとすると、このわずかな変化が急速に蓄積し、電子が横から飛び出してしまうという問題を引き起こすかもしれない。

一九七〇年代後半、アメリカ人物理学者のブライアン・テイラーとロシア人物理学者のボリス・チリコフは、それぞれ独立に、この過程の基本的性質を再現するための単純な数学的モデルを作った(6)。彼らのモデルはかなり抽象的なもので、電子加速器以外にも様々な物事に適用できる。そしてこのモデルが描き出す図は、どのようにしてカオスからフラクタルが現われてくるのかを解き明かしてくれる(図5)。大雑把に言うと、この図の中の「小島」、つまり小さな歪んだ輪が、電子が問題なく飛ぶことのできる導管の内側に対応している(つまりあなたが導管の中に立ってその伸びていく方向を向いているような形である)。この領域のなかから出発した電子は、加速器を何千回、何百万回周回しても、決してこの狭い島から離れることはない。物理学者が電子を留めておきたいと考えるのは、この領域である。一方、もし電子が、安定性の成り立つ島の間に広がるあいまいな領域から出発するか、あるいは何らかの理由でそのような領域に入ってしまうと、問題が起こることになる。この領域はカオス的な海になっており、電子はその領域じゅうをさまよい歩くことになる。その電子はすぐに、加速器の壁に到達する道筋を見つけ、加速器から飛び

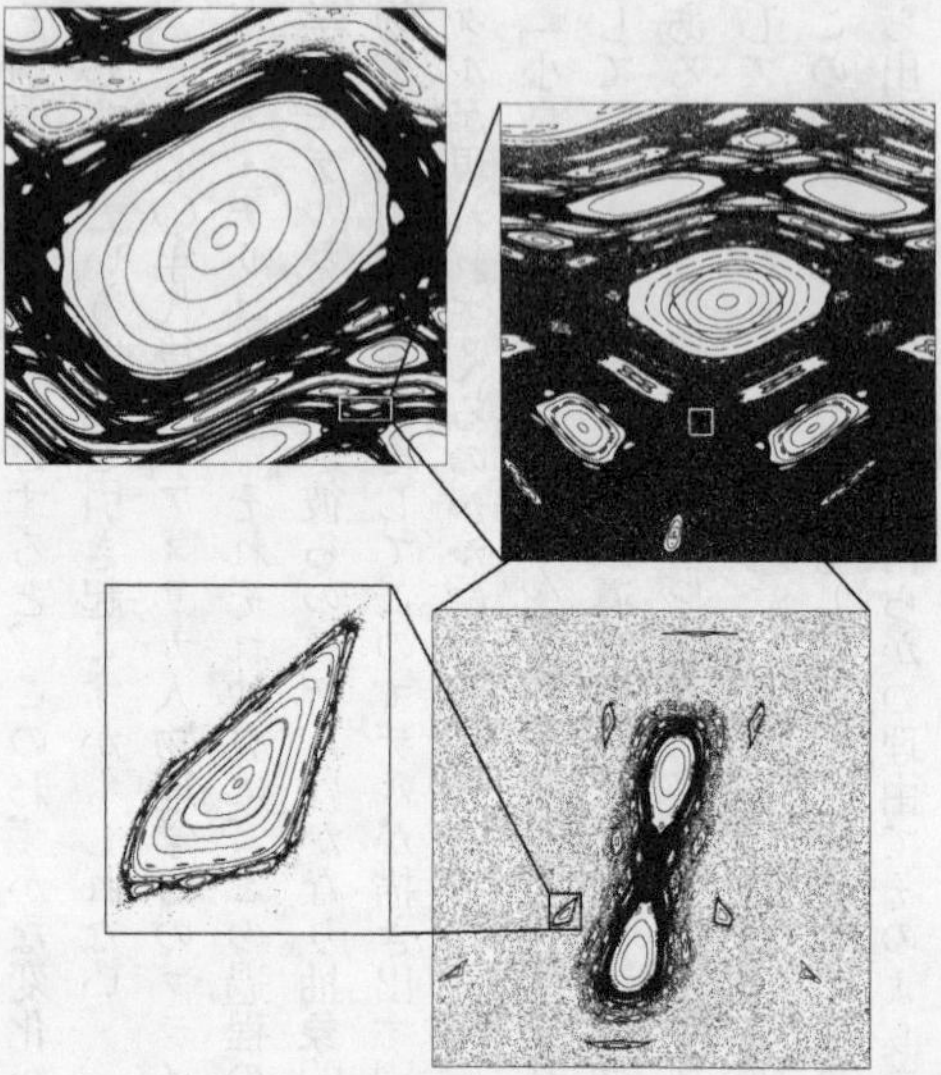

図5　チリコフ = テイラー・ゲームを行なうには、まず大きな四角の中のどこかに黒い点を打ち、そしてある単純な規則に従って、その場所に対応する次の点を打つ。大雑把に言ってこの規則は、電子が粒子加速器を周回している間に軌道を外れていくときの特徴を表わしている。この規則を何度も繰り返し適用していくと、最初の位置に応じて異なる結果が現われてくる。楕円形の領域のなかから出発すると、惑星が太陽のまわりを回るように、点は大まかに円状の軌道を描く。しかし濃い色の領域から出発すると、点は濃い色の領域の隅々にまでカオス的にさまようことになる。この不規則で野放図な動きが、カオスの一例である。このゲームの驚くべき特徴の一つは、規則性が成り立つ島状の領域が、カオスの海のなかでどのように広がっているかという点にある。図中の四角で囲んだ範囲を拡大してみると、二種類の領域がなかに潜んでいることが分かる。あらゆる縮尺で、カオスと規則性とが自己相似的パターンを描いて共存しているのだ。（図はコロラド大学ボールダー校のジェームズ・マイス氏提供）

出してしまうだろう。

この図の魅力は、その驚くべき複雑さにある。カオスの海の一部分を何千回拡大しても、そのなかには必ず島が隠れている。どの島のまわりを拡大しても、小さな島とカオスの領域が見つかり、その小さな島のまわりを拡大すると、さらに小さな島が見つかり、これが終わりなく続く。カオス領域と安定な領域とは、あらゆるスケールでフラクタル的に混ざり合っている。加速器の中に粒子を数秒でも留めさせておくのは、間違いなく大偉業なのだ！

カオスはフラクタルを生み出す。このような例は何千とある。しかしそれらはどれも抽象的なもので、葉脈や、太陽の熱で乾いた泥に走るひび割れのフラクタルなパターンとは、関連性はほとんどない。これらの現象にはカオスは見当たらない。したがって我々の、フラクタルの原因は何かという質問には、もう一つの答えがあるに違いない。

歴史物理学

もう一つの答え、自然界で見られる一般的なフラクタルにもっと関連した答えとは、フラクタルは成長や進化の過程においてもっとも自然に現われるというものである。ほとんどの場合、何らかの意味で歴史が重要な役割を果たすので、フラクタルやべき乗則の理解に必要なのは歴史物理学ということになる。しかし図書館に行って、『歴史物理学ジャーナル』という題名の雑誌や、「歴史」という言葉が入った物理学の雑誌などを探しても無駄だ。物理学者は、「歴史が重要な意味をもつ事柄についての物理学」、などという言い回しは使わずに、より専門的な言葉を使う傾向がある。その言葉を理解し、歴史という概念とのつながりを見るために、温かい水の入ったコップに塩粒を少々入れてかき回すところを想像してほしい。塩粒は溶けるだろう。物理学における歴史の意味は、その塩粒を元に戻そうと考えたときに明らかになってくる。

塩の一粒一粒を微視的に見ると、ナトリウム原子と塩素原子とが完全に幾何学的な並び方で結びついてできた結晶となっている。これらの原子は、エネルギーによって結びついている。しかし水のなかでは、各原子には水の分子が激しく衝突している。水の温度は、水分子がどれだけ速く動いているかによって決まる。水分子の速度が速いほど、衝突の力は強くなり、その分原子を跳ね飛ばす確率が増えることになる。水の温度が十分高ければ、結晶からすべての原子が弾き出されるのにかかる時間は短くなり、結晶はまったく残らなくなる。そして塩は溶け、すべての原子は四方を水に囲まれ、孤立して浮かぶことになる。これが平衡状態であり、外部の条件が変化しないかぎり永遠に同じ状態が続く。平衡状態では、歴史という概念はほとんど意味がない。

さてこのコップを冷蔵庫に入れて冷やしてみよう。温度がある限界を下回ると、コップの中で塩が再び成長してくる。ナトリウム原子と塩素原子が集まりはじめるが、水分子はもはやあまり速く動いていないので、それらの原子を効果的に跳ね飛ばすことはできない。[7]温度を限界値のわずかだけ下の値に維持したとき、新たな固体は「平衡的に」成長する、と物理学者は表現する。実際には、平衡状態に非常に近いところで成長するということである。この場合固体成長は非常に遅く、できてくる結晶は、ダイヤモンドのように完全で傷のない、ユークリッド幾何学における規則的な形になる。

その理由は、水分子が結晶の成長を食い止めるのに近いエネルギーをもっていることである。原子は、しばらく結晶に結合すると再び弾き出され、結晶の表面近くを漂いつづけることになる。その原子は、一度ついてはまた離れるということを繰り返し、最後には成長中の結晶にぴったりはまり込む正しい場所を見つける。このように結晶は、原子が正しい場所に結合することで成長していく。この場合も歴史はほとんど意味をもたない。実験を何百回繰り返しても、必ずまったく同じ結果に終わるからだ。

温度がもっと低く、限界値のずっと下だったら、何が起こるだろうか？　そこでは興味深い状況が現われてくる。この場合結晶成長の駆動力はもはや小さくなく、結晶は非平衡条件下で成長することになる。どの原子も一度結晶に結合してしまうと、水分子はそれを跳ね飛ばすことができないので、その原子はそこにとらえられてしまう。したがって、すべての原子が互いにぎゅうぎゅう詰めになって、結晶は急速に成長する。その結果どうなるか想像できるだろう。原子の交通渋滞が起こり、固体は規則的な形ではなく、様々な枝分かれやひげのたくさんある複雑な形に成長することになる。

形成される構造の種類やその成り立ちを理解するために、この状況に隠された本質を明らかにするための単純な数学的ゲームを作った。物理学者は、新たな歴史物理学の原形として考えることができるだろう。拡散律速凝集（かくさんりつそくぎょうしゅう）という、いかめしい名前にもかかわらず、このゲームは実際には非常に単純で、しかも驚くほど見事に機能する。の凝集を表現したゲームは、一九八四年にシカゴ大学の物理学者トム・ウィッテンとレオナルド・ソーンダーズによって発明されたもので、それは我々が今見てきた結晶成長を完全に数学的に表わすことができる。結晶成長の詳細はかなり単純なので、我々は微視的な世界で起こっていることを追跡できるのだ。

このゲームは、何もない空間の中心に粒子が一つだけあるところから始まる。そこに遠くからもう一つの粒子が、でたらめで偶然に支配された道筋を通ってさすらってくる。二つめの粒子が一つめにぶつからなければ、それはさすらいつづけていく。しかしもしそれらがぶつかり合うと、互いにくっついてしまう。次に三つめの粒子がでたらめな方向から出発し、再びでたらめな道筋を通って近づいてくる。この粒子の行く末も同じように決定される。つまり、中心にある塊を構成する粒子（一つかもしれないし二つかもしれない）にぶつかれば、それにくっつくことになり、ぶつからなければ進みつづけることになる。

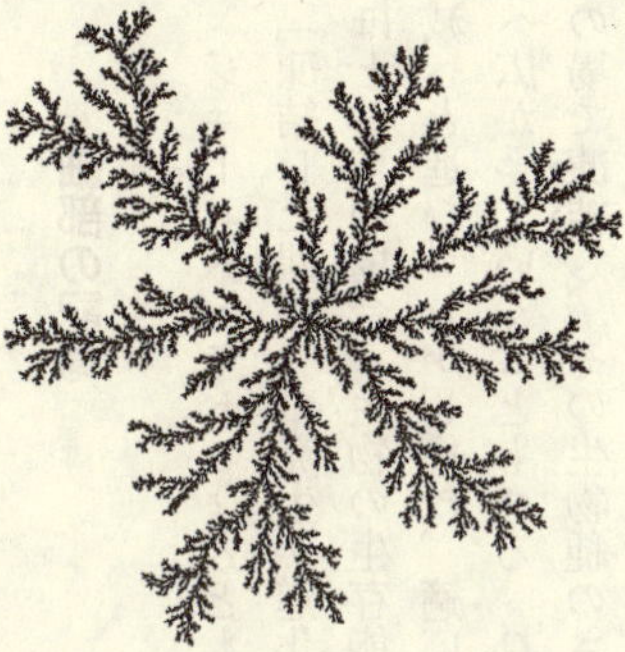

図6　この凝集ゲームでは、粘着性の粒子が遠くからでたらめにさまよってきて、それが成長中の塊にぶつかればそこにくっつくことになる。長い時間経つと、結果はこの図のようになる。このゲームを百万回やっても、正確な部分まで同じ構造を作ることは決してできない。結果は完全に予測不可能である。それでも結果は必ずどれも似たような形になり、正確なべき乗則を満たすようになる。（図はオスロ大学のポール・メーキン氏提供）

このゲームは、このようにでたらめに粒子を送りつづけ、中心の塊がどうなるかを見るというものである。この粒子がナトリウムか塩素の原子を表わし、塊が成長しつつある塩の結晶を表わすと考えればいい。

これらの規則が単純であるにもかかわらず、この非平衡成長ゲームで作られる塊は、平衡成長で作られる単純な形とはまったく違った、異様な形になる（図6）。その理由は難しくはない。このゲームでは、粒子は塊に衝突するとそこに留まる。これは歴史のうえで決定的な役割を果たす出来事であり、その結果は不可逆で、その後に起こるすべての出来事に影響を及ぼすのである。粒子が付着することによって塊の形が変わり、他の粒子がその近い場所につく確率が上がる。さらに粒子がつくと、ますますその場所に粒子がつきやすくなる。この成長の仕方は非常に不安定で、あらゆるささいな出来事に左右される。この非平衡状態では、歴史に相当するものが存在し、それは非常に重要な役割を果たすのである。

細部の記憶

ジェームズ・ワトソンとともにDNAの構造を見出したフランシス・クリックはかつて、「凍結した偶然」の発生が進化過程の本質であると指摘した。偶然発生する遺伝的変異はほとんどの場合、生物の生存能や生殖能を奪い、そのため突然変異した系統はたいてい絶滅へと進む。しかし稀に、適応性を上げるような突然変異が発生し、それが定着して集団へ広がっていくこともある。ひとたびこのようなことが起こると、その偶然の出来事はその場で凍結し、その生物種のさらなる進化は必然的に新たな出発点から始まることになる。このように、進化とは累積的なものである。あらゆる凍結した偶然は、過去に凍結した一連の偶然のうえに付け加わり、時間の流れに従って先へ進む曲がりくねった道筋を構築する。この道筋は歴史に深くかかわっており、凍結した偶然はまさに歴史の不確実さを具現化したものである。

凍結した偶然は、凝集ゲームにおいても中心的役割を果たしている。このゲームは結晶成長の様子を表わすものであり、粒子の付着する規則が不可逆になると、本質的な偶然とともに歴史が姿を現わすことになる。あらゆるささいな偶然は、成長しつつある構造に、それ以降永遠に消し去ることのできない影響を残す。したがってこのゲームを二回行なっても、あるいは一〇〇回行なっても、まったく同じ結果は決して得られない。それでも、生じてくる複雑な構造は必ず同じある性質をもっている。中心から距離R以内には何個の粒子があるか、この答えはすべての塊でおおよそ同じになり、すでにお馴染みのべき乗則に従うのだ。Rが二倍になるたびに、粒子の数は約三・二五倍になるのである。

例のごとく、見た目は単純なこのべき乗則には、深い意味が隠されている。この規則性は、この塊がフラクタルであり、個々の部分に関して典型的な大きさはないということを示している。実際、この図の一部分を切り出して拡大すると、もとの絵とそっくりになる。意外なことに、粒子の塊は必ずこの性質をもつ。たとえ、混乱した偶然の嵐のなかから塊が成長し、あるいはでたらめな偶然によって未来の進む向きが刻々と変化したとしても、予測可能な性質は必ず現われてくる。偶然の裏には明白で規則的な過程が潜んでおり、それは塊の正確な形ではなくその統計に現われるのだ。

これが、歴史に支配され、おのずからフラクタルとスケール不変性を導くような、平衡過程の一例である。この凝集ゲームは、歴史とその不可避な偶然性を前にしたときに、我々は物理学をどのように進めていけばよいかという手本になる。ここで物理学者が教訓として得たのは、結晶成長のような歴史に支配される過程は、時間に対して不変な方程式では理解できないということである。起こったことを詳細まで理解するには、一つ一つの粒子に至る正確な成長の歴史をたどる以外に方法がないとしたら、方程式を使うのは的外れになりかねない。凝集ゲームを行なうことによって、非平衡の歴史物理学について学んだことになるのだ。

もちろんウィッテンとソーンダーズの凝集ゲームは、ありうるゲームのなかの一つであり、他にもこのようなものはたくさんある。規則を変えれば、異なる種類の歴史ゲームや、異なる歴史的過程が得られる。そして凝集ゲームに結晶化の過程の本質が含まれていたのと同様に、他のゲームには現実世界における別の歴史的過程の本質が含まれているかもしれない。この可能性を心に留めておいて、話を地震に戻すことにしよう。

ソクラテスの哲学者としての最大の業績は、皮肉にも、自分が知った唯一の事柄は自分が何も知らないことだというのを認めたことにある。第3章で見たように、地震の専門家は、賢明にも同じことを認めているはずだ。ただし、グーテンベルク＝リヒターの法則は、その重要な例外である。地震の統計に関するこのべき乗則は、地震に潜む物理的、歴史的過程を指し示す、一種の数学的な道標のようなものである。その道標には説明が必要だが、科学者たちは近年、それを説明するゲームを発見したのだ。

第5章　最初の地滑りが運命の分かれ道──地震と臨界状態

科学は物事を説明しようとはしない。解釈さえもめったにしない。たいていはモデルを作るだけだ。

──ジョン・フォン・ノイマン(1)

「すべての真実は単純だ」──これは二重に嘘ではあるまいか？

──フリードリッヒ・ニーチェ(2)

サンアンドレアス断層に関する真実は単純ではない。それはちょうど、アメリカのベトナム戦争への関与、ジョン・F・ケネディの暗殺、あるいはロシアの現在の政治状況と似ている。詳しく見れば見るほど、複雑な事柄が現われてくるのだ。サンアンドレアス断層は確かに、南北に走りカリフォルニアを分断している一本の線である。しかしその主断層の近くでは、両側の地殻は何千というもっと小さな断層によってぼろぼろになっており、そのそれぞれの断層からはさらに小さな副断層が走っており、そしてさらに……と続いていく。「断層」という言葉は実際は、「断層帯」という言葉に置き換えるべきである。また、この大地のひび割れは、ロサンゼルス近郊でサンアンドレアス断層が途切れている地点ではまだまだ終わらない。その先にはベニング断層帯やサンジャシント断層帯が続き、カリフォルニア州をさらに南にまで分断している。カリフォルニアには、古くなってぼろぼろに壊れた道路のように、ひび割れがたくさん走っているのだ。

地球上のどの地震地帯も同様のひび割れ構造をもっているが、その細部は少しずつ違っている。中国、コロンビア、カリフォルニア、日本において、主断層や副断層、そしてより小さなひび割れは、それぞれ独特のネットワークを形成している。二つとしてそっくりな場所はないのだ。だとしたら、地震予知が不可能だというのも、もっともなことではないか？地震帯のなかには、山岳地帯を分断するものもあれば、平野や丘陵を分割するものもあれば、大洋底の地殻を切り裂いているものもある。断層はどれくらいの深さなのか？これもそれぞれ違っている。三〇キロの深さに達するものもあれば、五キロしかないものもある。

地震はそれぞれ無数に違う条件下で発生しているにもかかわらず、その激しい複雑さは最終的に、グーテンベルク＝リヒター則の単純さへと収斂（しゅうれん）する。一九八〇年代、物理学者たちは、カオスに関する次のような問題に立ち向かっていた。揺れる振り子のような、規則的周期で動く単純な物が、どうして驚くほど不規則でカオス的に振る舞うことがあるのだろうか？　今我々は、まったく違う問題に直面している。地殻のあらゆる複雑な詳細や過程が、どうしてあのように驚くほど単純な法則に収束するのだろうか？　なぜ細部の条件が影響しないのだろうか？

砂山と地震

偉大な発見とは、孤独な天才が部屋に閉じこもって努力を重ね、あらゆる困難に立ち向かい、崇高さを秘めた純粋な思索から画期的な新しいアイデアを作り出すことでなされるものだ、と普通、人々は想像している。伝説としてアルバート・アインシュタインは、学校の先生に幻滅し、スイス・ベルンの特許局の机に座って、独力で物理学を覆した。しかし偉大なアイデアは普通、平凡なところから生まれるものである。アルベール・カミュの言葉を借りれば、「レストランの回転ドアの中で生まれる」ものだったり、(3) あるいは現代科学においては、異なる分野の科学者たちが出会って意見交換をするなかで生まれたりするのだ。

一九八八年夏のある朝、ニューハンプシャーにある小さな大学で開かれたフラクタルに関する学会でのことだった。この日一人の地球物理学者が、地震に関するいつもと変わらない講演を行なっていた。聴衆のほとんどは地球物理学以外の分野の科学者だったので、彼、ヤコフ・カガンは一般的なあらましについて説明していた。カガンは簡単な用語を使って、美しいグーテンベルク＝リヒター則にまつわる謎を説明し、彼らがその努力にもかかわらず地震予知に失敗しつづけた個々の哀れな逸話について話した。カガンはもう一つ興味深い事実を指摘した。あらゆる断層帯のなかの断層は、フラクタルの性質をもっているというのだ。つまり様々な長さの断層は、べき乗則という顕著な規則性をもっている。断層の長さが半分になると、その断層の数は七倍になる。(4) 言い換えると、断層が短くなるにつれて規則的に数が多くなり、そして断層には典型的な長さというものはないということだ。

偶然にも聴衆のなかにバクがいた。カガンが話すにつれ、バクはどんどん興味をそそられ、そして自分の砂山について考えはじめた。あのゲームでは、砂粒一つだけの雪崩もあれば、何百万粒からなる雪崩もあった。しかしそれらの出来事はまったく同じ原因で発生する。すべて、一粒の砂が砂山のどこかに落ちるところから始まる。その砂粒が傾斜の急な所に落ちると、それは下に転がり落ちる。それで事は終わるかもしれない。しかしバク、タン、ヴィーゼンフェルドが発見したのは、砂山が「臨界状態」にまで成長したときには、たくさんの砂粒が転がり落ちる寸前の状態になっているということだ。さらにこれらの砂粒は、あらゆる大きさの不安定性という見えざる手の中に握られている。手の多くは小さいが、なかには砂山の端から端にまで届くものもある。そのため、一粒の砂によって引き起こされる連鎖反応が、あらゆる大きさの雪崩に発展する可能性がある。数学的には、この性質は完璧なべき乗則として現われる。様々な大きさの雪崩の回数を数えていくと、数粒から数百万粒にまで至る雪崩がみな、規則的なパターンを示すことが分かる。雪崩の砂粒の数が二倍になると、雪崩の回数は二分の一弱（正確には約二・一四分の一）になる。

バクは自問しはじめた。地殻でも同様のことが起こるのか？　この思いつきは、ばかげたものであると同時に期待を抱かせるものでもあった。砂粒を使ったゲームが、新しい湖を作ったり都市全体を破壊したりする大激動について、何か本当に重要なことを語っているのだろうか？

砂山ゲームが地殻の働きとどのように関係しているのかなど、まったく見当もつかないことだった。しかしブルックヘブンに戻ったバクとチャオ・タンは、理論地球物理学者たちと議論をし、論文の山を引っかきまわした。すぐに彼らは、地震の研究者たちが数年前に自らの手で作ったゲームを発見した。残念ながらそれは、砂山ゲームとはあまり似ていなかった。

一九六七年、カリフォルニア大学ロサンゼルス校のR・バリッジとレオン・クノポフは、地震の物理につきまとう厄介な複雑さを取り去ることで、地震の原因を見抜きたいと考えた。(5)実際の地震は大小の断層からなる巨大なネットワークで起こり、そのときたくさんの断層が一度にずれるのだが、バリッジとクノポフはそのことを無視し、一つの断層だけについて考えた。サンアンドレアスの主断層に沿って、西側のプレートは北向きに動き、東側のプレートは南向きに動いている。その境界で岩石が滑り合わなければ、岩石は捻じられ、内部の歪みは増大する。歪みが大きくなればなるほど、岩石同士の滑り合いは起きやすくなる。地震は歪みの蓄積と解放によって起こるのだ。バリッジとクノポフは、それがどのようにして起こるのかを図式的に表わそうとした。

密着と滑り

大きな木製の床と、その上にあって、コンベアのように絶えず右向きに動いている同じ大きさの天井を思いうかべてみよう（図7）。天井には柔軟な細長い棒がいくつかぶら下がっていて、その先は床の上に置かれた木製ブロックに取りつけられている。このゲームは次のように進んでいく。天井が動くと、棒が曲がり、ブロックを引きずろうとする。床との摩擦力が、ブロックを留めようとする。天井がさらに動けば、棒はもっと曲がる。各ブロックにおいて、いつかは摩擦力が負けてしまうときが来て、そのときそのブロックは突然前に滑る。

もう一つ細かい点がこのゲームを面白くしている。ブロック同士が、何本かのばねによ

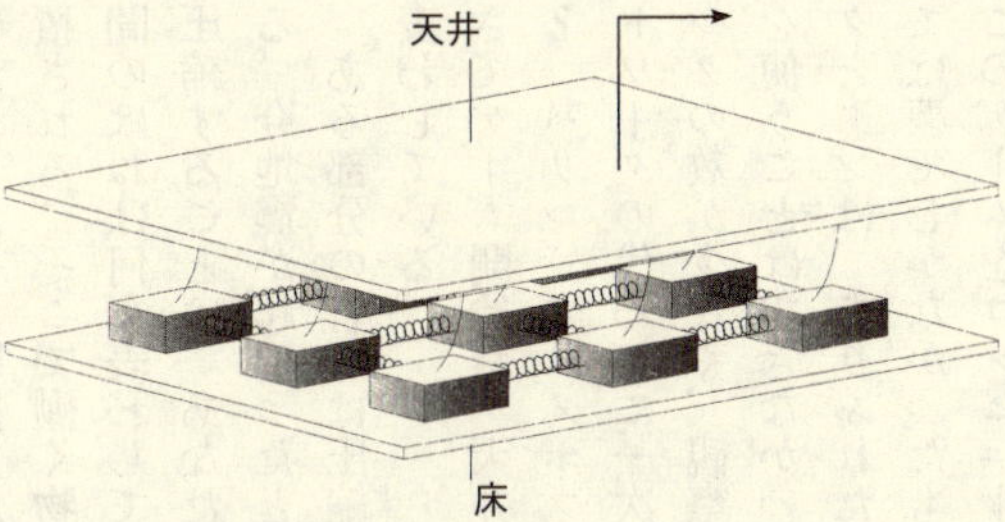

図７　バリッジ＝クノポフの地震のモデル。（Z. Olami, H. J. Feder and K. Christensen, Self-organized criticality in a continuous, non-conservative cellular automaton modeling earthquakes. *Phys. Rev. Lett.* 1992 ; 68 : 1244-7 より改図。許諾を得て掲載）

ってつながれているのだ。これがなければ、ブロックはそれぞれ無関係に動き、単純に密着と滑りを繰り返すだけである。しかしばねがあると、一つのブロックが前に動いたとき、その前方にあるブロックは押され、後方にあるブロックは引っ張られる。さらに何らかの理由で一つのブロックが横にずれると、その両側のブロックが押されたり引っ張られたりすることになる。こうして、一つのブロックを滑らせようとする力は、頭上の柔軟な棒からだけでなく、前後左右のばねからも与えられることになる。ばねによって、一つのブロックの動きが別のブロックに影響を与えるようになっているのだ。

これが地震とどう関係があるというのだろうか？　その発想は単純だ。このゲームは、実際の断層から現実性をすべて取り除き、物理学的な本質のみを残したものを表現している。床と天井は二つの大陸プレートを表わし、ブロックと床との接触面はそれらプレートの接触面の代わりである。摩擦力が岩石を留めているかぎり、岩石は捻じられそこにエネルギーが蓄積される。そこで働く物理現象は、柔軟な棒によって表わされている。では、ブロックの間のばねは何を表わしているのだろうか？　岩石は硬い。花崗岩の板を手でばねのように圧縮することは、あなたにも私にもできないが、二つの大陸が擦れ合えば簡単に圧縮される。今地震が起こったとしよう。断層上の異なる場所の岩石が異なる距離滑ったとすると、ある部分の岩石は圧縮され、元に戻ろうとする。つまり、ばねが図式的に岩石の弾性を表わしている。

さてゲーム開始だ。天井を動かして何が起こるかを観察していこう。何が起こるだろうか？　バリッジとクノポフは、このゲームを物理的に単純化し、二次元的なブロックのネットワークの代わりに一次元的なブロックの列を用いた。残念ながら彼らの研究では、ブロックの数が少なく、観察した滑り現象も少なかったので、かなり初歩的にしかこの仕掛けを使うことはできなかった。これが一九六七年での段階だった。しかし一九八八年にはバクとタンは、ありふれたデスクトップコンピュータを使って、バリッジとクノポフにとっては夢でしかなかったものを発見できた。

このゲームをコンピュータで再現するには、さらにもう一つ細かい点を知っておく必要がある。各ブロックは、そこに加わる力がある限界を超えると滑るようになっている。しかしひとたびブロックが滑り出すと、その後はどうなるのだろうか？　ブロックがどこまで滑るかは、ブロックと床との間、つまり滑り合う二つの岩石の間にどれだけの摩擦力が働くかに左右される。摩擦力が強ければ滑る距離は短くなり、弱ければ長くなる。問題なのはそのデータを誰も正確には知らないということだ。しかし、話を先に進めることにしたバクとタンは、もっとも簡単な方法でこの問題を回避した。そのデータを完全に無視したのだ。

ブロックの動きは本来、ニュートンの運動方程式を使って正確に記述されるべきである。しかしバクとタンは、このゲームからあらゆる贅肉(ぜいにく)を削ぎ落とすために、ニュートンの法則の代わりにいくつかの単純な規則を使った。ある瞬間にブロックがある特定な配置にあったとしよう。次の瞬間に何が起こるだろうか？　滑らせるのに十分でないほどの弱い力しか働いていないブロックには、もちろん何も起こらない。そこに留まりつづけるだけだ。一方、強い力が働いたブロックは動くことになるが、それがどのように動くかを指定するために、バクとタンはある間に合わせの規則を当てはめた。あるブロックにかかる力が滑る限界を超えると、そのブロックは一歩前進する。同時に、そのブロックにかかる力は一単位減少し、その隣の四つのブロックにかかる力は四分の一単位ずつ増加する。つまり、あるブロックが滑ると、それに働いていた力の一部分は移動し、その近傍のブロックに均等に分配されるのだ。この規則はニュートンの法則から導き出されるものではないが、当然、ブロックが動くと、それにかかる力は減少し、その隣のブロックにかかる力は増加するはずなので、その点に関してはこの規則は正しい。

デジャヴ

バクとタンがこれらの規則を使うことで得た利点の一つは、何万というブロックを使ったシミュレーションを非常に高速に走らせることができたという点だ。しかし皮肉なことに、わざわざそうする必要などなかった。ゲームを始める前から、彼らはデジャヴに襲われた。以前にこのゲームを目にしていたのだ。決して意図したわけではなかったが、彼らが使った間に合わせの規則のために、この地震ゲームには砂山ゲームの数学的論理とまったく同じものが当てはめられていた。今回は表面を滑るブロックに関する話で、前回は砂山を転がり落ちる砂粒の話。それでもそれらの話の裏には、たった一つの数学的骨組みが隠されていた。そのためバクとタンは、この新しいゲームがどう動いていくか見るのに、実際に動かす必要はなかった。前のゲームが仮面をかぶっただけだったのだ。

バクとタンはさらに進めていって、最終的に根本的な問題に到達した。砂山ゲームの雪崩がべき乗則に従うという事実は、地震について、少なくとも「ブロックとばね」版の地震について、何を教えてくれるのだろうか？　グーテンベルク＝リヒター則は、ある大きさのエネルギーを解放する地震の回数に対するものである。これをどのように地震ゲームに当てはめるのかは、かなり簡単なことだ。バクとタンは、ブロックが一歩滑るたびに大体同じ大きさのエネルギーが解放されると判断した。そのため、このゲームにおける一回の地震の全「エネルギー」は単純に、一つのブロックが滑ることによって引き起こされた全ブロックの滑りの総数ということになる。そして二つのゲームを比べると、ブロックの滑る数は、転がり落ちる砂粒の総数、つまり一粒の砂の落下によって引き起こされる雪崩の規模に対応していることに気づく。したがって類推すると、地震ゲームにおける地震は、砂山ゲームにおける雪崩と同じべき乗則に従うことになる。驚いたことに、現実の地震におけるグーテンベルク＝リヒター則とほぼ同じものが転がり出てきたのだ。(6)

バクとタンが驚き興奮したように、彼らの単純なゲームは、地球科学のもっとも基本的な法則を説明し予測しているように思えた。当然ささいな反論が出るかもしれない。砂山ゲームにおいて雪崩の規模を二倍にすると、その頻度は二・一四分の一になる。それに対してグーテンベルク＝リヒター則では、地震の大きさが二倍になるとその頻度は四分の一になる。だからべきの数が違っているではないか。しかしこの小さな違いは、バクとタンの偉業に比べればささいなことである。彼らは少なくとも、きわめて特殊なべき乗則という形がどこから現われてきたのかを明らかにしたのだ。(7)

一回のゲームのなかで、各瞬間に何個のブロックが滑るかを記録したところ、奇妙だがどこか見慣れたパターンが見出された。その記録は、あらゆる地震地帯での地震活動の記録と同様に、不規則ででたらめなように見えた。この記録のグラフのなかには、何回かの巨大地震が砂漠のなかの大木のように屹立していた。微小地震にはブロック一つだけが関与するのに対して、大地震には何万というブロックがかかわっていた。

素直な人なら、地震に対する地球物理学者の態度と同様に、これら大きな出来事には何か特別な説明が必要だと思うことだろう。しかしどの出来事も、規模の大小にかかわらず、この装置のどこかで一つのブロックが突然滑ったことが第一原因となって起きたことである。ブロックとばねが自らを臨界状態へと組織化し、装置が不安定なバランスを保つようになり、そしてどんなことでも起こりうるような状態になったのだ。一つのブロックが滑ることによって、装置全体にわたって雪崩状にブロックが滑るような出来事が引き起こされるかもしれない。これが壊滅的な大地震である。大地震になるか微小地震になるかは、最初の滑りが起こった正確な位置にしか依存しない。これが、地震は予知できず、恐ろしい大変動が何の警告もなく襲ってくる理由である。

これらの結果は、うまくいきすぎていて信じがたいように思えた。実際そうだった。他の研究者たちは直ちに、このバクとタンの単純化したゲームに対して異論を唱えた。特に彼らが使った間に合わせの規則が、非難の的になった。砂山には「保存的」な性質があった。つまり山から砂粒が転がり落ちても、砂粒の総数は保存されるということだ。砂粒は決して消えてなくならない。地震ゲームでバクとタンは、ブロックに働く力を同様な形で取り扱った。あるブロックにかかる力がそのブロックを滑らせるのに十分な大きさになると、その力は間に合わせの規則によって隣のブロックに均等に分配される。したがってブロックを滑らせようとする力の総計は、砂山ゲームでの砂粒の総数と同じように一定なのだ。これが二つのゲームの結果が同じになった理由である。

残念ながら、断層における実際の物理現象は、このような特別な性質をもってはいない。滑る岩石の間の摩擦に対する法則についてはほとんど理解されていないが、少なくとも摩擦が働いていることは確かだ。この摩擦は力の一部分を消費するはずなので、このバク＝タンの規則が適切でないのはほぼ明らかである。この反論に答えるためにバクとタンは、ゲームがより現実に即したものになるように規則を変えた。しかしそうしたところ、このゲームは別のものに変わってしまった。もはや砂山ゲームとは同等でなく、べき乗則もどこかに消えてしまった。地震を説明できなかったのだ。少なくともこの時点では。

誤りから出た一致

一九九〇年、バクともう一人の仲間カン・チェンは、地震と自己組織的臨界に関する長い論文を書き、その草稿を他の物理学者に送った。そのなかに、ノルウェーのオスロに住むイェンス・フェダーが含まれていた。彼は、まだ高校生の息子ハンス・ヤコブ・フェダーと一緒に、バクたちの結果を再現しようと、コンピュータを動かしてシミュレートしてみた。フェダー親子は、論文に記されている規則に従ってプログラムを書き、ゲームを始めてみた。そして、様々な大きさの地震がそれぞれどのくらいの頻度で起きるかを記録し、十分なデータが集まったところでグラフにしてみた。予想通り、べき乗則が成り立つことが分かった。ところが困ったことに、それはバクたちが見つけたべき乗則とは違っていた。数字が違っていたのだ。

フェダー親子は自分たちのプログラムが正しいかどうか調べ、バクとチェンの記述も確認した。しかし何も間違ってはいないようだった。さらにシミュレーションを繰り返したが、そのべき乗則は食い違ったままだった。イェンス・フェダーはいらいらして、ついにバクに電話をかけ、長い議論の末、問題の原因にたどり着いた。論文の初めの草稿には、ささいだが重大な誤植があったのだ。ゲームの規則の一つが間違って書かれていたのである。そのためにフェダーは、間違った規則を使ってゲームをしていた。つまり彼らは異なるゲームをしていたのだ。しかし奇跡的にも、この新しいゲームは、無意味でもつまらないものでもなかった。偉大なアイデアが「回転ドア」の中で生まれるとしたら、重要な発見は誤植から生まれる。この新たなゲームは、グーテンベルク＝リヒター則に近い振る舞いをしつつも、保存的かどうかという問題にはとらわれていなかったのだ。

次の夏、ハンス・ヤコブ・フェダーは、ブルックヘブンのバクの同僚、ゼーブ・オラミとキム・クリステンセンと組んで、このゲームがどのようなものになるか理解しようと試みた。この三人組は、バリッジとクノポフによる初めのゲームにまで立ち返って、そこからバクとタンのとった過程をたどっていった。不要な部分を削ぎ落とし、単純化し、それでも根底にある物理に忠実に進んでいった。すぐに彼らは、ブロックが滑り出した後の動きを指定するという厄介な段階に達した。しかしバクとタンが問題のある間に合わせの規則を導入したのに対して、オラミ、フェダー、クリステンセンは別の方法を見つけた。その別の方法には、確固とした物理的根拠があった。

岩石同士が滑ると熱が発生する。つまり、歪んだ岩石に蓄積されたエネルギーの一部は、岩石を動かすのではなく、それを熱するのに使われる。これを再現するには、エネルギーを拡散させるための仕組みを、ゲームに付け加えなければならない。オラミ、フェダー、クリステンセンは、そのための新たな簡単な規則を作った。ブロックが前に滑れば、床との摩擦によってエネルギーの一部が失われるはずだと、彼らは仮定した。したがって、滑ったブロックにかかる力が一単位減少しても、そのまわりのブロックにかかる力は一単位より少ない分しか増加しないはずである。規則はこれだけだ。バクとタンのゲームの規則を新しいものに取り換えることで、オラミ＝フェダー＝クリステンセン・ゲームが——もともとは偶然に見つかったものだが——姿を現わしたのだ。[8]

このゲームには他にも注目すべき性質がある。もちろんこのゲームは、地震発生の過程に対する完全に正確なモデルというわけではない。むしろこのゲームは、地震の発生過程における特有の性質の源となっている論理構造のうち、最小限の本質的部分だけを表わしたものである。もし規則をわずかに変化させただけで結果が大きく違ってくるとしたら、そのゲームは説得力に乏しいものになってしまう。事実に合うようにゲームを「調整」しただけではないかと、当然疑われることだろう。しかし、ブロックの一回の滑りのたびに失われるエネルギーの量を変化させてみても、地震の統計は変わらなかった。彼らはエネルギーの損失を一〇パーセント、二〇パーセント、三〇パーセントと変えてみたが、べき乗則は変化しなかったのだ。言い換えると、このゲームは規則の変化に対して驚くほど鈍感だった。同じ論理構造をもつほとんどすべてのゲームが、グーテンベルク＝リヒター則を導く。さらにこの新しいゲームは、もともとのバクとタンのゲームよりも、実際の地震に関する事実とよりよく一致したのだ。オラミ＝フェダー＝クリステンセンのゲームでは、地震の規模が二倍になるごとに地震の頻度は四分の一になった。これは実際の地震におけるグーテンベルク＝リヒター則とまったく同じ値である。

このゲームはさらに役に立った。一九九五年、日本の神戸大学の物理学者、伊東敬祐（けいすけ）は、このゲームのある変種を使って大規模なシミュレーションを行ない、地震発生の正確な時間を調べた。(9) 現実世界の地震は、前震と余震を伴う傾向がある。これは言い換えれば、大地震は時間的にいくつも集中する傾向があり、地震の起きなかった時間が長いほど、その先も地震の起きない時間は長いだろうということである。これは我々の直感に反しているが、このゲームからは同じ結論が自然と出てきたのである。

この地震の集中現象は、大地震が起こった後、次の大地震が起こるまでの「待ち時間」の分布がべき乗則に従うという、数学的特徴をもっていた。一〇〇〇回の地震に対して次の地震が起こるまでの時間を記録すると、その時間が短いほど頻度は上がり、そしてそれは通常のべき乗則に従うことが分かる。たとえば、待ち時間が二週間の地震は一週間の地震の約二・八分の一の頻度で起こり、二カ月と一カ月、あるいは二年と一年についても同じようになる。これを、大森公式という名前で知られている現実の地震における分布と比べてみよう。現実世界では、待ち時間に対するべき乗則のべきの数は二・八ではないが、それにきわめて近い約二・六なのである。

どうしてそうなるのか？

バクとタン、オラミとフェダーとクリステンセン、そしてここでは紹介しなかったたくさんの研究者たちのアイデアによって、最近やっと地震に対する説明が可能になってきた。より正確に言うと、地震の裏に潜んでいる過程のもつ性質は、もはや深い謎ではない。アメリカ人物理学者リチャード・ファインマンは、量子論を学ぶ学生にこう忠告した。「『どうしてそうなるのか』という疑問を抱いて知性の深みにはまってしまわないように」。量子世界の物体は必ずしも、我々のもつ古典的な先入観に従って論理的に振る舞うわけではない。我々の地震予知に対する能力は、量子世界の出来事に対する予測能力よりは劣っているが、それでも今や次の疑問には答えることができる。どうしてそうなるのか?

しかし、理解することと予測することとは違う。実際この場合も、科学者たちの描いた地震の発生過程の描像は、きわめて単純なものであったが、その理解によって得られた結論は、個々の地震を予知するのはおそらく不可能だということだった。地球内部の熱によって起こるプレートの運動は、地殻に一定の歪みを与えつづけている。この歪みは蓄積していき、断層のごく一部分の岩石が滑る限界に達すると、それは滑り出す。この初めに滑る部分は、一ミリ程度の長さかもしれないし、あるいは目には見えないほど小さいかもしれない。しかし、それに引きつづいて起こることはそんなに小さいとは限らない。最終的な影響の大きさは、その初めの原因の大きさとは何の関係もないからだ。

もし地殻が、この地震ゲームや、あるいはその親戚の砂山ゲームのような仕組みになっているとしたら、様々な岩石の断片にかかる歪みと圧力は、時間とともに臨界状態へと組織化されていくはずだ。地殻は、あらゆる大きさの不安定性という見えざる手によって穴だらけにされている。したがって、どこかで最初の岩石の断片が滑れば、その後には文字通り何でも起こりうるのだ。地震はすぐに止まるかもしれない。あるいは最初の動きが近くの岩石に強い歪みを与えて、さらなる滑りを引き起こすかもしれない。最終的な地震の規模は、おそらく永遠に我々の調査の及ぶことのない非常に細かな詳細、つまり初めの微小な滑りが発生した場所での見えざる手の大きさに左右されるのだ。

したがって壊滅的な地震は、事実上まったく理由なしに発生する。そのような地震がなぜ起こるかなら説明できる。地殻が臨界状態に調整されており、大変動の瀬戸際に立っているからだ。しかし、なぜ一八一一年のニューマドリッドの地震があんなに大きかったのかを説明するには、地震の発生後になって、どの岩石がどの順番で滑ったかという物語の形で語る以外に方法はない。初めに滑った岩石がたまたま、非常に大きな見えざる手に乗っていたということだ。この見えざる手は、断層帯全体にまで届いていたことになる。巨大地震は、どんなときにでも、どんな断層帯ででも起こりうる。コロンビア大学の地震の専門家クリストファー・ショルツは、次のような独創的な言葉を記した。「地震は、起こりはじめたときには、自分がどれほど大きくなっていくか知らない。地震に分からないのなら、我々にも分からないだろう」。

きっと読者は次のように考えるだろう。もし歪みと圧力のパターンを正確に描き出すことができて、すべての岩石についてどの程度の歪みにまで耐えられるかといった性質を非常に細かく知ることができたとしたら、不安定性という見えざる手の様子を地図上に描き出すことができるはずだと。しかしもしそうだとしても、大地震の予知はほとんど不可能だろう。地殻のなかには、押される力が限界に達し、今まさにごくわずかな距離だけ滑ろうとしている場所が、何億カ所とあるはずだ。それらすべての場所を監視し、そのすべてについて、不安定性という大きな見えざる手に乗っていないかどうかを確かめなければならないのである。

不均衡な世界

この本はつまるところ、地震に関する本ではない。この世界のあらゆる階層における変化と組織化に見られる、普遍的パターンに関する本である。私は地震の話から始め、多少長々と議論してきたが、これはつまり、他の状況で扱うことになる考え方を説明するためであった。地震や金融崩壊や革命や戦争について言えば、我々は当然誰でも、これらの出来事の原因を特定し、将来の発生を防ぐことを切望している。後に説明するが、これらの出来事の背景にはフラクタルやべき乗則が働いており、おそらくそれは、これらの出来事の力学の裏に臨界状態が潜んでいるためである。その結果、説明を望む人間の願望はひどく裏切られ、絶えず満足できない運命にある。もし我々の世界が常に、突然の劇的な変化の瀬戸際に立つように調整されているとしたら、あらゆる大変動は、その発生直前でさえ絶対に避けることができず、予測不可能なのかもしれない。

しかし読者は、ここまで私が語ってきたことほぼすべてに対して、深い疑念を抱いてきたかもしれない。あなたは次のように疑っているのではないだろうか。このつまらないゲームが本当に地殻の本質的仕組みを説明していると考えられる理由は、はたしてあるのだろうかと。バクとタンが自分たちのゲームについて書いた最初の論文が非難の嵐を巻き起こしたことは、指摘しておくべきだろう。多くの地球物理学者が、自分の研究人生を費やして、特定の地震地帯や断層帯を徹底的に細かく調べ、地震について理解しようとしてきた。彼らにとって、バクたちのいいかげんな数学的取り組みは、かなり無礼なことであり、そしてそれは、クリックがかつて数学者について言った次のような言葉が理論物理学者にも当てはまることを、確信させるものだった。「私の経験では、ほとんどの数学者は頭を使うことに関して無精であり、特に実験に関する論文など読みたがらないものだ」[10]。結局多くの理論家は、大学の教養課程でさえ地球科学の講義を取らなかったにもかかわらず、おもちゃのモデルを使って地震について説明できると主張している。しかもそのモデルは、実際の地震が起きるときの、複雑で詳細な物理的条件などほとんど考慮していないのだ。

たとえばバリッジとクノポフのモデルは、現実問題をあきれるほど単純化している。このモデルは、実際の断層の形状や物理的性質に関する詳細をほとんど無視している。地震は岩石の中で発生するのだ。現実の岩石の中で。ところがこのゲームでは、岩石の性質についてさえ触れられていない。岩石に弾性があるということは認めているが、それもばねから思いついた後知恵にすぎない。さらにここまで見てきたように、現実世界では、一つの断層しかかかわらない地震などは稀で、ほぼ必ず非常に複雑な断層のネットワークが関与する。そのため、地震が起きたのはこの断層かあの断層か、などと言うことはできない。数多くの大小の断層が同時に滑るのだ。ところが、この地震ゲームにはたった一つの断層しか含まれていない。バクとタンによる贅肉を削ぎ落としたゲームは、もっとたちが悪い。ブロックの動きを理解する上で、摩擦の効果という物理法則に意図的に逆らっているのだ。オラミ＝フェダー＝クリステンセンのゲームではこの問題を部分的に修正してあるが、物理学の教科書をきちんと読んで作られたものだとは言いがたい。現実の物理として知られている事柄を意図的に曲解しておいて、どうして現実の地震について価値ある見識が得られるというのだろう？　地球物理学者たちは、どのモデルも確かに魅力的なゲームではあるが、それらは所詮ゲームにすぎないという結論を下した。グーテンベルク＝リヒター則との興味深い一致は、無意味で取るに足らない偶然にすぎなかったのかもしれない。

地球物理学者のなかには今日でもなお、今述べたような異論を唱えている者がいる。それは意味があることなのだろうか？　それを知るためには、特定の地震の詳細にさらに深く分け入っていき、本当は何が問題で何が問題ではないのかを探り出さなければならないだろう。しかし多くの詳細は果てしなく続いていく。だが幸運にも、意図的に現実を無視したことに対する異論に答える、もう一つの方法がある。ここまで私は、砂山ゲームや地震ゲームの注目すべき振る舞いに隠されていた臨界状態は、一九八七年にバク、タン、ヴィーゼンフェルドによって発見されたかのように書いてきた。しかし実はそれは正しくない。彼らは、自分たちのゲームのなかに臨界状態の存在を見つけ、そしてその発見から様々な結論を導き出した。だが臨界状態に関する科学の源は、何世紀も前にまでさかのぼれるのだ。

臨界状態に関する科学は、扱いにくい鉄の磁石の働きや、水が熱せられて水蒸気になるときの分子レベルの詳細など、一見ありふれた事柄に深く根ざしている。しかし、物理学以外の世界ではほとんど知られていないことだが、三〇年前にこれら思いもよらない事柄を背景にして、現代物理学においてもっとも刺激的で強力な概念が登場してきた。これらの概念によって、今日物理学者たちは、地球科学、人間生理学、進化生物学、そして経済学という広範囲にわたる領域に、確固たる陣地を築いているのだ。

第6章　世界は見た目よりも単純で、細部は重要ではない

我々は今日、詩人や歴史家や実務家たちが、科学をめぐるいかなることについても学ぶ気はないと、胸を張って言うような世界に生きている。科学への道はあまりに長いトンネルなので、賢い人は決して首を突っ込もうとはしないと、彼らは考えているのだ。

——J・ロバート・オッペンハイマー(1)

基礎研究とは、空に向かって矢を放ち、それが落ちたところに的を描くようなものだ。

——ホーマー・アドキンス(2)

モスクワの物理問題研究所で三〇年間所長を務めたロシアの物理学者ピョートル・カピ

ッツァは、かつてイギリス旅行の途中、王立協会の研究所の壁に描かれたワニの意味について尋ねられた。彼は後ろに下がってその絵をじっくり観察し、これは科学の本質について表現しているはずだと結論づけた。彼は言った。「ワニは振り返れない。科学と同じように、何物をも食い尽くす口を使って、常に先へ進むしかないのだ」(3)。

一九三八年、カピッツァはモスクワの研究室で、ヘリウムガスを摂氏マイナス二七一度という驚くべき温度にまで冷却した。この温度は、存在しうる最低温度である絶対零度の、わずか二度上である。彼は、この極寒の世界で何か興味深いことが見つかるのではないかと期待していた。そして、その期待は裏切られなかった。カピッツァは、ヘリウムガスを極低温にしていくと、まず通常の液体に変化し、そして次に、この世でもっとも奇妙な物質の一つ、超流動体に変化することを発見した。超流動体は、普通の液体のように瓶に入れて貯めておくことができるが、器の中でかきまわすと、できた渦は永久に止まらなくなる。超流動体は、粘性という、あらゆる通常の液体がもっている性質を欠いているのだ。粘性とは、最終的にあらゆる運動を止めてしまう内部摩擦の一種である。蜂蜜は粘性が非常に高く、水は低く、超流動体にはまったくない(4)。

カピッツァが超流動体を発見したときには、この物質は奇怪で人を困惑させるものだったが、それでも何物をも食い尽くす口は、怯むことがなかった。数年後には超流動ヘリウムに関する立派な理論ができ、一九五〇年までにはもはや謎は残っていなかった。

一六〇〇年、イギリスの医者で科学者のウィリアム・ギルバートは、『磁石論(デ・マグネーテ)』という記念碑的書物を出版した。この本は、普通の鉄磁石の性質についてまとめた、当時もっとも包括的な文献だった。磁石は、釘を吸いつけ、剣や馬蹄(ばてい)を引っ張り上げ、そして向きによって互いに引きつけあったり反発したりするものだと、ギルバートは記した。彼はその他に、少し意外な性質についても報告している。ギルバートは、磁石を金物職人の使う炉に入れた。磁石が熱くなってオレンジ色に輝くと、驚いたことに釘を引きつける性質を失ってしまった。過度の熱が磁石の力を無効にしてしまったようだった。

何物をも食い尽くす口は、とうの昔に鉄磁石の謎をすべて飲み込んでしまっているはずだと、読者は思われるかもしれない。しかしそうではない。このギルバートの観察結果に対するまともな解釈は、その三〇〇年以上後の一九〇七年になってから初めて現われた。物理学者たちがこの最初の理論は実際には誤りだったと気づくのに、それから四〇年かかり、そしてより洗練された理論になるのに、さらに三〇年かかった。合計して科学は、鉄磁石のために四世紀近くも費やしたのだ。しかしこの謎を解明していくなかで、物理学者たちは次のような重要な教訓を得た。世界は見た目よりも単純だ。そして、何かを理解するときには、細部はほぼ間違いなく重要ではないのだ。

秩序の形成

鉄の塊の中にあるすべての原子は、それ自身小さな磁石であり、上下左右どの方向を向くこともできる。したがって鉄のかけらの中には、たくさんの矢印の集団があると考えることができる。一世紀前から物理学者は、鉄のかけらが磁気をもつかもたないかは、この矢印の組織化の仕方と関係があると知っていた。鉄のかけらは、室温のテーブルの上に乗っているかもしれないし、炉の中で熱せられているかもしれない。重要な問題は、すべての矢印がどちらを向いているかということだ。

原子磁石は、本来互いに整列する傾向があり、放っておいても、統制のとれた軍団のようにすばやく隊列を組む。しかしこれらの矢印は、混乱を起こそうとする敵と戦わなければならない。熱である。物質の温度は、その物質の中に組織化されていないエネルギーがどれほどあるかを表わしている。暖かい空気のなかでは冷たい空気に比べて、分子はより激しく飛び回っている。固体の鉄の中では、原子は飛び回らずに定位置のまわりで振動しており、鉄が熱くなるほどその振動は激しくなる。したがって、鉄原子の間に働く磁気の力が原子を整列させようとしても、熱がそれを妨げようと激しく襲ってくる。ここに秩序の力とカオスの力との戦いが起こり、その勝敗によって、磁石が外部に対してどう振る舞うかが左右される。

もし鉄が室温のテーブルの上に置かれていれば、原子を揺さぶる力はかなり弱く、原子

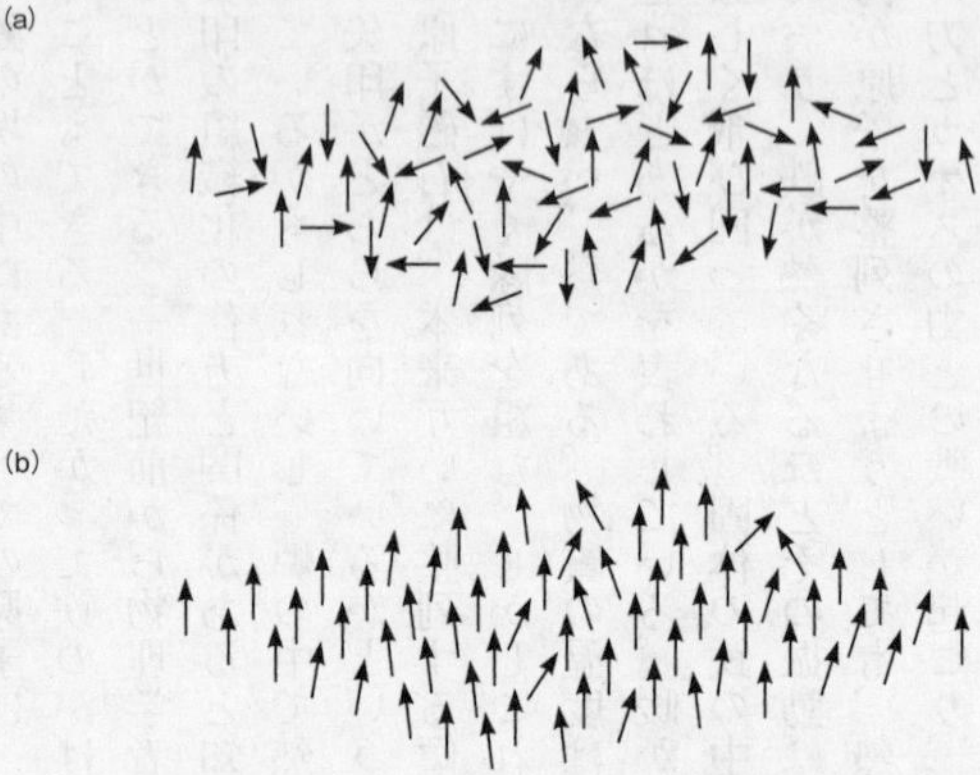

図８　(a) 高温では、鉄の中の原子磁石は整列できない。熱的な揺さぶりによる攻撃が激しすぎるためである。(b) 一方、温度がある限界値以下に下がると、戦いの行方は変わってくる。熱的な揺さぶりは弱くなり、原子磁石は組織化して鉄は磁気を帯びるようになる。

磁石はうまく整列できる。一つ一つの原子磁石の力はもちろん非常に小さいが、鉄の小さな塊でさえ、そこに含まれる原子の数は一〇の二四乗（一〇〇〇〇〇〇〇〇〇〇〇〇〇〇〇〇〇〇〇〇〇〇）個をはるかに上回るので、それらが一緒になると、軍団全体ではかなりの力になり、釘を引きつけられるようになる。一方、もし鉄が炉の中で赤熱していると、激しい熱雑音が秩序の力を上回ってそれを無力化させる。そして軍団は無秩序な状態になる。この場合、すべての微小磁石の効果は打ち消し合い、鉄は釘を引きつけることができない（図8）。

これが、物理学者が「相転移（そうてんい）」と呼んでいるものの一例である。ジントニックの中で氷が溶けたり、水たまりの水が空気中に蒸発したりするのも、相転移である。どれも、ある物質がある形態（相）から別の形態へと変化する現象である。どの場合も、原子や分子が異なる形に組織化するのに伴って、物質の内部的な仕組みの変化が起きる。カピッツァは、ヘリウムが通常の液体から超流動体に変化するという、新たな相転移を発見したことになる。

磁石の場合、話はかなり単純に思える。冷えると秩序の力が勝ち、熱くなると形勢は逆転してカオスが支配する。しかしこれだけでは終わらない。さらに興味深い細かな話が残っているのだ。中間的な温度では、秩序とカオスとの戦いは膠着（こうちゃく）状態になる。この温度は臨界点と呼ばれており、鉄の場合は摂氏七七〇度である。この温度で、矢印の軍団には何が起こるのだろうか？　秩序的でも無秩序的でもなく、それらの間の微妙な境界に留まっているというのは、どういうことを意味するのだろうか？　その答えはかなり理解しにくいものである。一九四〇年代に物理学者たちはその答えを追究しはじめたのだが、そのために彼らは、終着点の見えない旅路に出ることとなった。

ゼロの物語

一九四一年秋、ドイツ軍が東ヨーロッパとフィンランド、デンマーク、ノルウェーを含む北ヨーロッパを占領したとき、ノルウェー人物理学者ラルス・オンサーガーは幸運だった。そのときオンサーガーは遠くアメリカに渡っており、コネチカット州ニューヘブンにあるエール大学に一〇年近く勤めていた。おそらく彼は、祖国で起こっている恐ろしい現実から気を逸らそうとしていたのかもしれない。あるいは単に、貪欲な好奇心に突き動かされていただけかもしれない。理由はどうであれ、オンサーガーは、それまで人類によってなされたなかでもっとも複雑な計算を、細部にわたってまとめあげようとしていた。

どんな鉄のかけらの中でも、原子磁石の矢印は、熱雑音によってあちらこちらへと休むことなく向きを変えつづけている。どんなに小さなかけらにも天文学的な数の原子が含まれているので、すべての原子の動きを完全に細部まで予測することは、明らかに不可能である。幸いオンサーガーの目的は、もっと現実的なものだった。今あなたが、スタジアムになだれ込む一〇万人のサッカーファンの群集を統制する役割を担っているとしよう。このとき、ジョー・ブロッグスやジミー・スミスなど、各個人個人が席につくそれぞれの道筋を気にする必要はない。しかし、平均で何人が北口から入り、何人が東口から入るかなどということは、知っておく必要があろう。オンサーガーは、原子の集団について同様の情報を得ようとした。個々の原子磁石は忘れるべきである。臨界点では、矢印のパターンは平均的に、どのようになるのだろうか？

スタジアムの職員には、その答えは計算できない。いらいらした経験から学習するだけだ。オンサーガーは、理屈上もっと有利な立場にあった。物理学者には、そのような平均を扱うための強力な方法があるからだ。統計力学と呼ばれる物理の一分野は、原子や分子といった膨大な数の物からなる集団の、平均的な振る舞いを扱う。その中心となる手法はギブス方程式と呼ばれており、これは一九〇二年にこの式を考案したアメリカの物理学者、ジョサイア・ウィラード・ギブスにちなんで名づけられた。この方程式は、ニュートンの法則のようにいくつかの式からなっているが、惑星のような個々の物体の運動に適用されるのではなく、平均値にのみ適用されるものである。しかしオンサーガーは、磁石に対してはこの手法さえも役に立たないということを見出した。すべての原子磁石が鉄のかけらの中のすべての原子の振る舞いに影響を与えるので、この手法を使っていくことはすなわち、二度と出てこられない数学の密林に足を踏み入れることになるのだ。オンサーガーは行き詰まってしまった。

しかし彼は、この手法をどうにかして使おうと決心し、思い切った手段に出た。現実は複雑すぎる。そこで彼は、物事を単純化しようと考えた。オンサーガーはまず初めに、各磁石の矢印はどの方向にでも向けるわけではなく、上か下かしか向けないように制限がかけられていると仮定した。次に、各磁石は、その他の膨大な数の磁石すべてに影響を与えるのではなく、隣接した数えるほどの磁石にのみ影響を与えると仮定した。これはうまい出発点だった。しかし、それでもこの手法は、難しすぎて手に負えなかった。そこでオンサーガーはさらに大きく踏みこんで、現実から遠く離れて考えてみた。現実の磁石は当然どれも、我々同様に通常、三次元の世界に生きている。オンサーガーは頭のなかで磁石からその生命を奪い、二枚のガラス板の間で生きざるをえない昆虫のように、二次元空間のなかに閉じ込めてしまった。

その結果を見るために、今、原子磁石がチェス盤の上に整列しており、各矢印はそばの四つの矢印にしか影響を与えないという状態を想像してみよう。このおもちゃの磁石は、現実のモデルとしてはあまりにもお粗末だが、オンサーガーはこれを使って進めていった。それでもその道筋は簡単ではなかった。統計力学の手法では、矢印が作る上下のパターンのそれぞれを、一つ一つ考慮していかなければならない。一辺に一〇〇個の磁石を並べた小さなチェス盤でさえ、パターンの種類は二の一万乗、つまり一の後に何千個もの〇が続く数になってしまう。このような数は、我々の想像力の及ぶ範囲ではない。あなたがこれらのパターンすべてを紙の上に書きはじめたら、書きおわるはるか前に、あなたは死んでしまうだろう。もしあなたが永遠に生きられたとしても、宇宙は紙で埋まって身動きが取れなくなってしまうが、それでもまだ作業はわずかに進んだことにしかならないのだ。

それでもオンサーガーは、何らかの奇跡的なパターンが現われることを期待して、一九四〇年の冬に計算を始めた。彼は何年も後に次のように述懐している。「この探求では、一つ有力な手がかりが得られたらそれを追求し、それが結論に達する前に別の手がかりが現われ、それがまた別の手がかりを導き、そしてこれらのどの手がかりもうまくいきそうで、放ってしまうことはできなかった」(5)。オンサーガーはある数学的な芸当を使って、矢印から構成されるたくさんの配置をグループにまとめ、膨大な数の配置を一気に取り扱えるような方法を発見した。

オンサーガーはこのようにして一年近く進めていき、ついにこの手法を完了させた。しかし、一つの数学上の問題を解決したところ、もう一つの問題が手の届かないところに隠れてしまったことに気がついて落胆した。彼が作った二次元のおもちゃ磁石の平均的振舞いを表わす数学解を使っても、臨界状態をはっきりと描き出すことはまだ非常に難しかったのだ。彼はさらに六年間、この問題に取り組みつづけた。今度は才能のある若い学生ブルーリア・カウフマンの力を借り、ついに矢印のパターンに関する興味深い特徴をいくつか垣間見ることができた。

今、磁石集団のなかの磁石Xがたまたま上を向いたとしよう。それによって、ある距離離れた磁石にはどのような影響が及ぶのだろうか？　物理学の専門用語で言うと、これは磁石の間の「相関」についての問題である。オンサーガーとカウフマンは、臨界点に留まっているおもちゃの磁石に関して、ある興味深い結果を得た。もし磁石のパターンが完全にランダムなら、どの二つの磁石を取ってきても、それらが同じ向きを向いている確率は正確に二分の一のはずだ(磁石は上か下かのどちらかしか向かない)。しかし正確な計算をしたところ、二つの磁石が近ければ近いほど、それらは互いに同じ向きを向く傾向が増えるということが分かった。

これは当たり前のことで、そんなに意味深いことではないように思える。オンサーガーとカウフマンは、一組の磁石の距離が二倍になるごとに、それら二つの磁石が同じ向きを向く傾向の偏りは、約一・一九分の一ずつ減少するということを見出した。この傾向は、磁石の間の距離がマス目一〇個分、一〇〇個分、一〇〇〇個分でも成り立ち、さらに、マス目一〇万個分や一億個分でも同様に成り立ったのだ。これは意味深いことである。結果が正確にべき乗則に従ったのだ。

集団の出現

デジタルコンピュータが「正確な時間測定装置の発明以来、もっとも重要な科学的手法の認識論的進歩[6]」であると呼ばれるのには、それなりの理由がある。オンサーガーとカウフマンはもちろんコンピュータを使うことはできなかったが、我々は使うことができる。そしてコンピュータを使うことで、磁石に関するべき乗則が真に意味することを、はるか

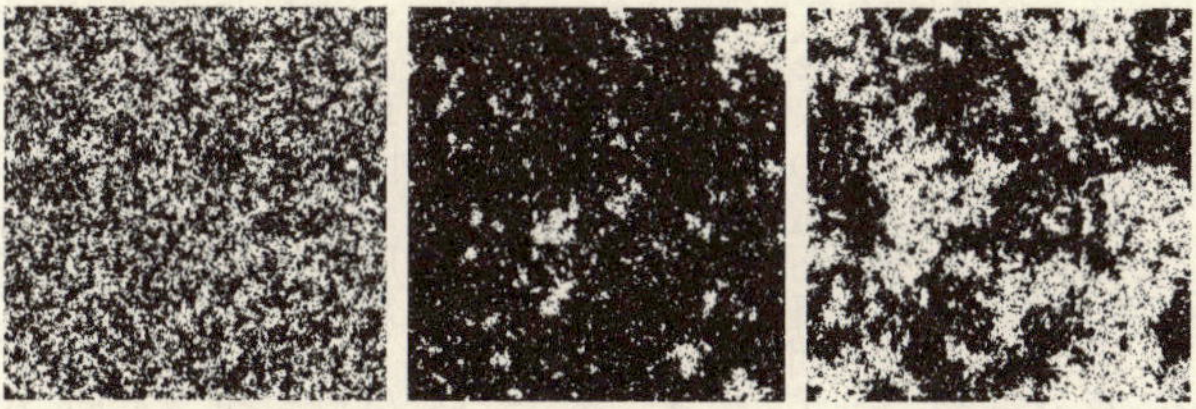

(a)　(b)　(c)

図9　(a) 臨界点以上では、この平面世界はカオス的である。原子磁石は同じ確率で上向き（白）と下向き（黒）とになり、ある磁石がどちらを向いているかは、そのまわりの磁石の向きとは関係ない。(b) 臨界点以下では、平面世界は秩序的になり、ほとんどすべての磁石が互いに同じ向きを向いて並ぶ。(c) 臨界点は、秩序とカオスとの狭間の奇妙な黄泉の国であり、そこでは白い磁石と黒い磁石とが、あらゆる大きさの離合集散を繰り返しながら混じり合っている。（図は、J. J. Binney *et al., An Introduction to the Theory of Critical Phenomena,* Oxford University Press,1992 より許諾を得て掲載）

に簡単に浮き彫りにできる。速いコンピュータを使えば、二五万個の磁石を並べてその成りゆきを見ていくのは、難しいことではない。やり方としては、様々な温度を設定して計算を行ない、その結果を、「上向きの」磁石を白に、「下向きの」磁石を黒に塗ることで図に表わす。いくつかの代表的な結果を見てみよう（図9）[7]。

上の二つの図（aとb）はそれぞれ、臨界温度以上と臨界温度以下での磁石の様子に対応している。予想通り、臨界点以上では熱雑音が勝り、磁石は無秩序な並び方になっている。それぞれの磁石はでたらめにすばやく上下に反転しつづけている。これは純粋にカオス的な温度範囲にあり、この図はチャンネルの合っていないテレビのように見える。一方臨界点以下の温度では、ほとんどすべての磁石が同じ方向（この図では下向き）に整列している。この秩序的な温度範囲では、ほぼ完全に黒一色になっているのが見られる。[8] ここでは何も驚くことは起こらない。

さてbの図から少しだけ温度を上げて、臨界点へと近づけてみよう。もっと面白いことが起こってくる。ほとんどの磁石は同じ向きを向いたままだが、いくつかの白い反逆者たちの集団が広がりはじめる。さらに温度を上げていくと、これらの集団は大きくなり、数も増えてくる。最終的に臨界温度に達すると（図9c）、反逆者たちの白い集団の上だけを通って図の端から端まで行けるようになる。あるいは黒い集団の上だけを通っても横断できる。これが臨界状態である。この磁石は、磁力をもつ状態ともたない状態とのちょうど中間の状態に保たれるのだ。そしてこの図は、べき乗則の意味を明らかにしてくれる。

この臨界点では、たった一個の孤立した磁石から全体にわたる巨大な塊まで、あらゆる大きさの磁石集団が形成される。もしさらに磁石を増やして、アメリカ合衆国と同じ大きさに並べたとしても、同じことが成り立つ。磁石集団の大きさは、微小なものから、ニューヨークとロサンゼルスとの間へと広がるような巨大なものにまで及ぶだろう。第3章と第4章で見たように、べき乗則が成り立つ場合、幾何学的には典型的な大きさというものはない。この臨界点における図には、この性質がはっきりと現われており、この図はフラクタルになっている。しかし一枚の図だけでは、この臨界状態の性質を十分に表わすことはできない。臨界状態では、この図は永遠に変化しつづけているからだ。

様々な瞬間の図を書いていくと、ある集団は分裂し、また別の集団は合体するというように、常に集団の離合集散が起こっている様子が分かる。臨界状態は、常に激しい変動にさらされ、突然起こりうる劇的な変化の瀬戸際に常に留まっている。この状態を表わすのに、「過敏」という言葉ではまだ不十分である。矢印の軍団は、二つの状態を仕切る塀（へい）の上で釣り合いを取っており、常にどちらかに一斉に落ちうる状態にあるので、わずかな影響を受けただけでも、軍団はそこから突き落とされることがある。たった一つの磁石が反転することによって、さらなる反転が雪崩状に引き起こされ、それが図の端から端まで襲うこともありうるのだ。

しかしちょっと待ってほしい。冷静になろう。オンサーガーは、彼自身もばかげたものだと認めたモデルから出発したのだ。我々が見てきたコンピュータの図も、平面世界でもがいている同様のばかげたおもちゃをシミュレートしたものだ。この図に現実味を付け加えたらどうなるのだろうか？　実際の鉄磁石ではどうなのだろうか？　そして水やカピッツァのヘリウムではどうなのだろうか？　これらの質問に答えるには、さらにいくつかの臨界状態について見ていかなければならない。

深遠なる原理

オンサーガーとカウフマンのべき乗則に現われる一・一九という数字は、この臨界状態を特徴づけるある種の数学的指標である。前の章で出てきたべき乗則では、どの場合もスケールの変化に伴う規則的な傾向が見られたが、対象が異なればそのべきの数字は違う値になっていた。グーテンベルク＝リヒター則によると、地震の大きさが二倍になればその頻度は四分の一になる。ジャガイモの破片に関するべき乗則によると、破片の大きさが二倍になればその数は約六分の一になる。これらの数字はそれぞれ、固有の自己相似的フラクタルパターンに対応している。そのため物理学者は、臨界状態の性質についてより具体的に知るために、べき乗則の形だけでなく、そこに現われる正確な数字にも注目する。臨界値に対応していくつもの異なる臨界状態が存在しうるので、(9) 相転移に関与する物質が何なのかや、あるいはその相転移が現実のものか、オンサーガーの磁石のように想像上のものかということに応じて、様々な臨界状態が現われるのではないかと予想できる。オンサーガーのばかげたおもちゃでは臨界値は一・一九だったので、実際の鉄磁石では別の値になるはずだ。オンサーガーは、モデルを作るうえで現実性をほとんど完全に無視してしまったのだから、そう考えるのも当然である。また異なる相転移に対しては、その臨界状態の値はそれぞれ異なるものと考えられる。気体中や液体中の原子の間に働く相互作用は、二つの微小磁石の間に働く相互作用とはまったく違う。原子や分子は飛び回って互いに衝突しているが、磁石は一カ所に留まって、その向きを変えているだけである。超流動ヘリウムの場合には、量子世界の法則が重要な役割を果たしており、そこに働く力は、我々が通常知っているようなものとはまったく違う。

ところが、一九六〇年代に研究者たちが、酸素、ネオン、一酸化炭素といった様々な物質を使って気体から液体への相転移を調べたところ、どの場合も正確に等しい臨界値が得られ、彼らは首をかしげることになった。さらに驚くことには、化学物質の混合や分離といった、気体から液体への変化とは何の類似性もない状況においても、それとまったく同じ値が見出された。そしてもっとも衝撃的だったのは、それと同じ数字が、オンサーガーの研究したおもちゃの磁石の三次元版を用いた計算においても、再び現われたことである。このモデルは非常に大雑把なものであり、物質の混合や液体の凝縮などとはまったく何の関係もないことが、明らかなのにもかかわらず。

一九六五年までに物理学者は、ある驚くべき可能性をまのあたりにするようになった。あらゆる相転移に伴って臨界状態と集団形成が起こるだけでなく、その臨界状態の正確な数学的特徴は、その物事の詳細にはほとんど依存しないのではないかというのだ。その時点では、これは発展途上の単なる可能性にすぎず、人々にもどかしい思いをさせていたが、一九七〇年にシカゴ大学のある若い物理学者が、この可能性に確実な根拠を与えた。レオ・カダノフは、あらゆる詳細のうち重要なものは少数しかないと考え、そして実際に、そのような要素を特定することに成功したのだ。

臨界点では、いつどこの場所でも集団が組織化されうる状態にあり、実際に、そこかしこで絶えず組織化が起こって、その集団は大きくなりやがて消滅する。集団はどの程度まで大きくなるのか？　そしてどれほどの時間で消滅するのか？　この問題を突き詰めると、次のような基本的な幾何学的問題へと還元できる。それは、ある一点が秩序化の影響を受けたとき、その近傍の点がどれほど容易に同様の秩序状態になるか、という問題である。これは物理学の問題ではなく、幾何学の問題だ。三次元の通常の磁石の中では、すべての原子磁石は、三つの独立した方向に隣接する原子磁石に影響を与えられる。一方、平面世界では、その三つの方向のうち一つは取り除かれている。

カダノフは、様々な相転移に伴って現われる臨界状態の臨界値を調べていくなかで、対象としている物体が存在する空間の物理的次元が重要な役割を果たす、ということを発見した。またもう一つ、個々の物体の形状も重要な役割を果たすことを見出した。たとえばキセノンガスの原子は、微小なビリヤードの玉に似ており、動き回ることはできるが、どちらかの方向を向くということはできない。磁石の中では原子は、矢印のような性質をもっており、様々な方向を向くことでキセノン原子よりも多くのことを行なうことができる。個々の物体が多くの自由度をもつほど、秩序状態がまわりに伝播しにくくなるというのは、もっともらしい話だ。物体の形状も確かに、臨界状態における自己相似性の正確な形に影響を与えるのである。

ところが驚いたことに、カダノフは、その他のどんな事柄もまったく問題にはならないということを見出した[10]。つまり、粒子の質量や電荷については考えなくてよい。その粒子が酸素なのか、窒素なのか、クリプトンなのか、ニッケルなのか、あるいは鉄なのかも考えなくてよい。その粒子がたった一つの原子でできているのか、それとも何十何百という原子からなる複雑な分子なのかも、考えなくてよい。実際、粒子の種類も、その間の相互作用の強弱も、考えなくてよいのである。こういった詳細は、臨界状態の組織化にわずかでも影響を与えることはない。物理学者は、このきわめて奇跡的な事実を「臨界状態の普遍性」と呼んでおり、今では、何千回もの実験やコンピュータ・シミュレーションによって確かめられている。

臨界状態では、秩序の力とカオスの力とが不安定なバランスの上で争っており、そのどちらかが完全に勝つわけでもない。そしてこの争いの特徴や、それによって戦況が常に移り変わり入れ替わるという状況は、それに関与するほとんどすべての事柄の詳細には関係なく等しい。対象となる物体の物理的次元とその基本的形状（点や矢印など）は重要であるが、その他の事柄はすべて問題にならないのである。

そこでさらに抽象的な方向へと、小さいが有益な一歩を踏み出すことにしよう。考えられるあらゆる物体が存在する、抽象的な世界を思い浮かべてみよう。この世界はおのずから、いくつかの国々へと分割される。一つめは「三次元内の矢印状の物体」の国、二つめは「一次元内の点状の物体」の国、などとなるわけだ。物理学者はこの国々を、「普遍性クラス」と呼んでいる。(11) 普遍性の奇跡的な特徴とは、同じクラスに属する物体は、それが現実のものであろうが想像上のものであろうが、そして互いにどんなに似ていないように見えても、正確に同じ臨界状態へと組織化するということである。

臨界的思考（クリティカル・シンキング）

臨界状態とその独特の性質について見るために、少し回り道をしてきた。今や、臨界状態に隠されたもっとも深遠な意味に立ち向かう準備ができた。臨界状態の普遍性を通して、自然は科学者たちに驚くべき贈り物を与えてくれたのである。すべての物理的システムは必ずどれかの普遍性クラスに分類されるので、一つのクラスのなかのあるシステムがとる臨界状態を理解できれば、それはすなわち、そのクラスに含まれるすべてのシステムを理解したことになる。ところが、どんなに大雑把なおもちゃのモデル、たとえオンサーガーのモデルでさえ、必ずどれかの普遍性クラスに含まれる。したがって、臨界点に位置するどんな現実の物理的システムを理解したいときでも、そのシステムのあらゆる現実的で厄介な細部を忘れ、その代わりに、同じ普遍性クラスに含まれるもっとも単純な数学的ゲームを考えればよいのだ。そのゲームは、大雑把なものであっても、ばかげたものであっても構わない。物理法則を破っていても、現実のシステムのほとんどあらゆる細部を無視したものであっても構わない。二つの重要な特徴が合っているかぎり、そのゲームは、臨界状態において現実の物理的システムと完全に同じ振る舞いをすることが保証されている。恐ろしく大雑把なモデルでさえ、現実のシステムと完全に同じに振る舞うのだ(12)。

そして我々は、地震ゲームに対する反論へと立ち返ることになる。第5章で見たブロックとばねのモデルは、実際の地殻とはほとんど関連性がなかった。実際の岩石の性質は一つもモデルには含まれていなかったし、現実世界の地震は、ただ一つの断層ではなく断層のネットワークで発生するという事実も、考慮に入れられてはいなかった。あのときに提起した問題を、再び問おう。現実の物理過程としてすでに知られている事柄を意図的にねじ曲げておいて、どうして実際の地震に関する有用な知見が得られるのだろうか？　おもちゃのモデルがグーテンベルク＝リヒター則を導くとしたら、それは無意味な偶然以上のものなのだろうか？

今や我々は、前よりもずっと高度な観点に立っている。臨界状態にある物事に関して、その本質的な組織構造を理解するときには、いくつかの真に重要な特徴を無視しないかぎり、他のどんな詳細をも無視して構わない。そしてグーテンベルク＝リヒターのべき乗則や、地震が自己相似的にある時間に集中することから考えると、地殻は臨界状態にあり、時間に関しても場所に関しても、固有で典型的なスケールはもっていない。これは、細部が考慮されていないという反論を退けるものである。実際に、バリッジとクノポフによるブロックとばねのモデルや、バクとタンによる、あるいはオラミ、フェダー、クリステンセンによるその改良版といった、ひどく大雑把なモデルを使っても、地殻の本質的な仕組みを理解するのは可能なのだ。(13)

こうして我々は、臨界的思考とでも呼べるような態度へと到達した。臨界状態にある物事は、どれも似たような組織構造を形成する傾向がある。そしてこの組織構造は、システムに特有の詳細やそれを形作る要素にもとづいて生じるのではなく、それらの細部の裏側に隠された、より深遠な基本的幾何や論理構造にもとづいて生じる。臨界構造は、そのシステムが何物であるかに関係なく姿を現わすのだ。したがって、ある物事が臨界状態にあると分かれば、その物事の詳細をほとんど無視したとしても、その本質的な性質は理解できるのである。

我々はこの後、経済や、生態学的集団や、科学自体の仕組みなどのたくさんの事柄が、この組織構造における側面を共有していることを見る。相転移から離れてこれらのシステムへと話を進めていっても、臨界状態が数えるほどの種類に分類されるという事実から、この世界に存在しうる組織体の種類は非常に限られていると考えられる。表面的にはまるで異なって見える事柄が、実はその組織体のレベルではきわめて似通っているのだ。

第7章　防火対策を講じるほど山火事は大きくなる

科学的思考の目的は、特定の事柄から一般の事柄を、一時的な事柄から不変の事柄を見出すことである。

——アルフレッド・ノース・ホワイトヘッド(1)

モデル構築の目的は、データを当てはめることではない。問題点を浮き彫りにすることだ。

——サミュエル・カーリン(2)

一九四二年一二月二日昼過ぎ、ある物理学者の一団が、シカゴ大学のサッカー場の地下にあるスカッシュのコートへと続く階段を、一列になって下っていた。ある歴史的な実験が行なわれようとしていた。物理学者たちは、コートに作られた仮設の実験室に、世界初の核反応炉を作った。巨大なグラファイトのブロックに穴が開けられ、そこに濃縮ウランの長い棒が差しこまれていた。この計画の指揮者エンリコ・フェルミは六年前に、ウランの原子核に一個の中性子が当たると、その原子核が分裂してさらに多くの中性子を発生させる、という現象を発見した。発生した中性子は他のウランの原子核にぶつかり、理論上はそれによってさらなる核分裂が起こり、中性子が雪崩状に発生することになる。これが自律核反応である。

理屈の上ではそうなるはずだった。またこの理論によれば、この反応炉は注意しないと勝手に動き出してしまう恐れがあった。ウランの原子核は、外から刺激を与えられなくても、頻繁に分裂して中性子を放出している。条件が整えば、一個の中性子が放出されただけで、制御不能な連鎖反応が起こるかもしれない。フェルミは、準備が整うまで反応炉内で反応が始まらないようにするために、ウランの燃料棒の間にカドミウムでできた「制御棒」を挿入した。この制御棒は、中性子を取り込むことで、一個の中性子から引き起こされた雪崩的反応をすぐに止め、反応炉にブレーキをかけている。しかしこの日フェルミは、ブレーキを外す準備を整え、何が起こるかを見ることにした。

午後三時過ぎ、フェルミがロープを握り、ブロックからゆっくりとカドミウムの棒を引き出しはじめると、誰もが息をこらした。物理学者ユージン・ウィグナーは、お祝い用のワインのボトルを抱えてそばに立っていた。不安だったが希望を抱いていた。制御棒をゆっくりと引き出していくにつれて、ガイガーカウンターがカチカチ音を立てはじめ、さらに引き出していくと、マシンガンのように鳴りはじめた。フェルミは計算尺を使って、反応炉が壊滅的な連鎖反応へと暴走するまでに、さらにどれだけ制御棒を引き出せるかを計算していた。そして三時三六分、制御棒がその点に達したとき、ガイガーカウンターは激しく鳴りだした。フェルミは制御棒を引き出すのをやめた。反応炉を臨界点の直前に調整したのである。このとき、一個の中性子が、あらゆる大きさの雪崩的反応を引き起こしうる状態になったのだ。

この話で述べたかったのは、何物もおのずから臨界点に達することはないということだ。調整が不可欠なのである。核反応炉においても磁石においても、小さな出来事が巨大で持続的な激変を引き起こすような臨界状態を作るには、誰かが力を尽くさなければならない。どんな鉄の塊でも、炉に投げ込めば、加熱されていって臨界状態を超える。しかしそれを摂氏七七〇度近辺という狭い範囲に保つには、調整が必要となる。一、二度ずれただけで集団形成は起こらなくなる。一九八七年にバク、タン、ヴィーゼンフェルドが、単純な砂山ゲームがごく自然に臨界状態へと発展することを発見したときに、驚き困惑したのは、このためである。コンピュータは、平らな面に砂粒を、ゆっくりとでたらめに落としていった。砂山は大きくなって傾斜が急になり、そして雪崩が始まった。最初のうちは数粒が崩れるだけだったが、山が大きくなってくるにつれ、雪崩の典型的な規模も大きくなっていった。そして最終的にこの砂山は、フェルミが正しく調整した反応炉同様、臨界状態に達し、あらゆる規模の雪崩が起きうる状態になった。しかしバク、タン、ヴィーゼンフェルドは、砂山を臨界状態にもっていくために、つまみなど何も調整していない。この臨界的組織構造は、ひとりでに姿を現わしたのだ。

彼らはそれを奇跡と認め、「自己組織的臨界」という名をつけて特別視した。物理学者が歴史上初めて、まったく何もないところから調整することなしに、臨界状態が見事に組織化されるという例を見つけたのである。さらに、その組織構造には回復力があった。手で砂山を半分の大きさにしてしまっても、何も問題はない。砂粒が落ちていくと、砂山は再び自ら臨界状態へと組織化されるのだ。誰も野山を歩き回っても、臨界状態にある磁石を見つけることはできない。磁石に関しては、臨界状態は非常に特殊なものである。しかし、もし臨界状態が自然に発生しうるとしたら、自然界のなかでこの驚くべき性質をもっているのが砂山だけのはずはないと考えるのは、当然のことである。

アイザック・ニュートンは、惑星の運動に関する法則を発見し、そしてそれは、彗星や雨粒や落ちるリンゴや衛星や、果ては液体や飛行機など、地球上、そして宇宙のほとんどすべてのものに適用できることが分かってきた。マックス・プランクは、加熱された物体が発する色を説明しようとするなかで、量子論の根本原理を発見し、その彼の発見は、直ちに物理学のあらゆる領域に影響を与えていった。科学者はひとつの偉大な発見によって、それまで理解できなかったあらゆるものを、突然、理解できるようになるのである。

我々はすでに、自己組織的臨界という考え方によって、臨界状態にあると思われる地殻の不規則で予測不可能な振る舞いを説明できるらしいということを知っている。じわじわと容赦なく移動する大陸プレートは、砂粒の落ちていく様子に対応しており、このために地殻は、あらゆる規模の「雪崩」を起こすことになる。この場合の雪崩とは、断層に沿って、次から次へと岩石が滑っていくことに対応している。はたしてこの世界には他にも、一見複雑だが、実は砂山ゲームと本質的に同じ論理構造をもつような物事が存在するのだろうか？ この問題を巡っては一〇年以上、「熱狂的な論争」が繰り広げられてきた。[3] 物理学者は、いまだにすべての答えをはっきりとつかんだわけではないが、彼らがこれまで見出してきたことは、魅力的であると同時に、難解なものでもある。

正しく燃やす

一九八八年のイエローストーン国立公園での大森林火災が、なぜあれほどまでにひどいものになったのかを理解するのは、容易ではない。どこで、なぜ、どのように火災が広がっていったのかは、火の通り道にあった木の種類、木と木の間隔、そして森林と草原とがどのように混じり合っていたかという詳細なパターンに左右される。風は火の広がりを速め、雨は広がりを遅くする。森林の詳細な歴史もまた重要である。ある部分では他に比べて木がずっと古く、そのことが木の燃えやすさに影響を与える。川のような自然の防火帯は火災の拡大を防ぐことができるが、火災によって飛び散る火の粉が川を飛び越えれば、火災はその先何キロも広がることになる。

このような影響を考え合わせると、科学者が大森林火災の予知に、地震予知と同程度にしか成功していないのも、たぶん驚くことではない。米国林野庁がイエローストーンの火災に対して油断していたのも、単純に、あまりに詳細な事柄が多すぎて考慮できなかったからかもしれない。しかしそこには、より深い原因があったのだ。一九九八年、コーネル大学の地質学者であるブルース・マラマッド、グレブ・モライン、ドナルド・ターコットは、過去一世紀間にアメリカ合衆国とオーストラリアで発生した森林火災についての広範なデータを集めた。彼らは、森林火災の規模を、その火災による木の焼失本数、あるいは焼失面積として定義した。さて、典型的な森林火災の規模は、どのくらいだったのだろうか？

火災の歴史は、破壊的な自然の力とそれを食い止めようとする人間の努力とのせめぎ合いの様子を、大まかにでも示しているのではないかと考えられる。マラマッドたちは、それを確実に知るために、一平方キロを焼失した火災の頻度、一〇平方キロを焼失した火災の頻度……、などを示す単純なグラフを作った。驚くことに彼らは、火災に典型的な規模が存在するという徴候を何も見つけられなかった。その代わり、米国内務省魚類野生生物局による一九八六年から一九九五年までの四二八四件の火災に関するデータは、きわめて正確なべき乗則の存在を示していた。我々は、再び同じ幾何学的傾向を見出したのである。火災に包まれる面積が二倍になるごとに、火災の頻度は約二・四八分の一になり、そしてこの傾向は一〇〇万倍もの範囲にわたる規模の火災に当てはまった。言い換えれば、火災の広がり方は非常に複雑であるにもかかわらず、様々な規模の火災の頻度について見ると、自然火災におけるグーテンベルク＝リヒター則とも言える、驚くほど単純な傾向が現われるのだ。

スケールに依存しないというべき乗則の性質は、大規模な出来事は小規模な出来事を単に拡大したものにすぎず、それらは同じ原因で発生することを示している。実際、大きな地震は何か特別な出来事によって引き起こされるわけではなく、地殻の臨界的組織構造と、長距離にわたる連鎖反応が起こりやすいために生じる、稀ではあるが自然な出来事なのだった。コーネル大学の研究者たちは、これと同じことが、アメリカ、オーストラリア、そして最終的に世界中のあらゆる場所の森林火災についても当てはまることを発見した。火災が発生したときには、火災は自分がどれほど大きくなるのか知らない。火災の広がり方がこのような形になるのは、あらゆる森林が臨界状態の組織構造をもっているためであり、ある特定の火災がどこまで広がるのかは、偶然に大きく左右されるのだ。

少なくともこれが、生のデータが示唆していることである。もちろん、べき乗則自体は単なるデータにすぎない。べき乗則は確かに、大地震と微小地震の原因に違いがないことを示唆しているかもしれないが、疑り深い人はそれでも疑念を抱くことだろう。マラマッドたちは、そのようなべき乗則がどのようにして成り立つのかをより深く理解するために、さらに一歩踏み出した。前の章で我々は、普遍性の原理について知った。この原理によれば、ある物が臨界状態にあれば、それと本質的に同じように振る舞うモデルを作るのは簡単である。ある点からある点へと活動状態が広がっていく過程における、本質的な論理構造さえ把握していれば、あらゆる詳細は放り投げてしまってもいいのだ。では森林火災においては、何が本質的なのだろうか？

コーネル大学の研究者たちは、火災の広がりに関する事柄を三つの原理へと還元した。一つめは、森林は木で構成されており、そのままにしておくと木の数は時間とともに増えるということ。二つめは、時々どこかの木に火がつくということ。三つめは、その火がそばにある木に燃え広がるということ。林業従事者にとってこの最低限の描像は、現実の森林を滑稽なまでに単純化したものにすぎない。しかしマラマッドたちは、これらの原理をもとにした数学ゲームを作り、コンピュータを使ってどのようになるかを観察した。

砂山ゲームと同様に、この山火事ゲームもマス目上で行なわれる。コンピュータは、各ステップごとにマス目をでたらめに選び、そこに木を植えていく。時間が経つと、森一帯にランダムに木が増えていく。しかしある本数の木が植えられた後に、コンピュータはでたらめに選んだマス目にマッチを落とす。したがって、木は各ステップごとに一定の頻度で増えていくが、それより低い頻度で、たとえば木が二〇〇本とか四〇〇本生えるごとに一回、マッチが落とされる。もしマッチが何もないマス目に落ちれば、何も起こらない。もしマッチが木に当たれば、その木に火がつく。そしてこのゲームの最後の規則は、次のようになる。一本の木に火がつくと、次のステップでは、その隣にある四つのマス目のどこか一つに生えている木に火がつく。これだけだ。このゲームは、ランダムに木を生やし、時々一本の木に火をつけ、そして可能ならその火を燃え広がらせるというものである。

このモデルには、川や道路のような防火帯は含まれていない。この森のなかで虫食いのように木の生えていない部分が、おのずから防火帯の役目を果たすことになる。このモデルはまた、すべての木をたった一種類にまとめてしまっている。すべての木に火がつく確率は同じで、火がついたときにそれが燃える速さも等しい。このゲームは、消防士の存在や天気の影響も無視している。それでもこのゲームの振る舞いは、普遍性の概念から予想された通り、実際の森林火災のデータと見事に一致した。マラマッドたちは何回もシミュレーションを行ない、そのたびに、ある面積を焼き尽くす火災が何回発生するのかを数えていった。すると実際の森と同様、規模の小さい火災は、規模の大きい火災に比べて多く発生した。そしてこのような単なる定性的な一致に留まらず、このモデルでも、再びほぼ完全なべき乗則が現われた。(4) この木のネットワークは、おのずから自分自身を臨界状態へと調整し、そのため次に落とされるマッチは、森全体を破壊するようなものをも含む、まさにどんな規模の火災でも起こす可能性をもつようになる。

マラマッドらは、この単純なゲームとの驚くべき一致から判断して、地殻だけではなく森林もまた、少なくとも成りゆきを自然に任せておけば、みずからを臨界状態へと組織化するような例の一つであるという結論に達した。この「自然に任せておけば」という条件は不可欠である。というのも、このゲームはもう一つ興味深い特性を明らかにしたからである。この特性は、米国林野庁が将来、大規模な壊滅的火災を減らすのに役立てられるかもしれない。

超臨界状態

一九八八年のイエローストーンの火災は、一五〇万エーカーを焼いた。もちろん臨界状態では、大規模な出来事に特有の原因を見つけることはできない。臨界的組織構造が存在するというだけで、ときにはどんなに恐ろしい火災も発生しうる。それはちょうどフェルミの臨界反応炉と同じように、森林が災害の瀬戸際に立っているからである。しかし、イエローストーンなどアメリカの自然公園の森林は、さらに悪い状態にあるように思われる。もしフェルミが制御棒を引き出すのを止めなかったら、すべての中性子がどんどん数を増やしていくような雪崩が引き起こされ、反応炉は破滅的な暴走状態に陥ったであろう。誰もウィグナーのワインで乾杯することはできなかったはずだ。残念ながら、ここ一世紀にわたってアメリカの森林管理政策は、制御棒を一気に引き抜くのに相当することを犯してきた。その結果、森林は現在、単に災害の瀬戸際に立っているだけでなく、ほぼ確実に災害へと転がり落ちるように足枷(あしかせ)をはめられている。それはなぜかを、このゲームは教えてくれるのだ。

コンピュータはしばしばマッチを落としていくということを思い出してほしい。マラマッドらは、その頻度を変えられるようにした。あるときには、木が一〇〇本植えられるごとにマッチが落とされるようにし、またあるときには、二〇〇〇本ごとに落とされるようにした。一つめの場合には、マッチは頻繁に落とされて、たくさんの火災が発生する。二つめの場合には、マッチはずっと稀にしか落とされないので、火災も稀にしか発生しない。この第二の場合に起こることが重要である。火事が少ししか発生しないので、木はほとんど取り除かれることなく、生えている木の密度は高くなっていく傾向にある。実際、二〇〇〇本の木が植えられるごとに一回マッチが落とされるとすると、火災が一回発生するまでに、普通はすべてのマス目が木で埋まってしまう。そうなると、結果は壊滅的で避けようのないものになる。一本の木に火がつくと、それが森全体に広がってしまうのである。言い換えれば、火災発生の頻度が非常に低い場合、すべてを焼き尽くすような壊滅的な災害が起こる傾向が、非常に高くなるのだ。

マラマッドたちはこの現象を、「イエローストーン効果」と名づけた。そして、米国土地局も認めているように、自然発生した火災を抑えようという断固とした努力にもかかわらず、近年森林火災はどんどん増加し、しかも食い止めるのが難しく激しいものになってきているのはなぜかということを、この効果は説明してくれるかもしれない。一八九〇年以降、米国林野庁は、自然発生した森林火災でさえ「断固として認めない」という態度をとっており、どんな火災であれ必死になって消火しようとしてきた。これはちょうど、山火事ゲームにおいてごく稀にしかマッチを落とさないことと対応しており、その結果もそれと同じようになるのである。

このような姿勢が及ぼした予期せぬ影響の一つは、森林が年を取りはじめたことである。[5]老齢な木が若い木に取って代わられることはなくなり、森林は自然な進化の道をたどらなくなってしまった。枯れた草木や小枝、そして低木や落ち葉が積もり、その結果、森林は自然の臨界状態から離れていってしまったのだ。森林を臨界状態に保つという自然の力学にとって、火災は不可欠な要素である。それゆえ、火災を抑えたことによって、そこらじゅうに燃えやすい物がたくさん存在することになり、森林はさらに不安定な状態、超臨界状態へと進むことになったのである。母なる自然は、森林のなかに「最後の審判の日に振り下ろされる鉄槌（てっつい）」を隠したのだ。「保護林は、倒れたり立ち枯れしたりした木や枝、あるいは燃えやすい低木や下草といった、膨大な可燃物を貯め込んでおり、一回の落雷や一本のタバコの燃えさしによって、大火災が発生する可能性がある」[6]。米国連邦森林火災政策書には現在、林野庁がこれまで取ってきた立場に問題のあったことが記されている。

壊滅的な森林火災は、現在何百万エーカーという森林を脅威に陥れている。特に、過去の土地利用や一世紀にわたる火災の抑え込みによって、植生の傾向が変化している地域では深刻である。可燃物の量がこれまでの許容量を超えている場所では、重大で永続的な生態系の悪化が起こる可能性がある[7]。

この結果、森林管理者たちはもはや、小規模や中規模の火災を食い止めようとすることはしなくなった。可燃物が蓄積されないように、所定の管理下での野焼きさえ行なっている。中規模の火災は、森林から危険な枯れ木を取り除いてくれる。山火事ゲームとの類似性で言えば、それらは火が燃え広がる経路の数を減らし、小さな擾乱(じょうらん)が大規模な災害を引き起こす可能性を少なくしているのである。

米国連邦森林火災政策書は、「自然の臨界状態にとって不可欠な過程である森林火災を、生態系に再導入しなければならない」と結論しており、おそらく意図してはいなかっただろうが、それによって問題の核心を突いている。生態系の均衡を取り戻すには何年もかかるだろう。取り戻せたとしても、大火災はある程度の頻度で発生するだろう。それは臨界状態では避けられないことである。しかしすさまじい大火災は、少なくとも超臨界状態にあるときよりは少なくなるはずだ。

この山火事モデルを普遍性の概念と組み合わせて考えると、火災の広がり方はそれに関係する物事の詳細とはほとんど関係ないという、重要な事実が浮かび上がってくる。森林は、自己組織的臨界状態のすばらしい一例であるように思われる。臨界状態において重要なのは、複雑な詳細ではなく、影響の伝播の仕方を左右する、きわめて単純な隠れた幾何学的特徴なのである。

相対性と臨界

二〇世紀の初め、様々な思想家たちは、次のように指摘した。アルバート・アインシュタインの相対性理論は、あらゆる物事の真理が本質的にその視点に左右されることを証明している、と。しかしアインシュタインは実際には、この理論によってそれとはまったく逆のことを伝えようとしていたのだから、皮肉なものである。相対性理論は不変性の概念を基礎としている。つまり、物事に対する視点が変わったとしても、深く認識すればそれは変化していないことが分かるということだ。自己組織的臨界という概念もこの精神を共有しており、それがこの概念の力となっている。この概念は、あらゆる物事の仕組みを一気に説明するものであり、それは、分子や木やそれらを構成する物事の無数の詳細には関係なく成り立つものだ。

北アメリカ西部では、三〇〇種以上のバッタが草原で草を食んでいる。地上で生活する生物のなかで、これほど植物を消費するものはいない。たとえば、典型的な年にはバッタは、すべての植物性食料の約二〇パーセントを食い尽くし、そのために草原の生態系が劇的な影響を受ける。通常はこれは望ましいことである。バッタによる食物摂取が、養分の土への循環を手助けし、植物群落の安定性を保っているからだ。しかし時々、バッタの個体数が手に負えないほどになることがある。一九八三年と一九八四年、ワイオミング州のブラックヒルズ地区でバッタが大発生し、草原がほぼ完全に失われてしまった。牧場主たちは家畜を放牧するために草原を必要としているので、当局は一世紀以上もの間、アメリカ西部でのこのような大発生を予測し防ごうと試みてきた。しかし、何が劇的な大発生に影響を与えているのかを理解するのは、簡単なことではなかった。生態学者の見積もりによれば、バッタの個体数の年ごとの変化を左右する要因は、季節ごとの気温や降水量、何種類ものバッタの捕食者や寄生動物の個体数など、二万以上にも及ぶのである。

一九九四年、デール・ロックウッドとジェフリー・ロックウッドの生態学者の兄弟は、この大発生について、以前にはなかったほど詳細な数学的研究を開始した。あなたはもう、彼らが発見したことに驚かないだろう。米国農務省は、アイダホ州、モンタナ州、ワイオミング州の様々な地域で半世紀以上にわたり、バッタの個体数が環境収容力と呼ばれる限界値を超えた地域の総面積を、毎年記録している。大雑把に言って、バッタの密度がこの限界値（一平方メートルあたり約八匹）を超えると、そのバッタの一年間の活動によって、その地域の植物群落の構造に永続的な被害が残ることになる。この値に達した面積の広さが、バッタの大量発生の規模を示すよい指標になる。彼らは、いくつかの地域での発生記録の統計を見て、発生規模の分布がべき乗則に当てはまることを発見した。小規模な発生はよくあるが、大規模なものは稀であった。そして重要な点が、小規模な発生と大規模な発生とでは、その原因に関して意味のある違いはなさそうだということである。べき乗則が示しているのは、一見ささいな原因が、あるときには小規模な発生しか引き起こさない一方で、ときには破壊的な大量発生を起こすこともあり、そして発生初期の時点での地域的条件をいくら分析しても、その最終的な規模の推定はできないということである。[8]

害虫管理についても、森林火災について得たものと同様の教訓が得られるかもしれない。一つには、たとえ生態学者が二万種類の要因を完全に制御できたとしても、大量発生を予測できるようにはならないということである。大発生が避けられない理由は単に、各個体の相互作用と物理的影響とからなる密なネットワークが臨界状態に位置し、劇的な変化の瀬戸際に立っているからだ。したがって、次の大発生を予測しようとするのは、おそらく無意味なことなのだ。もう一つの教訓は、大発生を抑えようとしてきたこれまでの取り組みは、見当違いだったかもしれないということだ。そのような抑制政策は、より大規模な異常発生の可能性を増加させただけかもしれない。

同様の傾向が、他の例にも当てはまる。一九九六年、オックスフォード大学の研究者ロイ・アンダーソンとクリス・ローズは、北大西洋のアイスランドとノルウェーの間にあるフェロー諸島での、一九一二年から一九六九年までのはしかの流行について研究した。彼らは、はしかの流行の規模（感染者数）の分布が、地震や森林火災と同様に見事なべき乗則に従っていることを発見した。山火事モデルにおいて、木を人に置き換え、火を感染に置き換えるだけで、この観察結果を正確に説明できるのだ(9)。このことは何にもまして、物事の詳細は重要でないという事実を表わしている。森林火災の広がりを説明するために作られ、そして実際に非常によく機能するモデルがまた、人間集団のあいだでの病気の広がり方の本質的特徴をもとらえているのだ。木が人になり、火が病気になってもなお、その災厄はまったく同じように広がるのである。

臨界状態の概念はまた、宇宙にある奇妙な物体の仕組みについても説明してくれるかもしれない。パルサーと呼ばれる星は、全体が中性子からできている。パルサーは驚くほど密度が高く、スプーン一杯だけ取ってきても、世界最大の高層ビルよりはるかに重い。パルサーはまた、宇宙の灯台でもある。パルサーは自転しながら、宇宙に光線を発している。地球上にいる天文学者は、地球がその光線を通過するたびにパルスを観測することになる。しかし時々パルサーは、突然自転の速度を速めたかのように、パルスの間隔を急に短くすることがある。この変化はパルサーのグリッチと呼ばれている。

グリッチのなかには、他のものより変化が大きいものもある。つまりそのとき、自転速度がより大きく変化するということである。一九九三年、テキサス大学オースティン校の二人の物理学者が、二〇年間にわたるデータを調べ、小規模なグリッチは大規模なグリッチよりも頻度が高く、グリッチの分布は完全にスケール不変的なべき乗則に従うということを見出した。[10]これはなぜだろうか？　彼らの考えはこうである。中性子星を形成する純粋な核物質は非常に密度が高いため、その表面での重力は非常に強い。そしてこの重力によって、星自体がより小さくなろうとする。この重力は、地球上では大陸移動によって断層にかかる力にたとえることができる。地球の地殻が滑りに耐えているのと同様に、パルサーの構成物質は崩壊に耐えているが、時々、耐えられなくなることがある。

この「星震」によって中性子星は、少しだけ小さく、より密度の高い星へと変化し、そのとき、ちょうどアイススケートの選手が腕を縮めると回転が速くなるのと同じように、中性子星の自転も少し速くなる。もしこの考え方が正しければ、パルサーのグリッチにおけるべき乗則は、地震におけるグーテンベルク＝リヒター則を、単純に中性子星に当てはめたものだということになる。

一九九〇年代に物理学者は、超伝導体内での磁場の動きや、太陽フレアの不規則な爆発や、交通渋滞などに関するありふれた研究論文の山のなかから、自己組織的臨界状態の形跡をいくつも発見してきた。このような例はどんどん増えている。臨界状態は、それが何でできているかやどんな物理法則によって説明されるかには関係なく、あらゆる種類の物事のなかに存在しているようだ。臨界状態の組織化現象は、ある意味物理学よりも基本的なものなのだ。それは、広大な世界を指揮する魂として、物理学の背後に控えているのである。

米粒――砂粒の改良版

しかし、世界全体がそうなっているわけではない。冷たい水の入った桶（おけ）は、間違いなく臨界状態にはない。磁石を初め多くのものも、ほとんどの条件下では臨界状態にはない。もちろん、バク、タン、ヴィーゼンフェルドも、すべてのものが臨界状態にあるとは決して言っていない。彼らは、自己組織的臨界状態が、多くの事柄、特に非平衡条件下のものを説明できるかもしれない、と考えただけである。桶の中の水は静止しており、平衡状態にある。一方、上から絶え間なく落ちつづける砂粒は、砂山を平衡状態から引き離してい

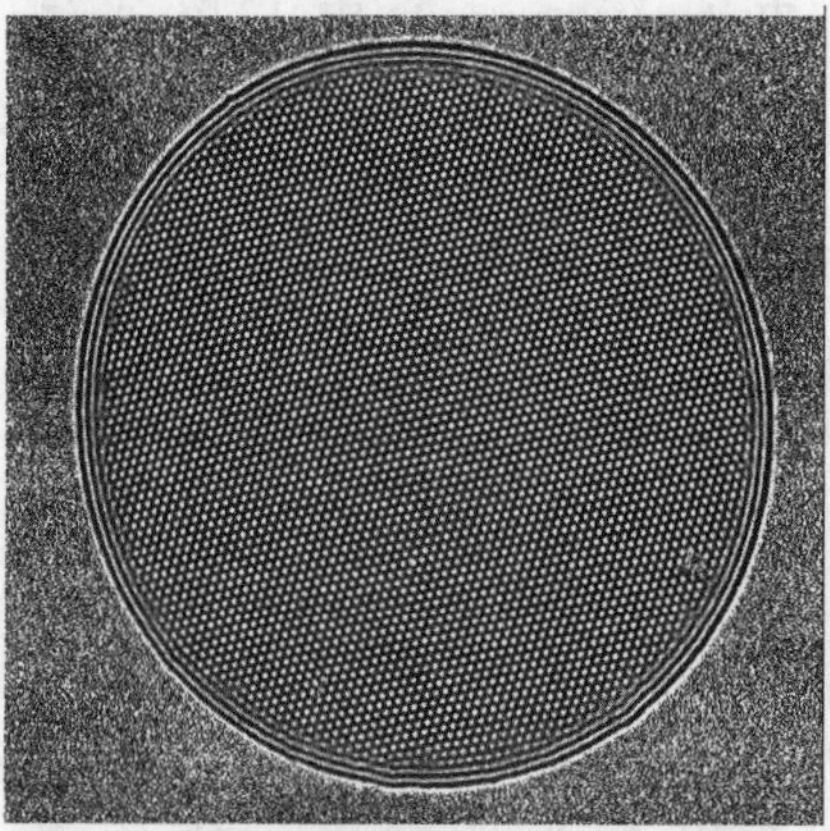

図10　レイリー＝ベナールの実験における六角形状の対流のパターンを、上から写真に撮ったもの。色の濃い場所では液体は下降しており、色の薄い場所では上昇している。（写真は、コーネル大学のエバーハード・ボーデンシャッツ氏提供）

る。同様に地球内部の熱は、地球表面の大陸プレートを休むことなく動かしつづけ、地殻を平衡状態から外れた状態に保っている。

平衡状態から外れていても臨界状態にはないような物事を見つけるのは、簡単である。水を下から加熱したとき、その加熱が十分強ければ、対流が発生する。しかしその流れは、不規則でも予測不可能でもないし、べき乗則を示すこともない。一九〇〇年にフランスの物理学者アンリ・ベナールは、この実験を注意深く行ない、いくつもの小さな領域が完璧な六角形状に並ぶことを見つけた（図10）。各領域内では、中心部で水が上昇し、境界部分で下降している。臨界状態へと組織化されるものもある一方で、たとえ平衡状態から外れていたとしても、臨界状態にはならないものもあるのだ。

それならば、自己組織的臨界状態とは何なのだろうか？　どのような場合にそれは起こり、どのような場合に起こらないのだろうか？　バク、タン、ヴィーゼンフェルドは、実際の砂山ではなく、我々が砂山ゲームと呼んだ、砂山のコンピュータモデルについて研究したということを思い出してほしい。そして一九九〇年代初め、物理学者たちは注意深く実験を行ない、本物の砂山における実際の雪崩は真のべき乗則には従わないという、がっかりするような結果を得た。結局、実際の砂山は、イエローストーン国立公園以上に砂山ゲームと似ていなかったのだ。実際の砂山は、大規模な雪崩へと偏る傾向をもっていたのである。すなわち、自己組織的臨界状態は、中性子星や、地殻や、伝染病や、森林火災の発生には当てはまるが、そのアイデアが最初に生まれた舞台、砂山には当てはまらなかったのだ。バクたちのコンピュータの砂山ゲームは、確かに臨界状態へと組織化されたが、実際の砂山はそうではなかったのである。

この皮肉な結果は、自己組織的臨界状態が実際にはどのように振る舞い、それはどのような場合に起こるのかを示す、最初の手がかりを与えてくれた。一九九五年、ロンドン大学インペリアルカレッジのキム・クリステンセンたちは、あの砂山ゲームは実際の砂山の

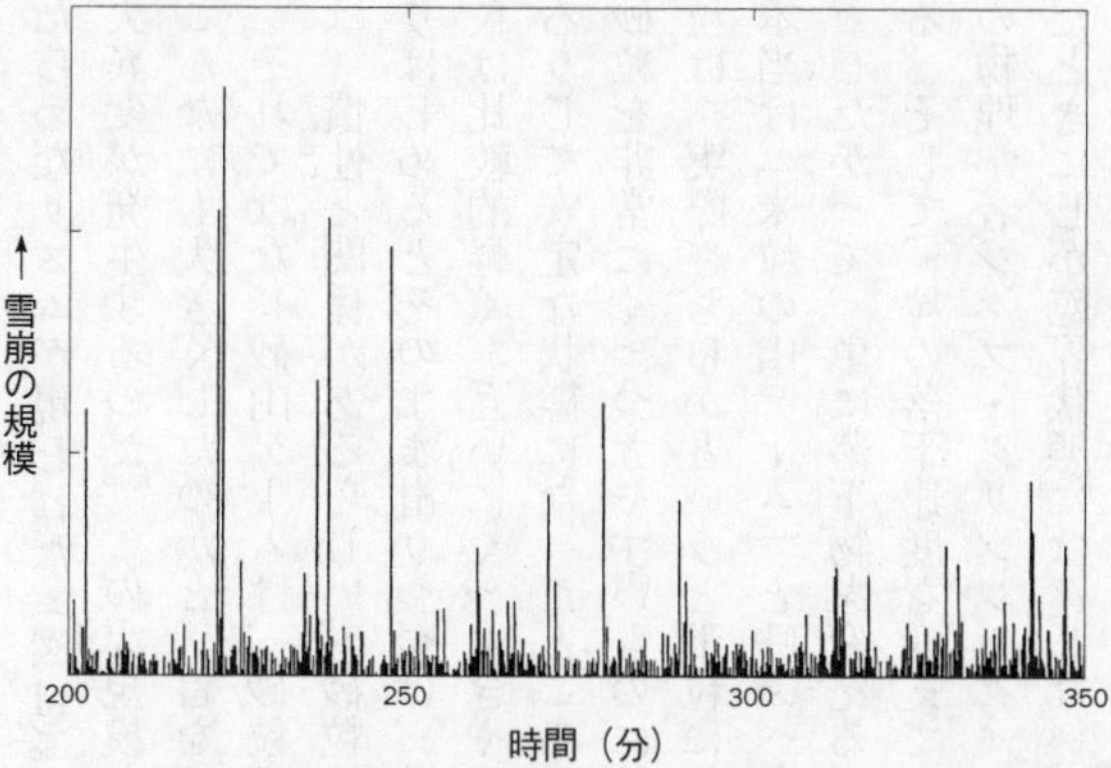

図11　米粒の山の実験における、偶発的で予測不可能な雪崩の記録。各ピークの高さは、一粒の米が落下したことによって引き起こされた雪崩の「規模」を示している。もっと正確に言えば、ピークの高さはその雪崩に伴って減少した山の高さに比例しており、したがって何粒の米が滑り落ちたかだけではなく、どれほどの距離を滑ったかをも反映している。（図はV.Frette *et al.*, Avalanche dynamics in a pile of rice. *Nature*,1996；379：49-52から許可を得て掲載）

成長を表わしてはいないが、用いる粒を砂粒の代わりに米粒にするだけで、実際の粒の山の成長を表わすようになることを発見した。クリステンセンたちは、二枚の直立したアクリルガラスの隙間（すきま）に一粒ずつ米を落としていくという実験を慎重に行ない、その雪崩の分布がほぼ完全にべき乗則に従うことを見出した。[11]

彼らはまた、臨界状態にある物事から発せられる奇妙なリズムを、目を見張るような形で実験的に示すことに成功した。彼らはしばらく実験を続け、各瞬間に何粒の米が滑り落ちるかを、山の写真を撮って一つ一つ手で数えた。その結果、完全に予測不可能なたらめなリズムが現われた（図11）。長い平穏が続いた後に、激しい活動、すなわち真の大異変が発生するのだ。この大規模な雪崩に巻き込まれた米粒はどれも、何がこの雪崩をこんなにも大きくしたのかと、首を傾げることだろう。

それではなぜ砂山ゲームは、砂粒ではなく米粒に当てはまったのだろうか？　その答えは、慣性と関係があるらしい。砂粒は比較的重く、また滑りやすい。砂粒は、ひとたび滑りはじめるとそのまま滑りつづけ、砂山全体を崩してしまう傾向がある。それに対して米粒は比較的軽く、互いにくっつきやすい。したがって米粒が滑りはじめても、山が次にかろうじて安定な状態になったところで止まってしまう。バクたちは砂山ゲームにおいて、砂粒を非常にくっつきやすいものに設定し、慣性をまったく与えなかったために、その砂粒は、実際どちらかというと米粒に似たものになっていたのである。あの砂山ゲームは、本当は「米粒の山ゲーム」と呼ぶべきだったのだ。

したがって、単に落下物を変えるだけで、臨界状態と別の状態とが入れ替わることになる。そして、粒の落下速度を変えても同じことが起こる。一九九四年にＩＢＭの研究部門の物理学者ジェフ・グリンシュタインは、砂山ゲームでは、砂粒を非常にゆっくり落としたときにしか臨界状態には達しない、ということを示した。一回砂粒を落としたら、それによって引き起こされた雪崩がおさまるまで待ち、次の砂粒は、その後になってから落とさなければならないのである。もし砂粒を速く落として、前の雪崩が終わらないうちに次の砂粒が落ちてしまうと、臨界的組織構造もべき乗則も失われてしまうのだ。

こういった微妙な点は、いくつかの重要な意味をもっている。バク、タン、ヴィーゼンフェルドは、何も調整することなしに彼らのコンピュータゲームが臨界状態へと組織化したことに驚いた。しかし今では、彼らは自らを欺いていたのだと考えられる。砂粒は非常にゆっくり落とされなければならないし、重さに比べてはるかに粘着性がなければならない。バク、タン、ヴィーゼンフェルドは、新たな現象を探すなかで、無意識に彼らのコンピュータゲームを調整して、臨界状態に必要な性質を与えてしまっていたのだ。自己組織的臨界状態は、系が平衡状態から非常にゆっくりと逸脱し、さらに、個々の要素の振る舞いが他の要素との相互作用に支配されているような場合にのみ、現われるらしいのである。砂山ゲームにおいて無意識に調整が行なわれていたことが、後になってから分かったため、自己組織的臨界状態に対して当初人々が抱いていた夢は打ち砕かれることとなった。

たとえばバクは、自己組織化という概念について、次のように書いている。「自己組織的臨界状態という概念は、現実世界を説明する可能性をもっているからこそ、きわめて重要だ。そもそも、砂山は臨界状態から無理にずらそうとしても戻ってしまうということが、大前提なのである」[12]。砂山ゲームは臨界状態に調整されていなければならないが、それを行なうことができるのは科学者である。しかし現実世界においては、どのようにして調整が起こるというのだろうか？

ところが、思っていたほど傷は深くなかった。一つには、ほとんどすべての優れた理論には、理論を現実に合わせるために調整すべき数値が含まれているからだ。マクスウェルの電磁気学の方程式には光の速度が、量子理論にはプランク定数が含まれている。これらの理論を現実世界に適用させるときには、こういった値や、電子の質量の値などがどうしても必要になってくる。素粒子物理学の標準理論は、このような「調整可能な」値を一九個ももっているが、それでも優れた理論とみなされている。たった二つの事柄を調整するだけで、単純なゲームが様々な物事を説明できるとしたら、申し分ないことだろう。

さらにその後の研究で、砂山ゲームを調整するための方法が解明され、それは幾分特別なものであるということが見出された。実は、厳密な調整を必要とするものではなかったのだ。ここから話はかなり専門的な面に入っていくが、いくつか言葉で説明しておくことは有益であろう。

前の章で見た相転移は、平衡条件下における相転移であった。つまり、関与する物は平衡状態に保たれており、それは温度のような一般的な条件に対応した組織構造を作る。一方、平衡状態にない物事の相転移、つまり、外部から加えられる力によって絶えず系が影響を受けているような場合の相転移については、まだ研究は始まったばかりだ。この世界の物事のほとんどは平衡状態にはないので、この分野は今後、大きく発展するはずである。

トリエステの国際理論物理学研究所のアレッサンドロ・ベスピニャーニと、パリの工業物理化学高等師範学校のステファノ・ザッペリの二人の物理学者は、非平衡相転移を起こすゲームの例として、砂山モデルと山火事モデルについて研究してきた。彼らは、これらのゲームのもともとの考案者は、ゲームが正確に臨界点に位置するように、変数を無意識に調整していたということを発見した。[13] たとえば砂山ゲームにおいては、砂粒はどんな速度で落とすこともできる。しかし、砂粒が転がり落ちる速度よりもはるかにゆっくりと砂粒を落としていったときにのみ、臨界状態が現われる。臨界状態が達成されるには、砂粒を落とす速度と、それが転がり落ちる速度との比を、ゼロに調整しなければならないのだ。しかし、ある値をゼロに調整するのは、それを他の数字に調整するよりも簡単である。平衡条件下の磁石については、調整すべき変数は温度であり、それを正確に摂氏七七〇度に固定しなければならない。その温度が一〇パーセント変化すれば、臨界点を外れてしまう。しかし一方、〇・〇〇〇一のような小さな数を取ってくれれば、それを一〇パーセント変化させようとも、あるいは二倍や一〇倍や一〇〇倍しようとも、まだ小さな数のままである。砂山ゲームや山火事ゲームは、磁石に比べて、微妙な調整を必要としないのだ。

このことは、なぜ「自己組織的」臨界状態が、現実世界においてこれほどたくさんの事柄を説明できるのかということを表わしているのかもしれない。この言葉は実際には、「非常に強固な」臨界状態とでも呼ぶべきものであろう。地震や伝染病においては、その原因が何であれ、必要となる調整が実際に行なわれている。外部から加えられる作用がゆっくりであることと、おもに相互作用が系を支配していること、この二つの要素が、アイデアの発展や変化にもとづく科学自体の仕組みや、おそらく人類の歴史のなかにも存在しているようだ。また科学者たちは、自己組織的臨界状態の限界について考えていくなかで、同じように単純なもう一つの自己組織化の過程を発見し、それが、臨界状態の手からこぼれ落ちた数々の物事の仕組みを説明できるということを見出した。そして重要なことには、このもう一つの過程もまた同様に、不安定性の瀬戸際に留まる世界を普遍的に導くのである。

これらの物事を見る前に、臨界状態への奇妙な組織化に伴う複雑な過程の、もう一つの劇的な例を調べていくことにしよう。それは、地球上の生命進化の過程、そして時折起こる大異変についてである。

第8章　大量絶滅は特別な出来事ではない

仮説とは、ひとたびある者がそれを思いつくと、あらゆる事柄を栄養分として吸収し、この世に現われた瞬間から、人が見たもの、聞いたもの、理解したものによって強固なものになっていくものである。

——ローレンス・スターン(1)

哲学をもたない科学などというものは存在しない。科学のもつ哲学という荷物は、検査なしにすでに積みこまれているのだ。

——ダニエル・デネット(2)

アメリカ合衆国モンタナ州の東端にあるフォートペック貯水池から、ヘルクリークという名の川が静かに伸び、丘陵地帯のなかを蛇行しながら流れている。ここは雄大な地で、草原や放牧場や幅広い谷のなかに松が点在し、強烈な日の光の下でオレンジ色や紫色に輝く奇妙な歪んだ岩が転がっている。ヘルクリークは岩々の間を流れ、川沿いのでこぼこの露頭は、熱く乾燥した夏と凍てつく冬、そして風と雨が、ゆっくりと大地を侵食していったことを物語っている。毎年新たな岩石のかけらが、わずかな堆積物の層を作り、ここで起こったすべての事柄の記録に付け加わる。一世紀以上前から古生物学者たちは、この記録を掘りすすみ、そこに含まれる化石を研究してきた。そしてここで、恐ろしい世界最大の大虐殺の謎を解き明かそうとしている。

古生物学者にとって、時をさかのぼることはすなわち、地層を深く掘りすすむことである。しかしヘルクリークでは、川を下っていけばより深い地層にたどり着くことができる。朝の散歩だけで、簡単に何千万年もたどれるのだ(3)。貯水池からそう遠くない場所では、下の方の地層は、七億年近く前、アメリカ平原が広く浅い海の下にあった頃に形成されたものである。その岩石は、貝や数えきれない海洋生物の化石で満ち溢れている。そこから少し上流に進むと、地層は数百万年新しくなり、そのときには海は後退し、モンタナ州東部は森や川を抱く蒼々とした土地になっていた。ここでは、植物のかけらや、歯や爪や、あるいはティラノサウルスが宿敵トリケラトプスと戦いを繰り広げた、活き活きした野生の世界の痕跡を見つけることができる。ここはティラノサウルスを探すのに世界一適した場所である。ヘルクリークは、全体の骨格が発見された世界で唯一の場所だ。しかしさらに川をさかのぼると、事態は急変する。六五〇〇万年前、恐竜の世界に運命の鉄槌が振り下ろされた。そのときの地層は、突然起こった恐ろしい大量死を物語っている。地質学者や古生物学者がKT境界と呼んでいるこの境界線の上では、すべての恐竜や何千という他の生物の痕跡が、跡形もなく消えてしまっているのだ。

KT境界における化石の不連続性は劇的で、地質学者たちはこれを二つの地質時代、白亜紀（ドイツ語でKreide）と第三紀（英語でTertiary）との区切りとしている。この境界は約六五〇〇万年前に形成されたもので、世界中の何千という場所で見ることができる。たとえばスペイン北部では、アンモナイトの劇的な消滅が見られる。アンモナイトは渦を巻いた殻をもつ海洋生物で、KT境界より前の三億三〇〇〇万年もの間、海中に豊富に生息していた。アンモナイトの化石は、境界の下ではどこでも見つけることができるが、境界の上にはまったく存在していない。六五〇〇万年前、何者かが大虐殺を行なったのだ。地質学的には一瞬の間に、恐竜の他、全生物種の七五パーセントが絶滅したのである。(4)

何が起こったのか？　恐竜については、一九〇五年にある研究者が次のように述べている。「あのような過剰な体重を支えるのは体力を消耗することなので、この生物が短命だったのは不思議なことではない」(5)。別の研究者は、恐竜の性衝動について疑問を投げかけている。「肢にかかる重量が増えることを考えると、恐竜は性的に不能だったと考えられる」(6)。恐竜の絶滅はその時々によって、視力の低下や、彼らの卵を食べる貪欲な哺乳類や、彼らを忘却のかなたに追いやった火山の爆発や、気候が突然寒く、あるいは暑く、乾燥し、あるいは湿潤化したことなどが原因とされてきた。[7] もちろん絶滅したのは恐竜だけではなかった。

地球上からほとんどの生命を消し去ったものが何かということについて、世界中の学会や学術雑誌で白熱した議論が続いている。あれやこれやの学説に対する「証拠」や「反証」が、週を待たずに次から次へと発表されている。[8] 何が起こったのか誰も確実に言うことはできないが、あらゆる科学者たちが一致している点が一つある。それは、その原因が何であれ、このような大絶滅はそんなに稀な出来事ではないということだ。化石の記録を詳しく調べていくと、地球は何度も破壊的な大異変に襲われており、KT絶滅はそのなかの最悪のものでさえないことが分かる。

KT境界のずっと下に、もう一つの劇的な死を表わす境界線が岩石の中を走っている。それは二億五〇〇〇万年前のものである。ここでの生命の記録もはっきりとした不連続性を示しているので、地質学者たちはこれを、ペルム紀の終わりで三畳紀の始まりであると定めている。一九九八年、マサチューセッツ工科大学の地質学者サミュエル・ボーリングらは、この絶滅が続いた期間を算定し、それが一万年という短い期間内で起こったことを発見した。これは長い時間のように思えるかもしれないが、六億年にわたる多細胞生物の歴史に比べれば一瞬にすぎない。ボーリングらは、「この出来事は、過去五億四〇〇〇万年の間でもっとも広範にわたる生命の消滅を示している」と記している。[9] 海洋生物種の九五パーセント、そしてそれと同程度の陸上生物種が死滅したのだ。

　同様の大異変はこの地球を、四億四〇〇〇万年前、三億六五〇〇万年前、そして二億一〇〇〇万年前にも襲っている。KT絶滅とペルム紀の絶滅とを合わせると、これらの大量絶滅は、地球の歴史のなかの五大絶滅として際立っている。それはちょうど、サンフランシスコ周辺での地震の歴史のなかで、一八三六年、一八三八年、一八六八年、一九〇六年、一九八九年の大地震が圧倒的なものとして記録に残っているのと似ている。チャールズ・ダーウィンはかつて、進化論に関して次のようなことを書いている。「地球上の生命は区切り区切りの大異変によって消し去られてきたという古い考え方は、ほとんど一掃された⑽」。実はそうではなかった。もし生命の世界が安定であり、徐々に変化するものだったとしたら、歴史の記録は今とは違うものになっていたはずだ。そしてこの五大絶滅は、突然起こったいくつもの混乱のなかで、単にもっとも目立つものにすぎない。それらのあいだには、もっと小規模の数えきれないほどの大量絶滅が起こっている。地球上の生命は、散発的に起こる壊滅的な崩壊に常に脅えているのだ。

　もちろん、すべての絶滅が大量絶滅として起こったわけではない。進化生物学者は、生命の歴史のなかでは数十億という生物種が進化してきたと概算している。しかし、そのなかで今日存在しているのは数千万種である。すなわち歴史上のすべての生物種のうち、九九パーセントが今では絶滅しているということである。かつて誰かが、「第一近似で言えば、すべてが絶滅している」と言ったように、進化のなかで絶滅はあまりに自然な出来事なのだ。実際には、すべての生物種のうち大量絶滅によって滅びたのは、三五パーセントにすぎない。

このように、すべての絶滅のうち三分の二近くは、「目立たない」絶滅として解釈できる。しかしこれでは、大虐殺の大きな波を説明することはできない。散発的に大異変が起こるという奇妙な歴史の裏には、何が隠されているのだろうか？

不可抗力

保険業界では「不可抗力（アクト・オブ・ゴッド）」という言葉は、人間の予測能力を超え、はっきりと誰かの責任にできないような事故や災害のことを指す。竜巻があなたの家の屋根をフリスビーのように吹き飛ばしたり、稲妻があなたのポルシェの新車を燃やしたりすると、あなたは「不可抗力」の犠牲者になったことになる。破壊の力が不幸なあなたを見舞い、保険会社は保険金を支払う。言い逃（のが）れはできない。

ありふれた目立たない絶滅に関してはそうではないが、科学者のほとんどは、大量絶滅のなかにも同じような「不可抗力」の存在を感じている。我々はすべて、安定した心地よい環境が続いていくことに頼っている。我々は、酸素、適当な温度、豊富な水や食物、強すぎない太陽放射などを必要としている。もしこの環境のなかで何かが大きく変化すれば、生命は苦しむことになる。それゆえ多くの科学者たちは、大量絶滅を説明するために、環境のなかで何が大きく変化し、それはなぜ起こったのかを見出そうとしている。

もちろん起こりうる環境の変化は何千通りもあるが、そのなかでも二種類の出来事が特に重要だということが分かってきた。その一つは、かなり壮絶なものである。

一九八〇年、カリフォルニア大学バークレー校の物理学者ルイス・アルヴァレズらが、KT絶滅の直接の原因は、巨大な小惑星か彗星が地球に激しく衝突したことによって引き起こされた、世界的な気候の大激変であったという説を発表した。(11)「おそらくその天体は直径一〇キロで、秒速数十キロの速さで進み、その運動エネルギーは世界中の核兵器全体の一万倍の破壊力をもっていた」と研究者の一人は記している。(12)その衝突は岩石を蒸発させ、地上に深さ四〇キロの穴を開け、大気中や宇宙空間に莫大な量の岩石のかけらや細かい塵を舞い上がらせた。そのかけらは地上に落下し、衝突地点から一〇〇〇キロ以上の範囲の大気を焦がし、すべての樹木や、岩の下や穴の中に逃げ込めなかったすべての動物を、あぶり、焦がし、火だるまにし、焼いた。森林全体が燃え、大陸ほどの大きさの山火事が地上を覆った。(13)しかしこれは、真の殺戮のお膳立てにすぎなかった。上層大気に広がった塵は何カ月にもわたって太陽光を吸収し、夜のような日々が続いた。植物は枯れた。草食動物は飢えのために死んだ。惨劇は食物連鎖の階段を駆け上がり、それをトランプの家のように押し倒し、もっとも獰猛な肉食動物までをも消し去ってしまった。

この話はSFのように思えるかもしれないが、実際たくさんの証拠がある。一つめとして、KT境界にある岩石の中には、希少な元素であるイリジウムがかなりの量含まれており、しかもそれは一カ所だけでの話ではなく、世界中の一〇〇以上の場所で確認されている。地球が形成された直後、まだ熱く溶けた塊であった頃、重い元素は中心部へと沈んでいった。そのような元素の一つであるイリジウムは、地殻中ではわずかしか見つからない。ではイリジウムはどうやってKT境界層に入ったのだろうか？ 小惑星や彗星は大量のイリジウムを含んでいる。地球に衝突したのが何であれ、そこに含まれていたイリジウムは上層大気にまで上がり、地球上に広がって、そしてKT境界層に降り積もった。科学者たちは、KT境界層に含まれているルテニウムやロジウムといった他の希少元素の量も測定し、それらの含有量の比が小惑星や彗星のものと一致することを見出した。

これでも信じられないかもしれない。しかしさらに、アルヴァレズたちが衝突説を提案した一一年後、別の科学者がメキシコのユカタン半島に巨大なクレーターを発見した。[14] このチチュルブ・クレーターの上に立っても、何もあるようには見えない。地表から一・五キロの地下に埋もれているからだ。しかしこのクレーターは直径一八〇キロ近くもあり、さらにその年代測定が可能になった一九九二年、このクレーターは六五〇〇万年前に形成されたということが分かったのだ。

この説に問題がないというわけではない。クレーターが存在するという事実は、巨大な衝突があったことを示している。イリジウムの堆積やその他の証拠は、衝突の影響が地球全体に及んだということを示唆している。しかしこの衝突は、大量絶滅を引き起こすのに十分なものだったのだろうか？　アルヴァレズらの一九八〇年の長い論文は、大部分が衝突の地質学的、物理学的証拠にのみ費やされており、衝突の及ぼした生物学的影響については半ページしか書かれていない。[15]　理由は単純だ。衝突が地球全体の生命に実際どのような影響を与えるのか、誰も十分な手がかりをもっていないからである。

さらに、絶滅した種があった一方で、無傷のまま生き残った種があったことも、悩ましい問題である。アルヴァレズの研究チームの一人は次のように認めている。「多くの地上の小動物は生き残った。そのなかには哺乳類や、ワニやカメなどの爬虫類も含まれている。なぜこれらの動物が絶滅を免れたのか、誰にも分からない」[16]。さらに謎を深めているのが、過去にあった他の巨大衝突は、何も影響を与えていないように見えることである。一九九八年、カリフォルニア工科大学の地質学者ケン・ファーレーたちは、アメリカのチェサピーク湾の入口に直径八五キロのクレーターが形成され、それと時を同じくして、シベリア北部にも直径一〇〇キロの巨大クレーターが作られたという証拠を発見した。どちらのクレーターも、三五〇〇万年前、太陽系に彗星が降り注いだときにそれらが地球に衝突して形成された。化石の記録は、そのとき変わったことはまったく何も起こらなかったことを示している。[17]

これらの未解決の問題から考えて、恐竜は空から落ちてきた死の岩によって消し去られたのではないと考えている人たちもいる。科学者たちは、他のいくつかの説についてもあわせて検討している。もちろん恐竜は、自分たちだけで生きていたわけではない。数年前、シカゴ大学の地質学者レイ・ヴァン・ヴァレンは、KT絶滅の数十万年前から哺乳類が繁栄して個体数を増やしはじめ、その結果として恐竜は絶滅に追いやられた可能性があると指摘した。ある古生物学者は、気候が変化して、森に覆われ温暖だった恐竜の生息域が、哺乳類により適した冷涼な森に変わったことも、この戦いの行方に影響を与えたのかもしれないと指摘している。この気候の変化は、他のたくさんの生物種の絶滅をも引き起こしたかもしれない。天体衝突は、KT絶滅とは何の関係もないのだろうか？

凍てつく風

では、二億一〇〇〇万年前、二億五〇〇〇万年前、三億六五〇〇万年前、四億四〇〇〇万年前の大量絶滅についてはどうなのだろうか？　誰もまだ、これらの出来事に当てはまる巨大クレーターを発見できていない。もちろん、将来見つかるかもしれない。しかし現在、ほとんどの古生物学者たちは、気候の突然の変化のような、何か他の原因が働いたのではないかと考えている。ジョンズ・ホプキンス大学のスティーヴン・スタンレーによれば、「気候変化がもっとも一般的な大量絶滅の原因であると考えるのには、単純な理由がある。地球規模の温度変化は、無数の生物種を比較的簡単に絶滅させられるからだ(18)」。

結局すべての生物種は、どんな気候であれ、それに適応している。たとえば気温が下がると、その生物種は、同じ気候を求めて赤道に向かって移動するか、あるいは新たな寒冷な気候に適応しなければならない。しかし生物種のなかには、山脈や大きな湖や海に阻まれたり、それ以上南には広がっていない森の梢に棲んでいたりするために、移動できないものもいる。同じように、気温があまりにも急激に下がると、それにすばやく適応できずに絶滅するしかない生物種もいるだろう。

二億五〇〇〇万年前のペルム紀の絶滅のときは、歴史上もっとも急激に世界的に気温が下がった。そのときには、他にもいくつか不吉なことが起こっていた。一つは、海面が著しく下がったことだ。海面が下がると、海は大陸から離れ、広大な大陸棚が地上に姿を現わす。大陸棚には膨大な量の有機物が含まれており、それが大気と化学反応を起こして大量の酸素を消費する。リーズ大学の古生物学者ポール・ウィグノールは、この化学反応によって酸素濃度が現在の半分にまで減少したと概算した。彼はこう結論づけている。「ペルム紀＝三畳紀の大量絶滅は、窒息死の物語であったようだ(19)」。

現段階では、どの影響がもっとも大きかったのか、あるいはそれは他の大量絶滅にも当てはまることなのかについて、完全な意見の一致には至っていない。古生物学者のなかには、その時期、劇的な火山活動が起こり、大気中に膨大な塵が吐き出されたと指摘する者もいる。またある古生物学者は、大量絶滅の前に起こった世界的な旱魃(かんばつ)の影響を指摘している。これまでに提案されてきた原因をすべて並べていくと、何ページにもわたってしまい、どの説が事実と結びつくのか分からなくなってしまうだろう。いずれにせよ、六五〇〇万年前や、二億一〇〇〇万年前や、二億五〇〇〇万年前に、地球に何か異常なことが起こったのはほぼ確実である。それは、気温や海面の上昇あるいは下降か、火山の爆発か、太陽からの紫外線の放射の増加か、あるいはその他のものかの、いずれかである。これらの出来事が地球規模の生態系に及ぼす影響については、ほとんど推測の域を出ていない。たくさんの可能性が検討されているのも当然なことである。古生物学者デイヴィッド・ラウプは、首をかしげている。「ひょっとしたら、絶滅の原因として可能性があるとされる物事の一覧表は、我々個人個人を脅かしている物事の一覧表と、単に同じものなのではないだろうか?」[20]。

それでもほとんどの科学者たちは、大量絶滅は生命の棲んでいた環境を破壊するような衝撃や変化が組み合わさって起こった、という点で一致している。そのため大量絶滅は、絶えず起こっている通常の目立たない絶滅に対して、特別扱いされるべきだろう。普通の時期には、通常の進化の働きが支配しつづけ、一つ一つの種に順番に絶滅の宣告が下されていく。しかしこのような時期は、外部からの力によって終わりを迎える。古生物学者のデイヴィッド・ジャブロンスキーは、次のように述べている。「目立たない絶滅と大量絶滅との間の秩序の変化が、生命の歴史における大規模な進化を方向づけている」[21]。またリチャード・リーキーとロジャー・リューインは、地球規模の生態系に起こる変化のパターンについて、次のように述べている。

このパターンには二つの時期がある。生物種が低い頻度で消えていく、目立たない絶滅の時代と、大規模な生命の危機となる、高い頻度で絶滅が起こる時期である。目立たない絶滅の時期に支配的な力は、競争が重要な役割を果たす自然選択の力であるという点で、ほとんどの生物学者は一致している[22]。

大部分の生物学者は、進化自体に恐ろしい大激変を引き起こす力があるとは考えていない。一方で進化があり、もう一方で、外部からの衝撃が原因となって起こる大激変があるというのだ。これは単純で納得のいく描像であるが、しかし重大な問題を抱えてもいる。

図書館での一〇年間

シカゴ大学のジャック・セプコスキーは、野外ではなく、図書館で研究をすることを好む古生物学者である。彼は化石探しのために土を掘ったりはしない。他の人たちが以前発見した化石に関する情報を掘り出しているのだ。ハーバード大学の大学院生だった一九七〇年代半ば、セプコスキーは、本や論文、そして友達や他の古生物学者との会話からデータをかき集め、それをノートいっぱいに書き込みはじめた。目的は何だったのだろうか？生物のそれぞれのグループが、いつ出現し、いつ絶滅したのかを表わす、膨大な目録を編集することだったのだ。

ほとんどの人は進化について考えるとき、生物の種に注目する。しかし、セプコスキーはそうではなかった。生命の系統樹では、太い幹がだんだん細くなり、そこから細い枝が生え、さらにそこからもっと細い枝が生え、そしてやっと目で見えるほどの小枝、すなわち種までつながっている。生物学者はこれらの各段階に、きちんと名前をつけている。いくつかの非常に近縁の種からなるグループを属と呼び、近縁の属からなるグループを科と呼んでいる。一九八二年にセプコスキーは、自らの化石の記録の第一弾として、何千もの科の誕生と絶滅を記した膨大なデータベースを発表した。しかし、これはまだ道半ばであった。彼はさらに一〇年間を費やし、約五〇〇の科に分類される約四万の属（すべて海洋無脊椎動物、一つの科あたり約八つの属）のデータを集めた。

セプコスキーが海綿やサンゴといった海洋無脊椎動物を選んだのは、これらの生物が化石の記録の大部分を占めていたからである。一九九三年に彼が作業を終えると、研究者たちは、この地球上で六億年の間にどのように生命が繁栄し絶滅してきたのかを概観できるようになった。[23] セプコスキーの努力はさらなる研究の火つけ役となり、そのすぐ後に、ブリストル大学の地質学者マイケル・ベントンが独立に、海洋生物と陸生生物の両方を含む約七〇〇〇の科の誕生と絶滅の年代を、データベースにまとめ終えた。[24]

この貴重なデータが何を明らかにしたのかを見る前に、このデータを集めるのがどんなに難しいことなのか、少し触れておく必要があるだろう。「一〇年間図書館にこもった」ということで、文献の量が膨大だったということは分かるが、それだけでは、このような研究につきもののいくつかの困った問題については分からないだろう。[25] 一つの問題は、「年代の偏り」である。どの年代においても、化石になる個体はごく一部である。たいていの個体は死んで体が腐り、それで終わりだ。化石になった個体のなかでも、より最近のものは、現在まで残っている可能性がより高くなる。したがって、化石の記録は必然的に、近年のものほど多くなる傾向がある。

さらに「モノグラフ効果」と呼ばれるものもある。現在まで残った化石でさえ少ないうえに、そのうち研究者によって実際に発見されたものは、さらに少ないはずだ。したがって、今でも多くの生物種が未発見のままであるのは、はっきりしている。もし、ある血気盛(さか)んな研究者がある特定の地質年代について徹底的に調査したとすると、化石記録はその年代で急上昇し、あたかも突然爆発的に種の数が増えたかのように見えてしまう。他にもいろいろな問題がある。セプコスキーとベントンが、種ではなく属の段階での絶滅について研究しようと決めた裏には、とりわけ困りもののある不確実さがあった。

生命の登場と死滅についてなるべく数多く調べるには、種の段階で調査するのがもっともよいのは明らかである。しかし化石記録は数が少なく、これが厄介のもととなる。今、ある生物種のいくつかの化石を年代決定し、その種がいつ絶滅したのか見積もろうとしているとしよう。一つの推定値としては、もっとも新しい化石の年代が使えるかもしれない。しかし数えるほどしか化石がないとしたら、この推定方法はあまり適切ではないだろう。一九八二年、カリフォルニア大学デイヴィス校の地質学者フィル・シーニョとジェレ・リップスは、化石が数えるほどしかない場合、そのうちのどれかの年代がその種の絶滅の年代に近い可能性は低いと指摘した。その種の誕生と絶滅との中間くらいに位置する可能性の方が、ずっと高いというのだ。そのため、種の絶滅の年代を実際よりも早く見積もってしまうことになり、そのずれは化石が少ないほど大きくなる。このシーニョ＝リップス効果は、逆に種が誕生した年代の推定にも影響を与えることになる。研究者たちはこれを冗談で、「リップス＝シーニョ効果」と、ひっくり返した名前で呼んでいる。もっとも古い化石の年代を目安として使うと、その種は実際よりも後になってから誕生したかのように見えてしまうのである。

すなわち、化石記録が少ないと、種が実際よりも後で出現し、実際よりも早く絶滅したかのように見えてしまう。幸い化石の数が多くなれば、このずれは小さくなる。セプコスキーやベントンが、種ではなく、系統樹のもっと上位の分類である属や科について研究することに決めたのは、このためである。このレベルで研究すれば、異なる種の化石を一つにまとめることで、あるグループがいつ誕生し、いつ絶滅したのかをより正確に推定できる。ちょうど歴史学者が、史料をありのままとらえずに疑いの目をもって調べるように、彼らはデータを集める上で、年代の偏りやモノグラフ効果や、他にも知られる偏りを修正するのに力を注いだ。その結果、セプコスキーやベントンのデータは、地球上の過去の生命における実際のパターンを、もっとも正確に表わしたものとなった。

さきほど見たように、従来の考え方によれば絶滅には二種類ある。通常の進化の過程によって起こる、目立たない絶滅と、気候の変化や小惑星の衝突や、生物圏に与えられた別の衝撃によって引き起こされる、大量絶滅である。セプコスキーやベントンのデータのグラフは、この考え方を支持しているように思われる。各地質学的期間において絶滅した科の割合のデータは、比較的静穏な時期が続いた後、突然の大変動が起こるという傾向を示している（図12）。大規模な絶滅が、まわりと比べて際立っている。しかし、我々はこの話はすでに知っている。様々な規模の絶滅がどのような頻度で起こったかをグラフにしてみると、まったく別のことが分かってくるのだ。

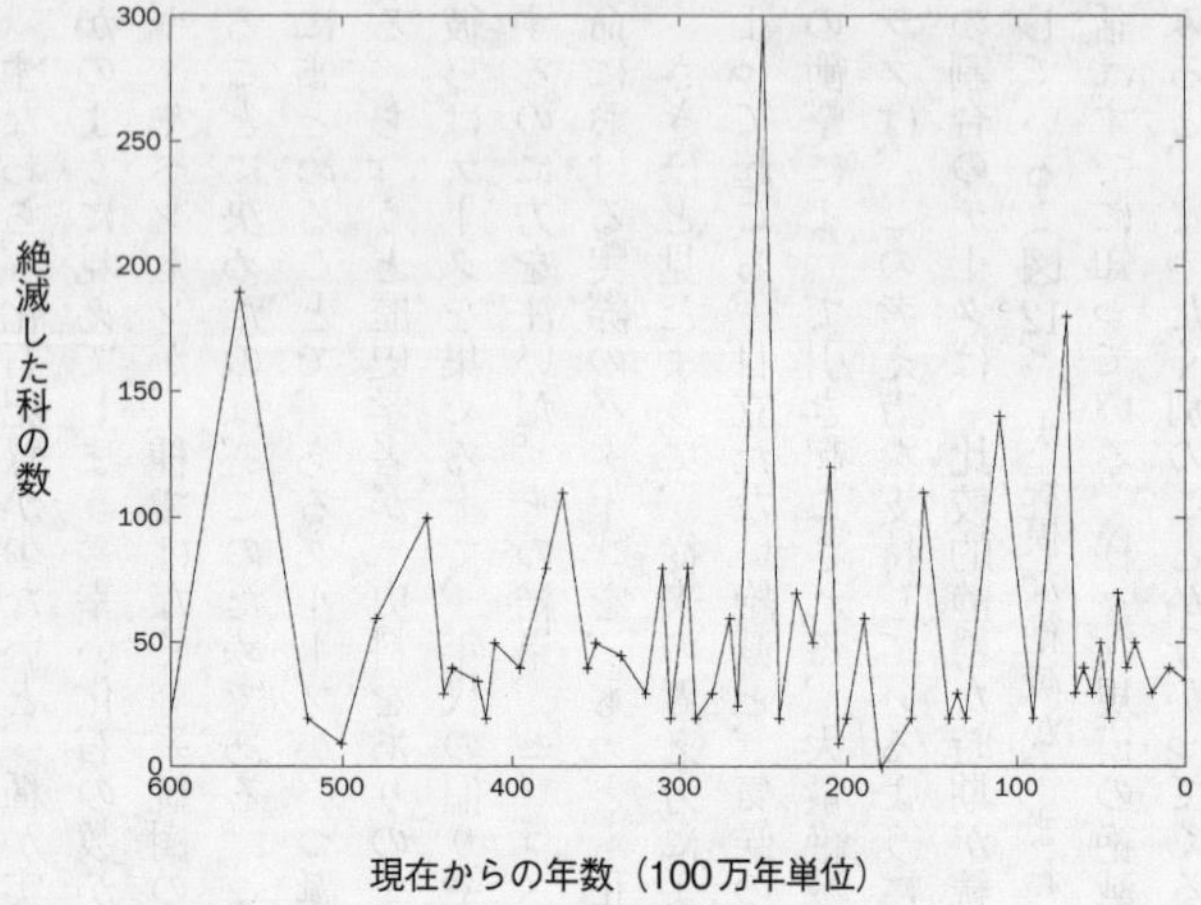

図12　大量絶滅の記録。それぞれの山の高さは、各地質年代で絶滅した科の数を表わしている。五つの大きな山は大規模な大量絶滅に対応しており、最後の山が、6500万年前に恐竜を絶滅させたものである。

一九九六年、物理学者のリカール・ソールとスザンナ・マンルビアは、セプコスキーのデータをさらに注意深く調べ、絶滅の規模（絶滅した科の数）の分布が、我々にはすでにお馴染みのべき乗則に従うことを発見した。実際この場合の規則性は、地震に対するものとまったく同じだったのだ。絶滅の規模が二倍になると、その頻度は四分の一になるのである。さらにこのべき乗則の規則性は、たった二、三の科の絶滅から、何千という科が絶滅するような最悪の出来事にまでわたる、広い範囲で成り立っていた。

激烈な出来事は、概して激烈な

原因を暗示しているのだろうか？　あらゆる劇的な絶滅には、同様に劇的な原因があるのだろうか？　我々は前の方の章で、こういった先入観が最近覆されつつあるということを、地震や森林火災を例にとって見てきた。大量絶滅に関するこの驚くほど単純な傾向から考えると、科学者たちがこれらの「きわだった」出来事を特別のものと考えてきたのは、大きな誤りだったようだ。時間軸に沿ってデータを並べ、いつ絶滅が起こり、その規模はどれほどだったのかを見てみると、大きな山がきわだって見え、何か「明らかに」特別なことが起こったと思えてしまうのも確かである。しかし同じ記録を違った形で表わせば、実際は大規模な出来事は何も特別なものでないことが分かる。べき乗則による見方をすると、大量絶滅は進化の仕組みのなかで例外的な出来事ではないことに気づく。大量絶滅は、はるかなたから振り下ろされた神の拳（こぶし）の跡などではなく、進化のもっともありふれた原理にもとづく必然の産物だったのである。

第9章　臨界状態へと自己組織化する生物ネットワーク

教養人の第一の義務は、百科辞典を書きなおす準備をしておくことである。

――ウンベルト・エーコ(1)

物事はできるだけ単純にすべきだが、しすぎてはならない。

――アルバート・アインシュタイン

一九七〇年代後半、イギリス南部の緑多い地方で、生態系に小規模の異変が起ころうとしていた。ウサギの大群が、何十万ヘクタールという肥沃（ひよく）な農地を荒地（あれち）に変えようとしていたのだ。幸いにもイギリス政府は、安全で簡単な生物学的解決法を準備していた。粘液（ねんえき）腫症（しゅしょう）ウイルスは、ほぼウサギの体内のみで繁殖する。このウイルスはウサギを殺すことはないが、感染した個体の活動を鈍らせ、その結果、繁殖の速度を遅くしたり、天敵に襲われやすくしたりする。粘液腫症ウィルスを導入することで、この地域の生態系のバランスにはほとんど悪い影響を与えずに、ウサギの個体数を操作できると、当局は考えた。もちろん実際には、物事はそんなに単純ではなかった。

その間に、粘液腫症ウィルスはそれから数年のうちに、数多くのウサギを死に追いやった。しかし家畜の価格が下落し、草原で家畜に草を食ませるのは、農民にとって魅力的なことではなくなっていった。草を食む家畜やウサギの数が減少したことで、イギリス南部の草原に生える草の丈が、それまでより高くなった。これはそんなに心配なことには思えない。しかし、クシケアリという名のアリは、丈の短い草のなかではよく繁殖するが、丈の長い草のなかではあまり繁殖できない。そのため、草原のなかでのこのアリの個体数は激減した。このアリは、アリオンゴマシジミという大型の青いチョウと奇妙な関係にある。このチョウが卵を産むと、アリがそれを巣に持ち帰り、その幼虫を孵化から成虫になるまで育てるのである。あいにくアリオンゴマシジミの個体数は、一九七〇年代後半にはすでに減少しており、アリの数が減少したことによって、そのチョウの数はさらに激減した。粘液腫症ウィルスの導入によって、草の丈が伸び、アリの数が減り、そしてイギリスから美しい青色のチョウが消えてしまったのだ。

生態系におけるこのような予測不可能な連鎖反応は、決して珍しいことではない。生態学者はしばしば、生態系の構造を探るために、実験的にある特定の種類の捕食者を取り除き、そのおもな被食者に与える影響を観察している。その結果はほぼ予測可能なものだと、あなたは思うかもしれない。捕食者がいなくなれば、被食者は増えるはずだ。しかし一九八八年、カナダのゲルフ大学のピーター・ヨッジスは、それとは逆の現象を発見した。[2] 彼は、一三種類の異なる生態系を研究していくなかで、生物種同士を間接的に結びつける過程は非常に数が多く複雑なので、ある捕食者を取り除いた影響は、その直接の被食者に関してもほとんど予測できないということを発見した。たとえば、ある種のネズミを食べる鳥を取り除くと、最終的にはネズミの数は、増えるのではなく、減るのかもしれない。もしその鳥が、ネズミの直接の競合相手をより好んで食べていたとしたら、鳥がいなくなることで、その競合相手はネズミよりも数を増やし、ネズミの集団は苦しめられることになるだろう。ある生物の数が変化すると、このような間接的な過程によって、まったく関係ないように見える種にもあらゆる思いがけない結果がもたらされるかもしれないのだ。[3]

より最近の広範囲にわたる研究でも、同様の結論が導き出されている。北米における繁殖鳥類の調査プロジェクトでは毎年、アメリカ合衆国とカナダに棲む六〇〇種以上の鳥の個体数を算出している。この調査は三〇年以上続けられており、これらの種の個体数の変動に関する貴重な詳細情報を提供している。一九九八年、カリフォルニア大学サンタバーバラ校の生態学者ティモシー・キートと、ボストン大学の物理学者ジーン・スタンレーは、このデータベースを用いて、それぞれの種の個体数がどれほどの速度で変化したかを年ごとに計算した。ある生物種の個体数は、ある年には一〇パーセント増加し、次の年には一五パーセント減少するかもしれない。キートとスタンレーは、グーテンベルクとリヒターが地震の規模に対して行なったのと同じことを、この個体数変化に対して行なってみた。つまり、記録を調べ、ある速度の変化がどれほど頻繁に起こったかを計算した。

さて、鳥の個体数の増加（あるいは減少）における典型的な速度は、どのくらいだったのだろうか？　意外なことに、そんなものはなかったのである。もっとも頻度が高かったのはまったく変化しないときだったが、増加も減少も、変化の程度が大きくなるにつれて次第に頻度が小さくなり、そのどちらもが同じべき乗則に従っていたのだ。キートとスタンレーは、「ここで考察されている種においては、個体数の変動について典型的な大きさというものは存在しない」という結論を下した。言い換えれば、次に起こることは、増減の方向だけでなく、その規模さえも予測不可能だということである。

これはもちろん、二つの相の間に留まっている物質に生じる臨界状態に見られたスケール不変性と、まったく同じものである。キートとスタンレーは、彼らの発見について述べるなかで、相転移の分野との直接のつながりを次のように指摘している。

非生物的システムにおいて、臨界点でスケール不変性が成り立つのは、ある粒子が近くのいくつかの粒子と直接相互作用し、それらがまた近くの粒子と相互作用し……、といったように相互作用が長距離を「伝播」していき、その結果として、べき乗則に従う分布が生じるからである。同様に、生態系のなかの生物種は、いくつかの他の種(すべてではない)と相互作用し、それらがまた他の種と相互作用し、といった形で相互作用を「伝播」させていく(4)。

もし生態系が臨界状態にあるとしたら、大激変の発生は起こりうるし、どこにおいてもスケール不変的な分布を見出せるはずだ。とすると、あなたはこのように考えるのではないだろうか。この事実は、前の章で見た大量絶滅におけるべき乗則と何か関係があるのだろうか? 大量絶滅は、生態系に内在する作用のみから生じうるものなのだろうか? これは魅力的な考えである。

しかしキートとスタンレーのデータは、生態系における連鎖的因果関係に関するものである。この連鎖は、互いに相互作用する種の個体数に影響を与え、生物の数を一世代か二世代で大きく変化させることもある。生物学者は、そのような速い生態的な変化と、もっとずっとゆっくり起こり、普通は何世代もの後に見えてくるような進化的な変化とを、区別している。進化は個体数だけでなく、生物の特徴をも変化させ、長いくちばしや、輝く羽根や、尾羽の斑点を作り出す。化石の記録はきわめて長い時間にわたっているので、生態系に内在する通常の作用から大量絶滅を説明するには、生態的な傾向ではなく進化的な傾向を探らなければならない。

もちろん、進化の働きが種を絶滅に導くことは十分可能だ。環境が変われば、適応できなくなる生物種が出てくるかもしれない。どの生物種も孤立していないので、ある生物種の絶滅が他の種の絶滅を引き起こし、それがまた別の絶滅を引き起こし、そして長距離にわたって「伝播」する激しい雪崩現象を起こすこともありうると考えられる。このような暴走的絶滅が大量絶滅と何か関係があるという証拠は、存在するのだろうか？　これから見ていくつもりだが、その答えは「イエス」である。何人もの科学者が、地球規模の生態系は、生態的だけでなく進化的な作用に関しても臨界状態に調整されており、たった一つの生物種の絶滅が、ときには生態系全体にわたる大異変を引き起こすこともありうると、考えるようになってきた。

山々をさまよう

スチュアート・カウフマンは、医者としての教育を受け、物理学者のように思考し、そして生物学の分野で研究している。彼は、新たなたんぱく質の構造や新たな遺伝子の配列を決定するといった小さな問題ではなく、もっと大きな問題に取り組んでいる。一九八〇年代半ば、フィラデルフィアのペンシルベニア大学にいたカウフマンは、地球上の生命の起源に関する画期的な説を発表した。それまで、どんな理論的な推測からも、生命の誕生はとてつもなく起こりにくい出来事だとされてきた。数十億年前の原始の混合物のなかに、何らかのきっかけで、自己増殖できる分子の集合体が初めて現われた。ひとたび「複製する存在間の生存格差」としての進化の機構が働きだしてしまえば、それはその先もずっと働きつづける。しかし、それは初めにどのようにして働きだしたのか？　どの見積もりからも、そのためには宇宙開闢以来の時間があっても足りないとされてきた。

カウフマンは、初期地球における様々な種類の分子の間に働く相互作用を真似て、単純な数学的ゲームを作り、そして興味深い発見をした。いくつかの分子は触媒として働く。つまり、それらの分子は、他の分子の間の化学反応を加速させるということだ。たとえば、分子Aは、分子Bと分子Cが結合して分子Dが生成する反応を大きく加速させる。カウフマンは、反応する分子からなるランダムなネットワークについて調べた。もしそのような分子の種類が少ないと、この混合物には何も特別なことは起きない。しかしその種類を増やしていくと、そのネットワークのなかに、彼が自己触媒集合と呼ぶものが現われてくることを、カウフマンは発見した。これは、自分で自分の体を持ち上げるような分子の集合のことである。分子Aが分子Dの生成反応を触媒し、分子Dが分子EやFの生成を触媒し、そしてこれらが分子Cや分子Gの生成を触媒して……と続き、最後にずっと先の方で、分子Yや分子Zが、分子Aと分子Bの生成を触媒する。こうして連鎖が完結する。このように、すべての分子の生成が他の分子に触媒されるのである。

分子の集合体にこのような正のフィードバックの環が生じると、自己触媒集合に含まれるすべての分子の濃度が上昇しはじめる。カウフマンが発見した驚くべきこととは、混合物のなかの分子の種類が十分に多くなると、そのような環がほぼ確実に発生するということだ。しかもそのために必要な分子の種類は、そんなに多くはない。前に見た磁石と同様に、分子の混合物の振る舞いは、分子の種類が増えるとともに、退屈なものから魅力的なものへとひとりでに相転移するのである。この相転移こそが、生命の誕生は稀なことではなく、むしろ不可避なものだという、まったく新しい理論のかなめとなっている。

カウフマンは、このような考え方のもつ大きな力に触発され、関心の対象を生命の起源から、生命が誕生した後の過程、すなわち生態系の複雑な仕組みのなかで起こる進化へと移した。もちろんこの問題はきわめて複雑である。生物種の進化する環境は、決して一定ではないからだ。種同士は、食い食われ、縄張り争いをし、協調行動をとるなどして相互作用し、一つの種が進化すると、それが他の種の進化における条件を変化させる。進化生物学者は、このような問題を明らかにするために、もっぱら「地形」について考えを巡らせている。といっても本当の地形ではなく、「適応度地形」と呼ばれる起伏に富んだ数学的な曲面についてである。このような曲面は、進化の性質についてこれまでなされてきた説得力のある議論の大半に、直接間接を問わず顔を出してきた。そしてカウフマンの議論

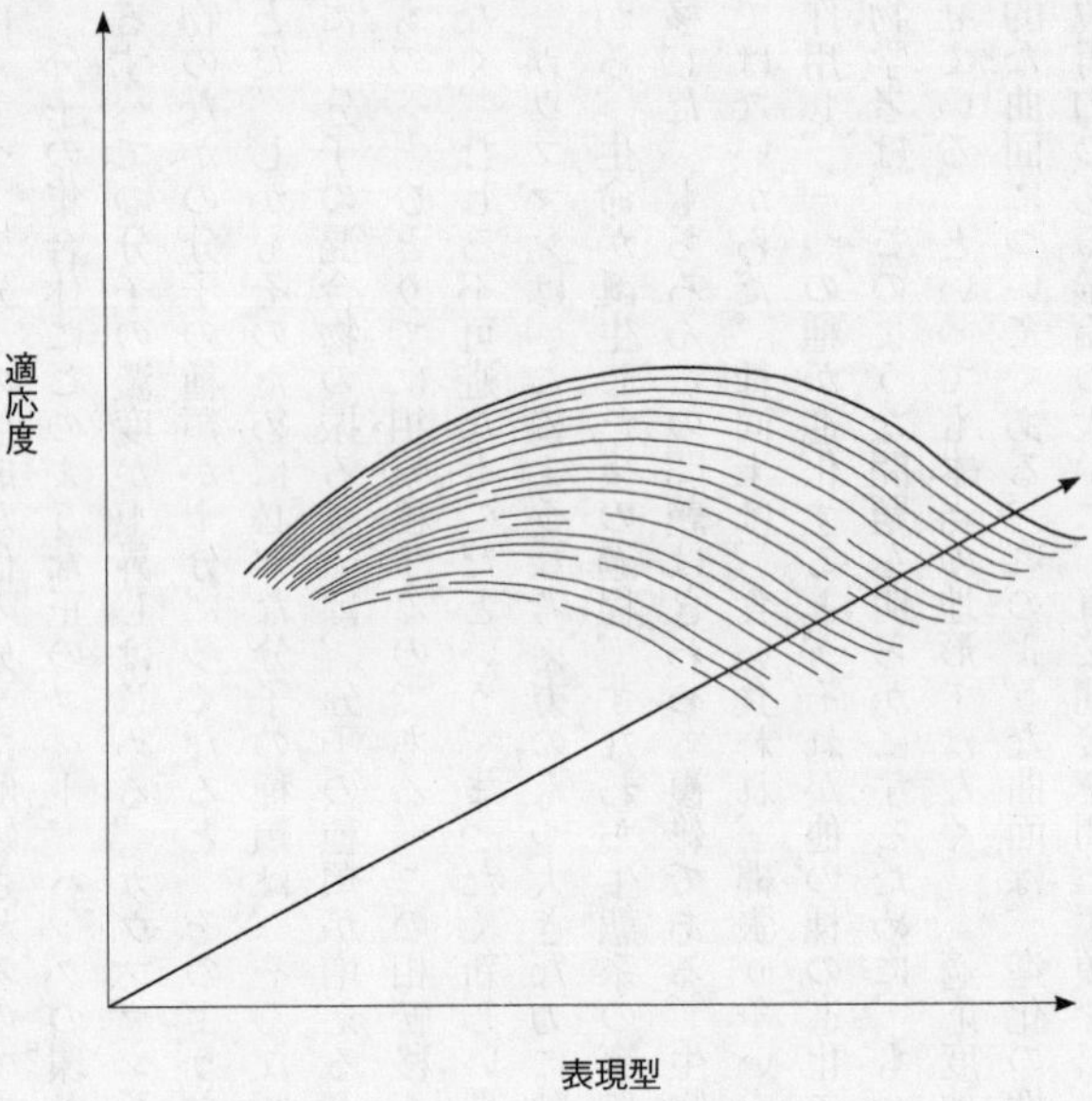

図13　山を一つもつ適応度地形。

も例外ではなかった。
進化は、変異、選択、複製という三つの作用によって達成される。たとえば、どんなウサギの集団のなかにも、他の個体より視力がよく、あるいは足が速く、あるいは頭の回転が速い個体がいる。これが変異である。これら適応力の強いウサギは、弱いウサギよりも長生きし、より多くの子孫を残す傾向がある。これが選択である。そして親は自分たちの遺伝子のコピーを子供に渡すので、次の世代にはほぼ確実に前の世代よりも、より適応したウサギの割合が増えることになる。これが複製である。その結果、集団全体の適応力はゆっくりと上昇することになる。

適応度地形という概念を用いると、このような変化をもっと正確に視覚化できる。生物学の用語では、生物の色、速さ、強さ、知性などを、表現型と呼んでいる。表現型は適応度を決定する。今、各点がそれぞれ異なる表現型に対応している二次元の平面を考え、ある表現型をもつ個体の適応度をその点の高さとして表わし、平面の上に起伏のある地形を作ったとしてみよう（図13）。表現型が変われば、その地点の高さも変化する。これが適応度地形である。

このような地形を用いて考えると、進化とは、集団が山を登っていくことにほかならない。適応できていないウサギたちを表わす点は、適応度の谷のなかで集合を作っている。あるものは食べられ、あるものは繁殖し、そして一世代進むと、ウサギを表わす点の集合は新しいものになる。世代が進むにつれて点の集合は入れ替わっていき、その各段階で、遺伝子の組替えとランダムな突然変異によって、いくつかの点が少し高い位置に進むことになる。これらのより適応度の高い個体はより多くの子孫を残せるので、この集合は頂上を目指して山を登っていくことになる。

ここまで私は、適応度地形の形状は問題にしている生物のみに依存しているかのように述べてきた。しかしもちろんその形状は、気候条件や、その生物と相互作用する木や鳥や細菌など、他のあらゆる種の特徴にも左右される。あるカエルの集団が、適応度地形のなかで山の頂上に位置しているとしよう。しかしこの地域に突然、カエルを食べるヘビが現われたとすると、カエルの適応度地形は変化し、彼らはいつのまにか適応度の低い谷に落ちていることになるかもしれない。多くのカエルがヘビの餌となってしまうだろう。しかし、この集団は進化して擬態の方法を発達させ、違った適応度の山頂に向かっていくはずだ。

したがってある生物種の進化的変化は、種のあいだの相互作用を通して、他の種の進化的変化を引き起こすことがある。カウフマンは、このような理論的な可能性から見て、そういった共進化が何か面白い効果を及ぼすのではないかと考えた。残念ながら、生態系はあまりにも複雑に入り組んでいるので、実際の生態系における生物種の適応度地形の形については、ほとんど分かっていない。しかし前の章で我々は、鉄磁石の働きを理解するために、実際の磁石を研究するのではなく、その代わりに非常に単純化したモデルを観察したという例を見た。普遍性のおかげでこのようなゲームは、二つの相の間の臨界点における実際の磁石の振る舞い方を、驚くほど正確に描き出してくれた。

カウフマンは仲間のソンク・ジョンセンとともに、共進化に対しても同様の攻め方をしていこうと決めた。

デジタル生物

物事を単純にするために彼らは、生物種を0と1の数字の列で表わし、これら生物種の集団の適応度地形と、その上での位置を追跡するためのプログラムを作った。各生物種の適応度地形は、現実の適応度地形におけるいくつかの典型的な特徴を反映するように決められた。特に、たくさんの山と谷が存在するようなものが選ばれた。カウフマンとジョンセンはまた、できるだけ単純な方法で種同士が相互作用するようにして、一つの種の進化的変化が他の種の適応度地形を変化させられるようにした。たとえ現実の細部がほとんど省略されようとも、共進化の中核をなす論理は正しく取りこまれているようにプログラムを整えた。そして彼らはコンピュータを走らせた。

初めのうちは、彼らの作った生態系には大して興味深いことは起こらなかった。すべての種は進化して適応度の山に到達したが、それだけだった。それ以上何も変わることはなかったのだ。このゲームは退屈なものであった。しかしこのゲームをいじっていくにつれて、カウフマンとジョンセンは、この生態系を調節すると(特に地形の起伏の激しさを)、その進化をずっと活発で激しいものにできることに気がついた。彼らは、各生物種の適応度地形が適度な起伏をもっており、さらに一つの種が他の種の適応度地形に及ぼす影響が適切であれば、この生態系はちょうど砂山ゲームのように振る舞うことを発見した。一つの種の進化的変化によって、二、三の種からほとんどすべての種にまで至る、あらゆる規模の共進化の雪崩が引き起こされたのである。(5)

実際彼らは何度もゲームを走らせていくなかで、雪崩の分布が、巻きこまれる生物種の数に対するべき乗則の形に従うことを発見した。このカウフマン＝ジョンセンの生態系においては、少なくとも適切に調整されていれば、発生する出来事の典型的な規模というものは存在しない。一つの種が進化したとき、それは孤立した出来事で終わるかもしれないし、あるいは無数の種のドミノ倒しを引き起こすかもしれない。さらに、この生態系ゲームにおける進化の記録は、長い平穏な時期の後に突発的な激しい活動が起きるという、大量絶滅の記録とそっくりだった。フェルミが反応炉を調節したように、カウフマンとジョンセンは、彼らの作った生態系を臨界点へと調節したのだ。

確かにこのゲームは、実際の生物の世界における共進化を大幅に単純化してとらえたものではある。そうではあるが、普遍性の原理によれば、臨界状態へと組織化されたものは、ほとんどの詳細にはまったく左右されない。一九九三年、当時コペンハーゲンのニールス・ボーア研究所にいたバクとキム・スネッペンは、共進化に対するさらに単純なゲームもほぼ正確に同じ結果を導くことを見出し、その点を確証することとなった。彼らのゲームは、おそらく共進化に対するもっとも基本的なゲームになっているので、それを少し詳しく見ていくことは重要であろう。このゲームがどこから現われてきたのかを見るには、適応度地形の進化の性質についてもう少し考える必要がある。山を登るというだけでは、話はまだ途中だ。

実際の適応度地形は、ほとんどある程度の起伏をもっており、そこでは様々な高さの山が谷の間に点在している。そして適応度地形は、どこも似たような形をしている。そのため、山に登っている集団が地形全体のなかでもっとも高い山に登る道を見つけられる可能性は、低いはずだ。集団はほとんどの場合、地図をもたずに起伏の激しい山脈に登る登山者のように、膨大な数の小さな山のなかの一つに向かって登っていき、その頂上にとらえられてしまうことになる。そしてそこからは、近くにあるより高い山に移動しなければ、さらに高い位置に行くことはできない。そのように生物種がより高い山に移動するには、どのくらい時間がかかるのだろうか？

実際に移動するには、集団のなかのいくつかの個体が、山と山との間にある適応度の低い死の谷を横切る必要がある。集団は各世代ごとに、いくつかの新たな変種を谷に向かって送りこんでいる。それらの変種の家系は、適応度が低いために、たいていは一、二世代しか生きられない。しかし稀に、四世代や七世代、あるいは一〇世代にもわたって生き長らえるかもしれない。ごくごく稀に、各世代で起こる遺伝的な偶然が重なって、一連の変種が谷を渡り、その子孫が近くのもう一つの山にある約束の地に到達するかもしれない。そしてこの子孫とその子供たちは、繁殖と適応によって集団をより高い場所へと導くこと

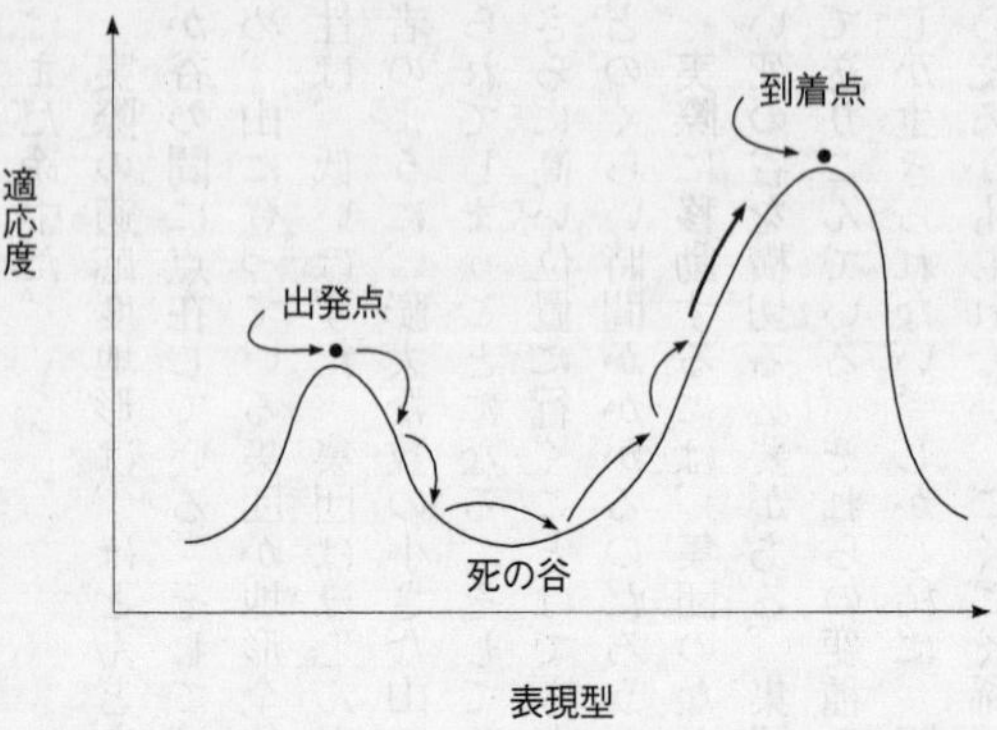

図14　ある適応度の山に留まっていた集団が他の山に乗り移るには、その間にある低い適応度の谷を通って変異していかなければならない。

になる（図14）。進化論によれば、このような山と山との間の移動に要する時間は、山と山との距離が遠くなるにつれて急激に長くなるということが予測されている[6]。

言い換えると、ある生物種が移ろうとしている山が近い位置にあれば、そこには適当な時間内に移れるということだ。しかし山が遠くにあれば、それはあきらめるしかない。その生物種は、永遠に今の場所に留まりつづけることになる。バクとスネッペンは、この着想をうまく広げていった。彼らは、各生物種は山に登った後その頂上に留まり、そこからより高い山に移動することをまわりの谷が邪魔しているととらえた。その谷の幅は、その種がさらに進化するのがどれほど難しいのか、そしてそれにはどのくらいの時間がかかるのかを決定する。この谷を渡りきらなければ何も起こらないので、各生物種にとって、この谷の幅がどのくらいの広さなのかが、きわめて重要である。そこでバクとスネッペンは、この谷の幅にのみ注目し、他のことはすべて無視した。

棒と楔（くさび）

彼らの目を通して見た生態系の状態を図で表わすために、それぞれの生物種が飛び越えようとしている谷の幅と等しい長さの棒が一列に並んでいるとしよう。バクとスネッペンは、これらの棒の長さを〇から一の間であると仮定して、さらに現実感を取りのぞいた。この生態系は、二つの規則によって進化する。山と山との間隔が短い方が移動できる可能性はずっと高くなるので、初めに移動に成功する種はほぼ間違いなく、もっとも短い谷に面している種であろう。この種は移動した後、新たな頂上にたどり着き、そして新たな谷に面することになる。この谷は、前のものより広いかもしれないし、狭いかもしれない。それは誰にも分からない。そこで規則その一は、「もっとも短い棒を探し、それを〇から一の間のランダムな長さの新たな棒に置き換えよ」となる（図15）。この規則は、種が自らでどのように進化するかを表わしている。

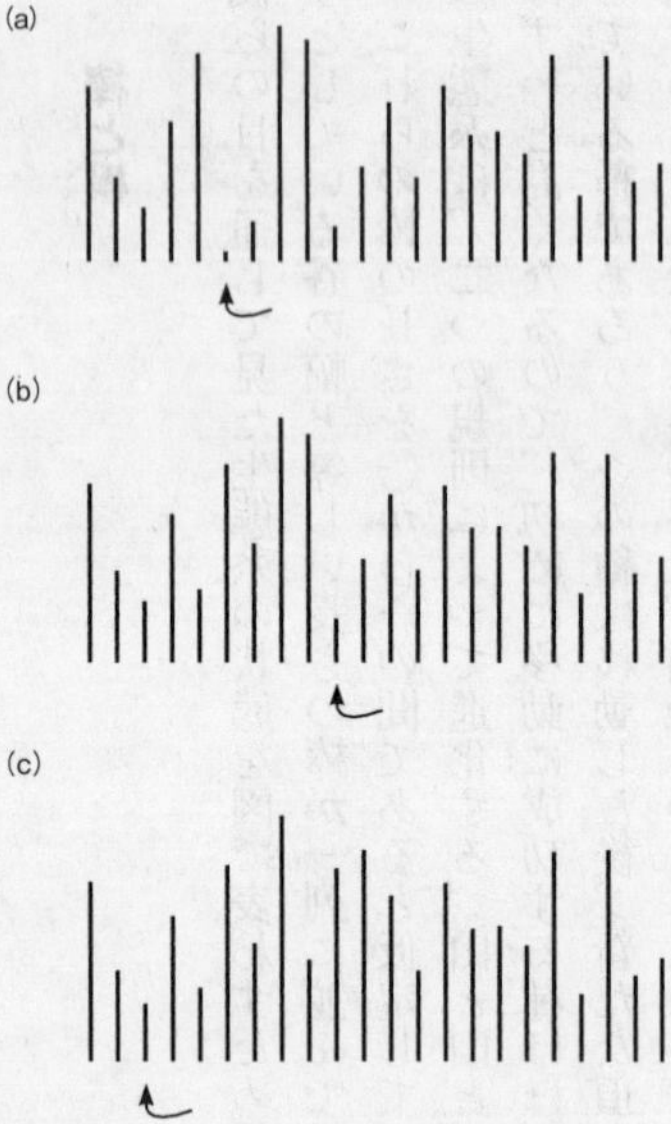

図15　バク ＝ スネッペンのゲームの規則。初期状態（a）から始め、一番短い棒（矢印で記したもの）とその両隣にある二つの棒を、ランダムな長さの新しい棒と置き換える。進化の各段階（b,c）において、もっとも短い棒は新しい棒に置き換えられて長くなっていき、その結果、すべての棒の長さが徐々に長くなっていく。

共進化の本質は、種同士が相互作用するということである。バクとスネッペンは単純に、それぞれの種は、隣の二つの種と相互作用すると仮定した。一つの種が進化すると、隣の種の適応度地形が影響を受ける。それまで山の頂上にいた種が、突然頂上から離れた所に置かれ、そこから急速に進化して新たな山に到達する。そして新たな谷に面することになる。そこで規則その二は、「もっとも短い棒を新たな棒に置き換えたら、その左右の棒もランダムな長さの新たな棒に置き換えよ」となる。このゲームを始めるにはまず、長い棒や短い棒をランダムに並べて、ある状態の生態系を表わすようにする。そしてそこから二つの規則を繰り返し当てはめていく。何が起こるだろうか？

初めは短い棒がたくさんある。しかし各段階で一番短い棒とその他の二つの棒が置き換えられるので、平均的な棒の長さは増加していく。そして最終的に、すべての棒が三分の二以上の長さになる。この時点で、すべての種が幅の広い谷に面することになり、この生態系は比較的安定した状態に達する。そしてこの生態系は、次の大きな進化的変化まで長い時間待つことになる。しかしこの生態系のどこかには、必ず一番短い棒がある。十分長い時間待てば、その棒に対応する種はまた新たな山へと移動するだろう。

この進化的変化によって、一つの種とその隣の二つの種に対応する棒が、ランダムな長さの新たな棒に置き換えられる。この新しい三つの棒はかなり長いものかもしれない。その場合はこの生態系は、再び安定な状態に固定される。しかし三つの棒のうち一つが三分

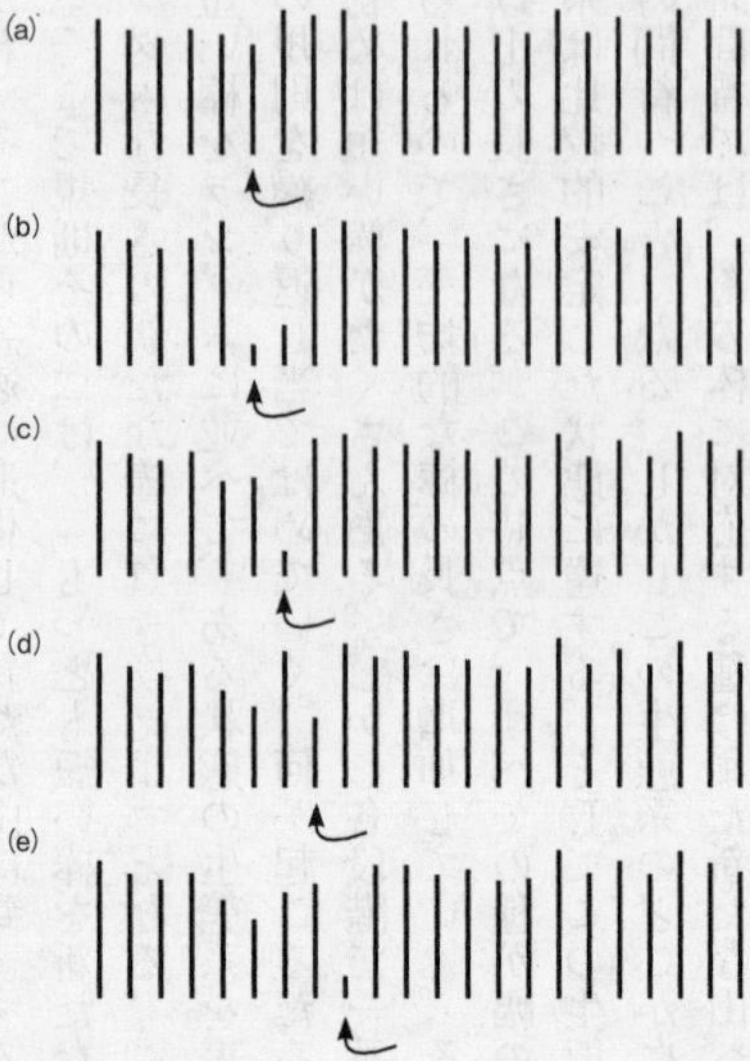

図16　バク ＝ スネッペンのゲームに起こる雪崩。変化が落ち着き、すべての棒が約３分の２以上の長さになると、この生態系は臨界状態に留まる。この状態では、もっとも短い棒が置き換わることによって、生態系全体にまで広がるような雪崩的な棒の置き換えが、かなりの確率で引き起こされる。

の二よりもずっと短いという可能性は、少なからずある（図16）。もしそうなると、この棒に対応する種は幅の狭い谷に面することになり、再び非常にすばやく、その谷を移動することになるだろう。こうして進化の雪崩が生態系全体を襲い、そして最終的には偶然に、すべての棒がもう一度、三分の二以上の長さに戻ることになる。この時点で雪崩は止まり、すべての種が再び幅広い谷に面し、次の爆発的活動までまた長い時間待つことになる。

したがって、このバク＝スネッペンの生態系が進化の結果たどり着く状態は、すべての種がさらなる進化への大きな壁に直面しているような状態である。この状態では、一つの種が一段階進化しただけで他の種の置かれた状況が不安定になり、その結果生態系の大部分に広がるような急速な進化の連鎖反応が引き起こされるかもしれない。カウフマン＝ジョンセンのゲームは、これよりもっと複雑で分かりにくいものだが、基本的に同じ特徴をもっている。どちらのゲームも、生態系における通常の進化の作用は、明確な原因をまったく伴わずに劇的な大変動を必然的に導く、ということを示唆している。これが大量絶滅の真の原因なのだろうか？

当然ながら生物学者たちは、様々な理由からこれらのゲームを批判した。[7] 実際これらのゲームでは、生物学的現実を非常に単純化している。前に見たように、普遍性の原理から考えれば、この単純化はモデルの妥当性を疑う理由にはならない。[8] しかしどちらのゲームにも、真に問題となる欠点がある。たとえば先ほどの議論を見れば、どちらのモデルにおいても、「絶滅」という言葉がまったく使われていないことに気がつくだろう。実際これらのモデルは、絶滅のない場合の共進化を表わすものなのだ。一つの種がある山から次の山に移動するとき、その種が絶滅することはない。ただ表現型を変えるだけだ。この場合の雪崩は、進化的活動における雪崩にすぎないのである。

しかし、進化的大激変の過程で何百という種が新たな山に適応せざるをえなくなれば、そのうちいくつかの種はうまく適応できずに絶滅することになると考えるのは、もっともなことである。大激変が一〇〇〇や一万の種を巻き込めば、それに対応してたくさんの種が絶滅するだろう。これは、進化的雪崩と同様に、絶滅に関してもべき乗則が成り立つことを示しているのかもしれない。水も漏らさぬ議論とは言いがたいが、おそらく妥当な議論ではあろう。全体的にはこれらのゲームは、地球規模の生態系が臨界状態に留まっていることを示唆し、そして大量絶滅は、通常の進化によって、稀ではあるが必ず起こる自然な結果にすぎないということを暗示している（あくまでも暗示しているにすぎないが）。そしてどちらのゲームも、この問題に対する最初の挑戦として試されたものにすぎない。

進化的思考

前の章で私は、生物学者フランシス・クリックが個人的経験から述べた、「ほとんどの数学者は頭を使うことに関して無精である」という言葉を引用した。[9] クリックは、バクやスネッペンや、あるいは棒でできた単純な生態系から何か意味のあることを引き出そうとした人たちに対しても、同じようなことを言っただろうと私は思う。そして再びクリックは、「現実」の科学というものが、何を含み、何を含まないのかという点について、かなり極端な見方をしたのではないだろうか。

クリックと哲学者ダニエル・デネットはかつて、科学における理論的な単純化、とりわけ脳の働きをモデル化しようとする試みの価値について議論をかわした。現代におけるそのような取り組みの一つとして、ニューラルネットワークを基礎としたものがある。ニューラルネットワークとは、実際のニューロンのように、ネットワーク内の他のニューロンに刺激を受けると活性化するような、「数学上のニューロン」から構成されたネットワークのことである。このようなモデルのなかのニューロンは、実際のニューロンとの共通点を、他にはほとんどもっていない。それは理論家のためのニューロンであり、それが単純なゆえに理論家たちは、互いに相互作用するニューロンのネットワークの性質を調べることができる。それは、個々のニューロンがもっとずっと複雑だったら、決して調べられないものである。クリックはこのような方法論に真っ向から異議を唱えた。デネットによれば、彼は次のように言った。「この人たちは、技術者としてはなかなかかもしれない。しかし彼らがやっている科学はひどいものだ！　この人たちは、ニューロンの相互作用についてすでに知られている事柄に対し、意図的に背を向けている。したがって彼らのモデルは、脳の機能のモデルとしてはまったく役に立たない」[10]。

私は、長い間このような態度にこだわりつづける生物学者や物理学者や科学者は、そう多くないと思う。ニュートンは、もし地球に関するあらゆる詳細——質量をもつ物体は重力に影響を受けるという一点を除いて——を無視しなかったとしたら、太陽のまわりを回る地球の運動について決して理解できなかったであろう。彼は、地球には核やマントルがあるということや、あるいは、潮汐力によって海の水が毎日地球上を行ったり来たりするということは、気に留めなかった。厳密に言えば、地球上のあらゆる木の正確な位置と質量をも計算に入れなければならないが、そのことも彼は気にしなかった。ニュートンは、これらはどれも大きな違いは与えないと仮定した。そして彼は正しかった[11]。海の水の動きでさえ、一年の長さを一分たりとも変化させることはなかったのである。

したがって、カウフマン＝ジョンセンのゲームやバク＝スネッペンのゲームにおける本当の問題は、それらが細部を無視しすぎていないか、そしてもしそうだとしたら、どの程度無視しすぎているのかということになる。それを確かめるには、いくつかの細部をもとに戻し、結果が本質的に変化するかどうかを見ればよい。その結果、これらのゲームはおそらく少しだけ細部を省きすぎているということが分かった。これらは、進化に関して自己相似性が成り立つということを、共進化の雪崩における乗則という形で示している。

これ自体はもちろんすばらしい成果ではあるが、こうしたべき乗則に現われる正確な数値は、現実とはあまり合わないのである。たとえば、バク＝スネッペンのゲームでは、絶滅の規模が二倍になるとその頻度は約二・一四分の一になるが、化石記録はその値が四分の一であることを示している。カウフマン＝ジョンセンのゲームにおける正確な値も、同様の問題を抱えている。したがって、これらのゲームは、確かに臨界状態の存在や生態系の感受性を示してはいるが、その詳細に関しては完全には正しくないことになる。

現在のところ、どの細部を元に戻すべきかについて科学者たちの間で意見は一致していないが、ある注目すべき可能性が、マサチューセッツ工科大学のルイス・アマラルとボストン大学のマーティン・メイヤーの二人の物理学者の研究から浮かび上がってきた。バク＝スネッペンの生態系は、すべての種が同じ立場に立っており捕食者と被食者の区別がないという、変わった特徴をもっていた。もちろん、実際の生態系には階層が存在している。食物連鎖があり、その頂点に立つ種もあれば、底辺に位置する種もある。一九九九年、アマラルとメイヤーは、食物連鎖の存在にもっと注意を払った単純なゲームを考案した。彼らのゲームは、決してバクとスネッペンのゲームよりもずっと複雑だというわけではないが、それでもべき乗則における正確な数値を正しく導き出した。つまり、食物連鎖の存在が、考慮すべき重要な条件であるということを示唆している。

彼らのゲームのなかの生態系には、最上位の捕食者から底辺の被食者までの、六つの階

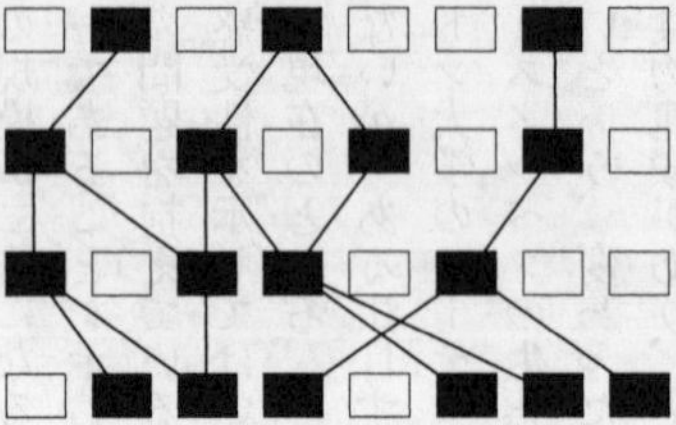

図17　アマラル＝メイヤーの食物連鎖。ある層の各生物種は、すぐ下の層の一つ以上の種を餌とする。下の方の層で起こった絶滅は、連鎖の上の方でさらなる絶滅の雪崩を引き起こしうる。

層がある。各階層には一〇〇〇のニッチ、すなわち種によって占められるにふさわしい生態的地位がある。ある階層にいる種はそれぞれ、その下の階層にいるいくつかの種を餌にすると仮定する。アマラルとメイヤーは、最下層の一部に何種類かの生物種を置き、次のいくつかの規則に従ってそれらを進化させていった。各ステップにおいて、それぞれの種が新たな種を生む確率が少しあり、その新たな種は同じ階層かその上下の階層のなかの空いているニッチを占める。こうして最下層の種は、最終的に食物連鎖全体に広がっていく。新たな種に対しては、餌とする種がいくつか、その下の階層から自動的に割り当てられる（図17）。また各ステップで、わずかな割合の最下層の種が絶滅する。これらの個々の絶滅は、気候の変化や、捕食者による過剰な摂食などによって起こったと考えることができる。しかしその原因は重要ではない。生物学者たちは、単独の絶滅があらゆる原因で起こりうることを知っている。このアマラル＝メイヤーのゲームで重要なのは、その次に何が起こるかということである。最下層にいた一つの種が絶滅すると、その上の階層にいる種に影響が及ぶ。これらの種のなかには、今まで餌にしてきたすべての種が消えてしまったものもいるかもしれない。その場合、この第二層の種もまた絶滅することになる。するとさらに上の層にも、すべての餌が絶滅してしまった種が出るかもしれないので、こうした影響は食物連鎖の階段を昇っていくことになる。

結局このゲームでは、食物連鎖のネットワークがランダムに埋まっていき、常に最下層のいくつかの種が絶滅し、そしてその絶滅の影響が上の方に広がっていく。この当たり前の過程がもたらす結果は、驚くべきものである。この食物連鎖のネットワークは自らを臨界状態へと組織化し、最下層に近いたった一つの目立たない種が絶滅することによって、あらゆる規模の絶滅の雪崩が引き起こされうるようになる。そしてもっとも印象的なのは、絶滅の規模が二倍になると、その頻度は四分の一になるということである。実際の化石記録とぴったり一致するのだ。

したがって、大量絶滅の裏には、生態系に内在する何らかの通常の作用が働いており、臨界状態への組織化が、生態系の中心的性質であるのだと考えられる。この性質は、短期的な生態系の力学だけでなく、長期的な進化的振る舞いの背後にもあり、そしてそれは、化石記録に見られる奇妙なパターンを生じさせる。様々な絶滅が一見、大量絶滅と目立たない絶滅とに分けられるように見えるのは、おそらく錯覚なのであろう。

しかし問題は残っている。『ニュー・サイエンティスト』誌に論文を発表したある学者は以前、次のように言った。「私はいまだに、どんなに複雑な問題でも、それを正しくとらえたときにそれ以上複雑にはならなかったという場面に出くわしたことはない[12]」。彼は自分の指摘を、大量絶滅を例にあげて説明できたかもしれない。

外なる力、再び現わる

地球規模の生態系は臨界状態に留まっており激しい変動を受けやすいという考え方は、概念的には明快であり、化石記録をよく説明するものではある。しかし、大量絶滅の由来に関する議論の現状を読者に公平に示すには、これとはかなり異なる結論を導く、もう一つの興味深い理論的ゲームについても触れなければならない。

一九九五年、コーネル大学の物理学者マーク・ニューマンは、種同士が互いにまったく相互作用しないような、単純な絶滅ゲームを考案した[13]。つまりこのゲームでは、生態系の内部的力学はまったく考慮されておらず、あらゆる絶滅の真の原因は、生態系の外部からの衝撃だけであると仮定している。前の章で見たように、ほとんどの古生物学者は、気候の変化や小惑星の衝突といった外部からの衝撃が、大量絶滅の真犯人であると考えている。

ニューマンのモデルは、この古い説にしばし光を当てたのだ。

ニューマンは、バクとスネッペンにならって、外部衝撃による絶滅の論理を、もっとも基本的な形へと還元した。彼のゲームでは、すべての種はある数値の生存力をもっている。これは、外部衝撃に直面したときに生き残る能力を、〇から一のあいだの数で表わしたものである。再び、一列に並んだ棒を使って表わすことにしよう。ニューマンは、一連の衝撃が地球を襲い、そのそれぞれがすべての種に、〇から一までのランダムな値の圧力を与えると仮定した。そしてその各圧力の値を物差しにして、一列に並んだ棒の長さを測っていく。物差しに比べて高さの足りない棒はすべて取り去られ、代わりにそこに、〇から一までのランダムな長さの新たな棒が置かれる。これらの棒は、通常の進化の過程で空いたニッチに納まる新たな種を表わしている。

このように生態系が常に間引きされることによって、生存力の低い種のほとんどは絶滅し、そのため棒の長さは長くなっていく。ニューマンはまた、生存力の高い種（間引きされなかった長い棒に対応する）のごく一部が、衝撃と衝撃との間の期間に生存力を変化させると仮定した。その理由は単純だ。それぞれの種は、氷河時代や、小惑星の衝突や、火山の爆発に備えて進化するのではなく、その時々の環境条件に適応して進化する。そのように適応したからといって、外部的な大変動に直面したときに、必ずその種がより高い生存力をもっていると考えることはできない。したがって、衝撃と衝撃との間に進化が起こると、その種の生存力はランダムに変化し、少し大きく、あるいは小さくなる。ニューマンは、生き残った棒の一部をランダムな長さの新たな棒と置き換えることで、この効果を導入した。

このゲームはこれだけである。一連のランダムな長さの棒から始め、この規則に従って進めていく。このゲームにおいて調節できるのは、生態系を襲う衝撃の規模だけである。衝撃はランダムに起こるが、大規模な衝撃や小規模な衝撃が起こる割合は好きなように選ぶことができる。たとえば、ほとんどの衝撃が一に近い値の圧力を与え、〇に近い値の圧力を与えるのはわずかであるというふうにもできるし、その逆にすることもできる。注目すべきは、このゲームの振る舞いが普遍性と非常に似た性質を示したということである。衝撃の分布をどのように選んでも、このゲームは同じ振る舞いを示したのだ。この系は、次の圧力が加えられたときの結果が予測不能なものになるように、自らを組織化したのである。わずかな種が絶滅するだけかもしれないし、ほとんどすべての種が絶滅するかもしれない。そして実際このゲームは、絶滅の規模の分布に関して、化石記録と非常によく一致するようなべき乗則を示したのである。

この単純なゲームで非常に重要なのは、衝撃の分布に関するどれほど細かな特徴までが、絶滅の記録に影響を与えるかを示している点である。気候の変化や火山の爆発や小惑星の衝突が世界中の生物集団に影響を与えるのは、ほぼ間違いない。しかし、そのような衝撃が正確にはどのような結果を及ぼすのか、そしてどれほどの頻度で、どれほどの激しさで地球を襲うのかといったことに関しては、ほとんど知られていない。地球上の生命の長期的な成りゆきを知るのは、あきらめなければならないのかもしれない。しかしニューマンの研究によれば、実際に地球を襲った衝撃についてほとんど知らなくても、その長期的な影響を見積もることができる。何も知らないところから、何かを知ることができるのだ。

大量絶滅に関しては、あらゆることが様々な混乱をもたらしている。ニューマンのゲームを考慮すると、大量絶滅が外部からの衝撃で引き起こされたのか、あるいは内部の衝撃で引き起こされたのかを、確実に知ることはできないということになる。現在この分野で行なわれている研究の目的の一つは、これらのゲームについてさらに調べ、それらのわずかな数学的特徴の違いを化石の記録のなかに発見できるかどうかを見極め、この問題に片をつけることである。確かにニューマンのゲームを考えると、大量絶滅に関して大胆な最終的結論を下すのは時期尚早かもしれない。しかしこのゲームは、我々により重要な事柄を教えてくれている。

我々はこれまで、実際たくさんの物事が臨界状態へ組織化されるということを見てきた。しかし、自己組織的臨界という概念にこだわるよりもはるかに多くのことを、非平衡物理学のなかから得ることができる。専門的に言うと、ニューマンのゲームはみずから臨界状態へと組織化することはないが、それでもこのゲームは、べき乗則やフラクタル構造を導き、そして、まったく通常のありふれた衝撃がそれとは大きくかけ離れた大激変を引き起こしうるような、激しい過敏性をもっている。さらにこの過敏性は、臨界状態の場合と同様に、非常に幅広い条件の下で自然に発生してくる。これらの普遍的な性質は、平衡状態から離れ、歴史が重要な役割を果たしている物事に、繰り返し現われてくるものなのだ。

そしてこういった考え方は、新たな科学、すなわち歴史科学という概念にかなった新たな理論科学を可能にするものである。地球科学や生物学では、こういった考え方はすでに受け入れられている。しかし歴史学ははるかに幅広く、ほぼあらゆる人間活動と関係している。いまや我々は、これまで得てきた理論的道具を使って、人間世界の性質について何が言えるのかを考えはじめられるようになった。残念ながら、社会的変化を正確な数値で表わすのは簡単なことではない。政治革命や新たな流行は我々すべての者に影響を与えるが、それを磁石の中の揺らぎや地殻の振動と同様に正確に測定するのは、簡単なことではない。

そこでまず、金融市場について見ていくのがいいだろう。株価や債券価格は何十年にもわたって秒単位で記録されてきたので、そこには膨大な量のデータが蓄積されている。そして我々は、第1章で提起した問題へと立ち返ることになる。地震や、大量絶滅や、株式市場の大暴落は、どういう意味で同じたぐいの現象だと言えるのだろうか？

第10章　なぜ金融市場は暴落するのか――人間社会もべき乗則に従う

毎年、理論経済学者たちは、何十という数学モデルを作り、その形式的な性質を詳細にわたり調べている。そして計量経済学者たちは、ありとあらゆる形の関数を本質的に同じデータに当てはめている。しかしどんな形にせよ、現実の経済システムの構造や作用を体系的に理解するという点では、まったく進歩していない。

――ワシリー・レオンチェフ(1)

ゾーバーマンの法則――経済が悪くなるほど、経済学者は儲(もう)かる。

――アルフレッド・ゾーバーマン(2)

経済学者たちが内輪で言っている冗談がある。「経済学者とは、経済について誤った推測をして金儲けをする専門家だ」。また別の冗談としては、「経済学者は、ここ五回の不況のうち九回全部を予測した」。どちらも真実ではないが、それでも愉快なものではないはずだ。一九九五年、独立系の経済コンサルタント会社ロンドン・エコノミクスは、大蔵省、国立研究所、ロンドン・ビジネス・スクールなど、イギリスの上位三〇の経済予測団体によってなされた、近年の経済予測の星取表を比較した。ロンドン・ビジネス・スクールのジョン・ケイは、その結果を『フィナンシャル・タイムズ』紙に紹介した。

昔からの冗談として、経済の将来に対する意見は経済学者の数だけあると言われている。しかし現実は逆である。経済予測家はみな、同じときに同じことを言っている。その一致は驚くほどである。予測同士の不一致は、予測と実際起こったこととのあいだの不一致に比べたら、ささいなものである。予測はほぼ必ず外れてきた。一九八〇年代の消費景気の力強さと回復力、一九九〇年代の不況の深刻さと長さ、あるいは一九九一年からの長引く物価の下落といった、ここ七年間の経済における重要な進展の予測に、経済学者たちはすべてそろって失敗しているのだ。(3)

もちろんイギリスの経済に、予測をしにくくさせるような何か特別な事情があるわけではない。また、これらの団体の経済学者たちが技量に欠けているというわけでもない。世界中で毎年、あらゆる国の経済予言者がそろって予測に失敗しているとしか言えないような状況に、もう一つ例を付け加えているだけだ。一九九三年、経済協力開発機構（OECD）は、一九八七年から一九九二年までに、アメリカ、日本、ドイツ、フランス、イタリア、カナダの各政府、国際通貨基金、そしてOECD自身によってなされた経済予測を分析した。それらの結果はどうだったのか？　各組織の予測はひどく不正確だっただけでなく、もし高度な経済モデルを捨てて、単純に各年の統計値が前年と変わらないと推定したならば、物価上昇率や国内総生産をより正しく予測できたはずだということになってしまった。(4) 最近ある高名な金融アナリストは、過去一世紀にわたって出された予測を調査し、次のように結論づけた。「お金にかかわる予測に関して、経済学者、主要投資家、記者たちは、一度たりとも誤ったことは言っていない。これらの予測は寸分の違いもなく誤りだった、と言いつづけてきたのだ(5)」。

それでも主流の経済学者たちはそろって、政府や中央銀行が「政策の舵（かじ）」を調整すれば経済を誘導できると信じている。『ウォールストリート・ジャーナル』紙や『フィナンシャル・タイムズ』紙の紙面では、経済学者や実業家や財務長官が、公共投資や税率などをどう調整するのがもっともよいのか、絶えず議論している。もちろん、こういった考え方には正しい面もあろう。もし連邦準備銀行が明日、利率を数ポイント上げたら、アメリカの経済が減速するのは間違いないだろう。同様に、税率を下げれば個人消費が急上昇するはずだ。[6]しかし一方で、経済を誘導できるという楽観論を少し強調しすぎた経済学者を見つけるのも、簡単なことである。一九九八年、マサチューセッツ工科大学のある経済学者は、アメリカの上昇傾向にある経済に関して、次のように主張した。

この経済発展は永遠に続く。アメリカの経済は、この先何年も後退することはないだろう。我々は後退は望んでいない。必要ともしていない。したがって後退はないはずだ。我々には、現在の発展を続かせるための道具があるのだ。[7]

もしそうだとしたら、なぜ我々は過去、不況に苦しんできたのだろうか？　そしてもし、経済の誘導がそんなに簡単なものだとしたら、なぜ経済学者たちは、経済の動きをもう少しまともに予測できないのだろうか？　一九八七年の株式市場暴落のような大混乱は、どうやって前触れなしに襲ってきたのだろうか？　そもそも、どうして起こったのだろうか？

経済は誘導できるという一般的な信念と合わせて、人々は、突然起こるどんな劇的な変化にもはっきりとした確認可能な原因が必ずあるはずだという、強い信念をもっている。第1章で見たように、一九八七年の大暴落の場合、その原因として多くのアナリストがコンピュータ取引を指摘した。それはちょうど、一九二九年の大暴落の原因として当時の人々が、過剰な借金の存在を指摘したのと同じである。そして一九九七年、再び事件後の説明として経済学者たちは、東南アジアの（それまでは）奇跡的な経済力が突然衰退した原因として、対外負債の膨張を指摘した。

経済にかかわるたくさんの人々や、彼らの個々の考え方、戦略、期待、不安、そしてそれぞれ別々の目的をもって競争している膨大な数の企業や組織のことを考えれば、経済の将来を予測するのが難しいのは驚くことではないだろう。ここで再び我々は、ここまでの章と似た流れに巡り会った。予測をあきらめて、あらゆる複雑さを人間的要因に押しつけてしまう前にまず、より単純な説明があるかどうか見るのが賢明である。ここまで見てきたように、大地震や森林火災や大量絶滅は、非平衡系において普遍的に起こるべくして起こる大変動にすぎない。それを避けるには、自然の法則を変えるしかないのだ。

もちろん経済学に立ち向かおうとすれば、物理学や生物学の法則を置き去りにすることになる。数学を使って、何万人はおろか、一人の現実の人間の知性や移り気さえも把握することはできないし、ましてや彼らの感情や夢や願望を多少なりとも真似ることもできない。磁石や地殻は厳密な物理法則に従って動くが、それとは違って人間には選択の自由がある。しかし、考え方や感情や願望や期待には伝染力があるので、ちょうど微小磁石がそばの磁石の向きに影響を与えるのと同じように、ある個人や企業の行動が他者に影響を及ぼすこともあるだろう。さて我々は、臨界状態について何を知っているだろうか？　その組織構造が、構成要素の正確な特徴にはほとんど依存せず、一つの要素から別の要素へと影響が伝播する方法のみに依存するということである。臨界状態は、人間社会のシステムの振る舞いにも身を潜めているのだろうか？　数字の羅列が、毎日ウォール街から溢れ出ている。臨界状態の存在を示してくれるものは数学的パターンであるので、それを探しはじめるための舞台として、金融市場はちょうどよいだろう。

基礎に戻る

経済は適切に誘導、調整、制御できるという幅広い信念の裏には、「効率的市場仮説」と呼ばれている経済学理論の中心的な考え方がある。ある経済学者がこの理論を「経済理論の歴史のなかでもっとも顕著な誤り」と呼んだにもかかわらず[8]、多くの経済学者はこの理論をほとんど躊躇（ちゅうちょ）せずに受け入れつづけている[9]。この理論は、市場のすべての人間は自らの貪欲な私利私欲にもとづいて行動するものと主張している。さらに、最近のある論文の著者たちが記しているところによれば、大勢の投資家たちは、自分たちの欲望を押さえることができずに、どんなに小さな有利な情報をも自由に積極的にものにし、そうすることで彼らのもつ情報を相場に反映させ、その行動のもととなった利益を得る機会を急速に潰していく。[10]

この考え方によれば、もしある株が割安であれば、人々は急いでそれを買い、後でそれを売って利益を得られるようにする。買い手が増えれば株価も上昇するが、その株に安値感がなくなったところで、再び均衡状態に落ち着く。

効率的な市場では、売り手と買い手は完全に一致し、株価は常に適切な値になる。すなわち、株価が経済の「基礎条件（ファンダメンタルズ）」に一致するということだ。株式をもっていれば、配当を得ることができる。その株式の本来の価値、つまり理性的な人がその株に対してどれだけ払おうとするかは、その企業が将来どれだけ成長し、どれだけ利益を得て、どれだけ多額の配当を支払えるかという現実的な見通しによって決まるはずのものである。したがって、ニューヨーク株式市場における株価は、株式の実際の価値に関する基礎条件を反映しているはずだ。もしある企業が経営に失敗し、あるいは法律改正のために競争上不利になったとすると、その基礎条件は変化し、その株価は下がるはずである。

経済学者たちはこの考え方にもとづいて、市場株価は穏やかに、そして気まぐれに上下するということを素直に認めている。どのように株価が変化するか、誰も予測できない。なぜなら、基礎条件に影響を与えて株価にそのような変化を引き起こすのは、常に「今出たばかりの」情報だからだ。どんな新技術の開発や経営方針の新機軸が、すぐそこに控えているというのか？ それは誰にも知らされない。それでも、新たな情報が漏れてくるのに応じて株価は変化し、常に経済は均衡状態、つまり釣り合いの取れた状態に引き戻されるのである。

この従来の考え方によれば、経済とは水の入った浴槽のようなものである。微視的に見ればひどく混乱した状態にあり、個々の分子はあらゆるたぐいの常軌を逸した行動を取っている。しかし均衡状態では、すべての微視的な事柄は平均化されている。浴槽を傾けても、水がどのように移動するかは簡単に予測できる。水が物理法則に従って均衡状態になろうとするからだ。同様に経済においては、たとえば利率を下げると、市場のなかの理性的な人々が行動するための舞台が傾くことになる。お金を借りるのに利子が少なくて済むので、各個人や企業はよりお金を借りて使うようになるはずだ。これによって経済は活性化し、たとえばより高生産の新たな均衡状態に急速に落ち着くはずである。

しかし一つ問題がある。均衡状態という考え方ではどうしても、一九二九年や一九八七年の株式市場の大暴落のような、大規模で急激な変動を説明できない。一九八七年のある日、何がダウ・ジョーンズ工業平均指数を二二パーセントも下落させたのだろうか？ ダウ株価指数は、幅広い工業分野にわたるいくつかの企業の株価の平均であり、それらは経済の総合的な活力を正確に表わすように選ばれている。ある経済学者は次のように指摘した。

将来の配当が二〇パーセント以上下がったと投資家たちにいっせいに思わせるような基礎条件の急激な変化が、半日のうちに起こりうるとは考えにくい。しかしこれこそが、世界中の株式市場で一九八七年一〇月に起こったことだった。[11]

この信じがたい考え方に対してほとんどのアナリストは、先ほど触れたコンピュータ取引に責任を負わせた。ほとんどの人がこの、その場しのぎの説明に納得し、問題は改善されたのだから二度と暴落は起きないはずだとさえ考えた。一九九八年、二人の高名な経済学者は『ウォールストリート・ジャーナル』紙のなかで、そのようなコンピュータ取引について次のように記している。「構造的な脆弱性の原因は、すべてではないが、おおむね改善された。一九八七年の身の毛もよだつような出来事が繰り返されることは、ほぼありえない」。[12]

しかしここ一〇年間の数学的研究は、これとはまったく違う、不安を誘うようなことを語っている。数学によれば、突然起こる大変動は、ありえないことではなく、むしろ避けられないことなのである。効率的市場仮説の拠り所となっている前提とはまったく逆に、市場株価の大きな変動は市場におのずから内在する作用の結果であり、それは「構造的な脆弱性」や基礎条件の突然の変化などがなくても、しばしば起こることなのである。その理由は単純だ。市場は平衡状態から遠く隔たっているからだ。

激しい変動

一九〇〇年、ルイ・バシュリエという名のフランス人が、パリの高等師範学校に、『思索の論理』という題の興味深い学位論文を提出した。バシュリエの論文は教授陣に評判が悪く、彼は研究職への就職に反対票を投じられてしまった。[13] おそらく指導教授は、彼が理論物理や実験物理の伝統的な課題に集中しなかったことに、がっかりしたのであろう。バシュリエは、価格変動の数学理論を構築しようとしたのである。

重さ一ポンドの綿の価格が、今日は一〇ポンドだったとしよう。たとえば一カ月後、それはいくらになっているだろうか？　もちろんそれを正確に知る方法はない。これは統計と確率の問題だ。バシュリエは、綿の価格の変化量を一カ月おきに何度も記録すれば、そのグラフは第3章（図1）で見たような鐘形曲線のようになるだろうと考えた。鐘形曲線は自然界のたくさんの物事に当てはまるので、これは妥当な推測だろうと思われた。全体では、価格は上昇するのと同じ頻度で下落するので、曲線の山はゼロをまたぎ、「変化しない」という状況がもっともありうるものになるであろう。鐘形曲線の裾野は急激に下がるということを思い出してほしい。これは、ある典型的な値よりも大きな変化はきわめて稀であるはずだというバシュリエの考えに、一致するものであった。すなわちバシュリエは、価格は穏やかな「ランダム・ウォーク」に従い、その値は毎月、典型的な小さな値だけ上がったり下がったりすると考えた。そしてこの数学的描像にもとづいて作られたグラフは、実際の価格を表わしたグラフと驚くべき一致を見せた。バシュリエは間違いなく、教授会からもっと丁重な扱いを受けるに値していたのだ。事実、彼の価格変動に関する理論に問題の兆しが現われはじめたのは、それから半世紀以上後になってからのことだった。

前に見たように、一九六三年にマンデルブローは綿の価格について詳しく調べはじめ、そこで偶然にも自己相似性という奇妙なパターンを発見し、それが最終的にフラクタル幾何学を導くこととなった。価格変動のグラフのどんなに小さな一部分を拡大しても、それはグラフ全体とそっくりに見える。これが自己相似性の一つの側面であるが、マンデルブローはもう一つの側面をも見つけていた。バシュリエの考え方は、価格の上下動が完全にランダムであるという点では正しかった。マンデルブローは、今月価格が少し上昇したとしても、それは翌月に価格が上下する確率が変わることを意味しないということを見出した。価格はまさにランダム・ウォークに従うのだ。しかし、そのランダムな変化の大きさの分布を調べたところ、それがバシュリエの鐘形曲線とはまったく違うものになるということを発見した。[14]価格の変化は実は、べき乗則の形に従ったのだ。バシュリエの仮定に反し、価格の変化には「典型的な大きさ」というものはなかったのである。

一九九〇年代に研究者たちは、世界中の株式や外国為替の市場における変動をより徹底的に調べ、どの場合にも、べき乗則と、固有の大きさをもたない激しい変動という、同様の性質が成り立つことを見出した。たとえば一九九八年、ボストン大学の物理学者ジーン・スタンレーは、研究者を率いて、有名なスタンダード&プアーズ社五〇〇種平均株価(S&P五〇〇)の変動を分析した。[15]この平均株価は、ニューヨーク証券取引所の大企業五〇〇社の株価をもとにしており、市場全体を表わす一種の指標となっている。スタンレーたちは、一九八四年から一九九六年までの一三年間にわたって一五秒おきに記録された、四五〇万点という驚くべき数の株価データを使って研究した。この期間の平均株価は、長期的なゆっくりとした増加傾向と、それに伴うたくさんの不規則な上昇と下落とを示していた(図18 a)。

この変動をきわだたせるには、単純に長期的な傾向を無視し、さらに株価が上昇したのか下落したのかも無視してしまえばよい。こうして一分ごとの株価変化の大きさだけを表わすようにすると、問題点をもっと浮き彫りにしたグラフを作ることができる(図18 b)。

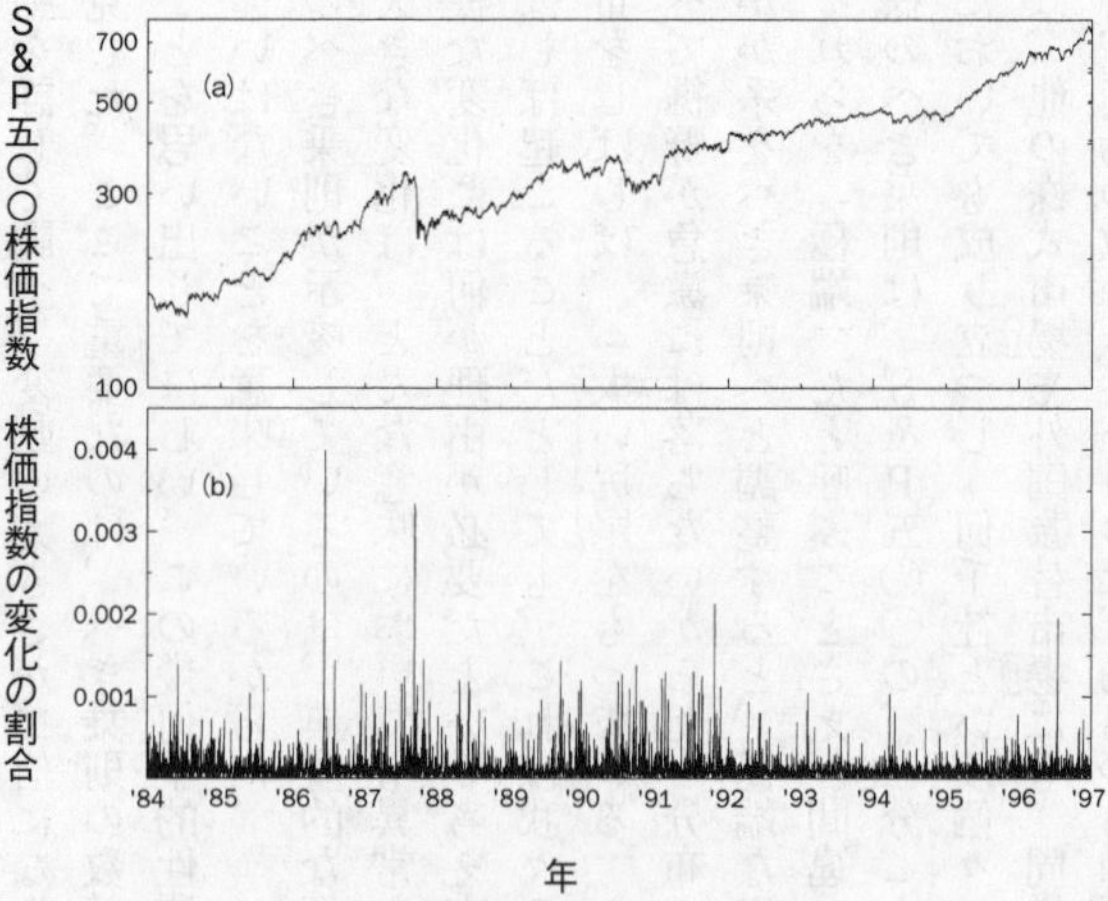

図18（a）1984年から1997年までの1分ごとのスタンダード＆プアーズ社500種平均株価（S&P500）の値は、徐々に上昇する傾向に加えて、多くの変動を示している。この変動をきわだたせるには、大きな傾向を無視し、また値が上昇したのか下降したのかも無視してしまえばよい。（b）その結果、1分ごとの値の変化の大きさ（割合）のみを示すグラフが得られる。（図は、Y. Lieu *et al.* Statistical properties of the volatility of price fluctuations, *Phys. Rev. E*, 1999 ; 60 : 1-11より改図。許可を得て掲載）

このグラフは、ピークがたくさん並んだような形をしている。スタンレーたちはこの株価の変動を詳しく調べ、変動の大きさが二倍になると、その頻度は約一六分の一になることを発見した。ここで重要なのは、べき乗則の数値ではなく、その規則的な幾何学的性質であることを思い出してほしい。この幾何学的性質は、大きな変動と小さな変動との間に質的な違いはないことを意味しているからだ。

このべき乗則が示唆しているのは、典型的な変動などというものは存在せず、上昇下降とも大きな変化は、どんな意味においても異常なものではないということだ。突然起こる大規模な変化には何か理由が必要だという考え方は、正しくないようである。たとえそれがしばしば起こることだとしても、これは我々の直感に反する。科学者は、べき乗則に従う分布をしばしば、「太い尻尾(ファット・テール)をもっている」と表現する。べき乗則の曲線は、鐘形曲線に比べて裾野が急激には落ちないからだ。分布の裾野部分は、極端な出来事に対応する。何物かが系をべき乗則へと調整すると、極端な出来事はそれほど稀なことではなくなる。実際それらを「極端」だと呼ぶことさえ、間違いなのだ。

同様のべき乗則は、S&P五〇〇の、一分ごとの、一時間ごとの、あるいは一日ごとの変動においても成り立つし[16]、何千社という個々の企業の株価においても成り立つ[17]。他の研究者は、他の株式市場や外国為替市場にも[18]、同様のべき乗則に従う変動を見出した。したがって、変動の激しさというのは、あらゆる種類の市場に普遍的な性質であるようだ。こ

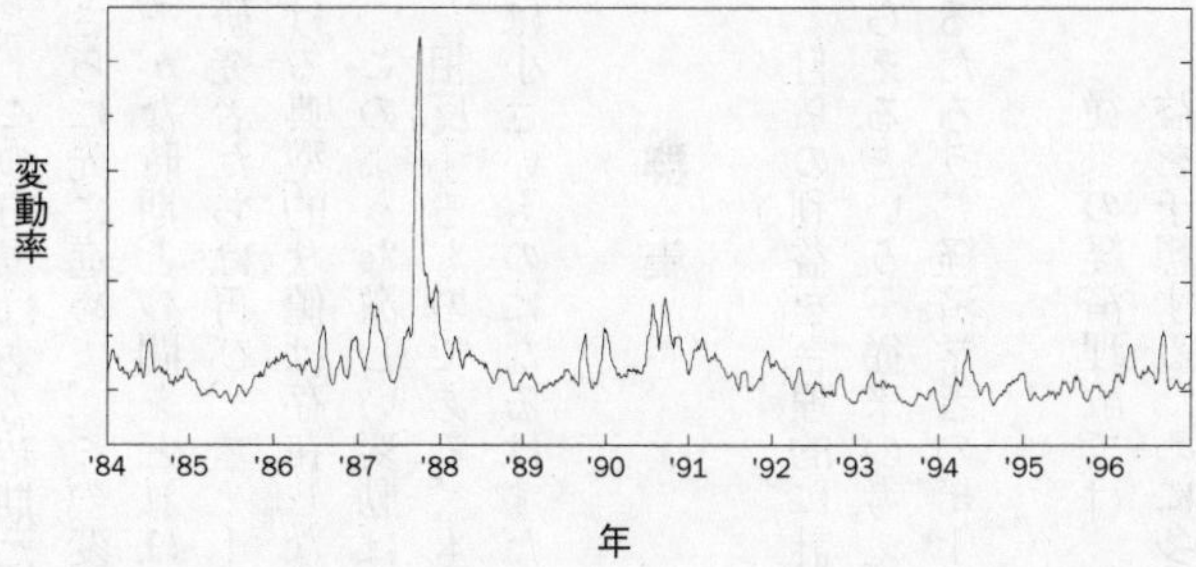

図19　1分ごとの株価の変化の大きさ（図18b）を1カ月単位で区切れば、市場には激しく変動する期間とそうでない期間とがあるのかどうかを、調べることができる。そして、確かにその通りだった。変動の激しささえも大きく変動している。（図はY. Lieu *et al.* Statistical properties of the volatility of price fluctuations, *Phys. Rev. E*, 1999 ; 60 : 1-11より改図。許可を得て掲載）

のことは、価格変動の「生の」データを調べることによってのみ明らかになる。

スタンレーたちは、市場の「変動率」にも注目した。変動率は、株価変動の激しさを表わす一つの指標であり、株式投資家が大きな関心を向けるもう一つの数値である。考え方としては、一分ごとの株価の変化を記録し、それらを数時間単位の「窓」で区切っていく。すると、それぞれの窓のなかで一分ごとの変動がどれほど激しいものだったかを計算でき、変動そのものがどのように強くなったり弱くなったりしたかを見ることができる。S&P五〇〇におけるこれらの値をグラフに表わすと、この市場はある時期には他の時期よりもずっと穏やかだったことが分かる（図19）。さらに先に進めて、この変動率の変動がどれほどのものか、つまり市場が激しい時期と穏やかな時期との間をどれほど激しく不規則に揺れ動くかを、調べることもできる。ここで研究者たちは再び、スケール不変的なべき乗則を見出した。市場には、変動の激しさにおける典型的な値は存在しないのである。変動率自体も激しく変動するのだ。[19]

このような激しい変動は、効率的市場仮説、そして市場は均衡状態にあるという考え方と相反するものである。もし市場が均衡状態にあれば、バシュリエが考えたように、変動は小さいものになるはずだ。何が変動をここまで大きくするのだろうか？

群集

自らの利益を合理的に計算し、それにもとづいて行動する理性的な主体として人間をとらえるという、従来の考え方は、経済学者ではない人々にとっては幾分奇妙なものに思えるだろう。経済学者のポール・オームロッドは、次のように語っている。

従来の経済理論では、どんな市場に関与する主体も、様々な行動方針に伴う費用と利益を予想するために多くの量の情報を収集検討し、刺激と抑止に対して適切な方法で反応するものと、仮定されている。これら仮想的な個人の振る舞いは、他者の振る舞いに影響されることはなく、彼らの嗜好は、他者の振る舞いにかかわらず一定していると仮定されている。[20]

この考え方のどこが問題なのかを理解するために、数十億ドル規模の広告業界について考えてみよう。広告主は、我々がよりよい意志決定をできるよう、単に情報を提供しているだけだと考えるのは、世間知らずにも程がある。広告が機能するのは、我々が広告に影響を受けて操作され、さらにひとたび影響を受けると、我々の考えや行動が他の人々に影響を与えるからである。オーメロッドの述べた例を引用すれば、従来の理論のどこに、テレタビーズ（BBCの子供向け番組のキャラクター）の圧倒的な流行を説明できるものがあるだろうか？　何百万もの人たちが互いに独立して、理性的な判断にもとづく私欲のために行動していたのだろうか？　あるいはそうではなく、人から人へと容赦なく広がる興味の雪崩が起こったのだろうか？　流行の力はかなり大きいものだが、従来の経済学はその存在さえも認めていないのである。

映画や自動車や音楽などにおける大ヒットはおそらく、同様の興味の雪崩へと還元できるだろう。一九九四年、『バラエティー』という業界紙は、一九九三年の人気の上位一〇〇本の映画による劇場総収入をデータにまとめた。これらの映画の収入を人気度の順位に対してグラフに表わしたところ、それが幅広い裾野をもつべき乗則に従うことが分かった。これは、映画のヒットを予測するのがきわめて難しいことを示唆している。(21) 一九九三年の人気第一位の映画は、この年の数あるヒット映画のうちの一本にすぎなかったというのに、第一〇〇位の映画の四〇倍も稼いだのである。なぜだろうか？　我々の多くは、映画を見たいかどうかを、見に行く前から、あるいは噂(うわさ)を聞く前から決めてしまっている。我々は、新聞やテレビや口コミなど何らかの方法で態度を決めてしまう。人々が流行に夢中になり、他の人が興味をもっていると聞くと自分も興味をもつようになるというのは、否定しがたいことである。これは合理的な意志決定ではない。人間は互いに非合理的に影響し合うのだ。

一九九九年、ヨーロッパのある二人の研究者が、金融市場を悩ませている大きな変動にはこれと同様の効果が関係しているのではないかと考えた。ボン大学の経済学者トーマス・ラックスと、カリアリ大学の電気工学者ミケーレ・マルケージは、株価の示す統計的特徴が、従来の理論が仮定しているように「基礎条件の変化」という外部的な要因を反映したものなのか、あるいは「投資家たちの相互作用」という内部的な要因によって作られたものなのかを確かめようと、研究を始めた。そのために彼らは、我々には今ではお馴染みとなった方法に従った。株式市場をきわめて単純なゲームへと還元し、コンピュータを使ってその振る舞いを詳しく調べたのだ。

一種類の株式を取引する証券取引所と、それを売買する投資家の集団があったとしよう。現実の世界では、投資家のとる戦略はきわめて幅広い。しかしラックスとマルケージは、各投資家はとる態度に応じて、いつでも次の三つのグループのどれかに分類できると仮定した。原理主義者は、割安な株、つまり本来の価値より一時的に安くなっている株を買い、割高な株を売ることにこだわる。それに対し楽天主義者は、株価が上がりつづけると信じ、賢明な投資として株を買おうとする。悲観主義者は、株価が下がりつづけると信じ、損失を抑えるために株を売ろうとする。後の二つのグループは、基礎条件には注目しないが、自分たちの考えが市場の趨勢(すうせい)であると考えている。

このゲームは次のように進めていく。ラックスとマルケージは、株式には基礎条件によって決まる本来の価値があり、その値はバシュリエが考えた形で穏やかに変動すると仮定した。原理主義者はその変動と実際の株価とを鋭い目で見比べ、それに従って売ったり買ったりする。楽天主義者と悲観主義者は、基礎条件は無視し、実際の株価の傾向を監視する。もちろん実際の株価は、必ずしも基礎条件とは一致しない。そして最後に、実際の株価を決めるのは、市場の投資家たちのあいだの相互作用である。どの時点においても、原理主義者も楽天主義者も悲観主義者もたくさんいて、誰もが株を売買したいと思っている。買い手が多くなれば実際の株価は上がり、売り手が多くなれば株価は下がる。

ここまではすべて、従来の経済学に則ったものであり、そこにさらに、人々は株価を推定するという、現実的な条件を付け加えているだけだ。このゲームの鍵となっているのは、もう一つの仮定である。それは、人間は互いに影響を及ぼし合うというものである。

心理戦

ラックスとマルケージは、人間は互いに影響を及ぼしうるということから、原理主義者、楽天主義者、悲観主義者の区分は固定されていないと仮定した。どんなに強い信念をもっている人間も、他の人の行動や、無視できないほど大きな流行には影響を受ける。徹底した悲観主義者も、株価がしばらく上がりつづければ、楽天主義者に変わるかもしれない。狂信的な原理主義者も、長期にわたる着実な株価の上昇を見たら、市場は真に持続的な局面にあり、それに投資しないのはばかげたことだと確信するかもしれない。この効果をゲームに取り込むために、ラックスとマルケージは、それぞれの投資家が、各時点で考え方を変える確率を少しだけもっていると仮定した。たとえば楽天主義者の数が悲観主義者を上回れば、支配的な見解としては市場は上昇しつづけるということになる。人間は他人の意見に影響されるので、この場合さらに多くの投資家が楽天主義者に変わることになる。もし株価がしばらくの間下がりつづければ、楽天主義者のなかにはあきらめて悲観主義者や原理主義者になる者もいるだろう。

すなわちラックスとマルケージは、投資家がどのように株を売買し、彼らの取引活動がどのように株価を決定するかを模した単純な規則を決め、さらにそこに、各人が他人の行動によって戦略を変える可能性を付け加えた。そして明らかになったのは、こういった規則だけからでも、株価がジェットコースターのように激しく変動するようになるということであった。ラックスとマルケージは、基礎条件が鐘形曲線に則った穏やかな変動を示すようにし、投資家の数を一〇〇〇人に設定して、コンピュータ上でこのゲームを走らせた。基礎条件の変動は、株価にもそれと同様の穏やかな上下動を引き起こした。しかし市場に内在する作用によって、急上昇や大暴落といったずっと大きな変動がしばしば発生し、しかもそれらは何もないところから引き起こされたかのように見えたのだ。ラックスとマルケージは、この変動の統計をとったところ、それが実際の市場の変動とほぼ完全に一致し、そして自己相似性や、あらゆる時間スケールにおける構造や、株価変動の分布が、現実のものとそっくりであることを発見した。大きな変動がきわめて起こりやすいことを示すべき乗則が見出されたのだ。[22]

このゲームの核心には、人間同士が影響を与えるという仮定の他には、ほとんど何も含まれていない。しかし投資家のネットワークは、この性質を基にして自らを組織化する。そして、たとえば楽天主義への小さな不均衡が株価を上昇させ、それが投資家のあいだに楽天主義をさらに広め、それによって不均衡がさらに大きくなる、といった状態に変わる。

それに応じて株価は、行動と反応との自己持続的な連鎖のなかでさらに上昇しつづける。最終的にこの連鎖反応は終わりを迎え、逆転する。少数の原理主義者が、株が割高になったので売ろうと決め、それが株価のわずかな下落を引き起こす。突然、何人かの投資家が悲観主義者に変わり、株価はさらに下がる。この急激な下落は、一時的で小さなものかもしれないし、あるいは長く続き、株価を当初の値にまで押し戻してしまうものかもしれない。

ここまでの長い話は、市場におけるすべての大きな変動の裏には、企業の経営難や政治的出来事や政府の決定などが必ず隠れているという、従来の経済学における考え方を逸脱したものであった。現実世界では投資家は、株価の下落や反発などを話題にし、市場の「気分」について語っている。ラックスとマルケージのゲームにおいても、同じことが言える。ゲームのなかのすべての投資家は、自分たちの気分をもっているからだ。一人の気分は他の人の気分に影響を与えるので、市場は自然に臨界状態のようなものへと常に組織化され、そこではどんな一時的な期待や不信もあらゆる大きさへと拡大されうるのである。実業家のバーナード・バルークは以前に、次のように語っている。

あらゆる経済的動向は本来、集団心理によって起こる。集団的思考を正当に評価しなければ、我々の経済理論は十分なものにはならない。周期的に起こり人類を苦しめる愚行は、人間の本性に深く根づいた特性を反映しているに違いないと、私には思える。それはきわめて微妙な力ではあるが、過ぎ去る出来事を正しく評価するには、それを知ることが不可欠だ。[23]

ラックスとマルケージのモデルから考えて、このバルークの見方は市場の変動における数学的事実を反映しているように思える。人間は原子磁石や米粒や地殻よりもずっと複雑だが、それでも我々は、同様に影響を受けやすい存在であり、そしてその結果、集団的な動きに支配されるようになる。人間世界は、少なくとも金融市場に関しては、荒々しく変化しつづけるという臨界状態のもつ性質を共有しているようである。そのため、市場の動きを予測するのは本当に不可能なのかもしれない。たった一人の投資家の気分が変わっただけで、ほとんどすべての投資家の気分を変動させるような影響が広がっていくかもしれないのだ。

このことは、平均的な投資家にとってどのような意味があるのだろうか？　それは、安心できるものとはまったく違うようだ。市場の動きは、上昇するのか下落するのかについても完全に予測不可能だということを、ほとんどの人は知っている、あるいは知っているべきだと、私は思う。強気筋や弱気筋の自信に満ちた予測や新聞記事に反して、数学的分析によれば、ここまで一週間、一ヵ月間、あるいは一年間、市場がどのように動いてこようとも、株価が近い将来上がる可能性と下がる可能性とは同じなのである。しかしこのことは、市場の予測不能性――あるいは「激変性」と言ってもいい――の真の恐ろしさを示唆している。株価変動におけるべき乗則は、次に起こる変化の大まかな規模さえも予測できないことを示している。臨界状態へと組織化された市場では、株価の大暴落さえも、稀ではあるが特別ではない、起こりうる出来事なのである。兆しなどまったくなくても、市場は明日、二〇パーセントも下落するかもしれない。そのような出来事は、必ずしも特別な何かによって引き起こされるわけではないのだ。

政府は、そのような大異変から我々を遠ざけることができるのだろうか？　大異変が迫っていることさえ知りえないとすれば、このような期待はかけられそうにない。しかし経済学者たちは近年、どのようにして政府が経済に足枷をはめ、臨界状態から引き離して激変性を減らすか、という問題に対する、少なくとも一つのあるアイデアについて議論しあっている。いわゆるトービン税とは、経済学者のジェームズ・トービンからその名をとったものだが、これは、すべての投機的取引、すなわち、基礎条件の実際の動向ではなく、市場の流れに対する推測だけをもとにして行なわれたものと、いくつかの規則によってみなされた取引に対して課す税金のことである。この制度は、投資家に流行に飛び乗ることを思い留まらせ、影響の拡大する力を減らそうとするものだ。この制度が機能するかどうかは、誰にも分からない。投資家は規則をすり抜けられるように行動を変え、市場は臨界状態に留まるかもしれない。このような税はほぼ間違いなく、取引規模の低下といった悪い影響を市場に与えるだろう。結局この税は、現在行なわれている取引の多くを罰することになる。トービン税の導入は良いことなのか悪いことなのか？　ラックス曰く、「ある真面目な経済学者はこう言った。『分からない』と」。

我々は、こういった激しい変動にただ当惑するだけかもしれない。そして市場に限らず、社会のネットワーク構造は、ここまで我々が見てきたどんな物理的システムよりも大激変を受けやすいものなのかもしれない。

世間は狭い

一九六七年、スタンレー・ミルグラムというアメリカの心理学者が、ある変わった実験を行なった。カンザス州とネブラスカ州に住む様々な人たちに同じ手紙を送ったのだ。それぞれの手紙は最終的に、ボストン地区に住むある株式仲買人の友人に届けるためのものだったと、彼は説明している。ミルグラムは、この友人の住所は手紙に記さず、名前と職業だけを書いておいた。この手紙を受け取った人は、知り合いや、この株式仲買人を知っている可能性が高いと思う人に、この送られてきた手紙を転送した。驚くことにそれぞれの手紙は、約六段階以内で正しい宛先に届いたのである。つまり、たった六段階でこのボストンの株式仲買人を実際に知っている人が見つかり、その人が彼に直接、その手紙を送ったのだ。

ここから「六段階の距離」という説が生まれ、これは今では、意外であると同時に魅力的な考えとして広く知られている。この地球上には六〇億以上の人が住んでいる。それでもこの説によれば、誰もがどの人とも、六人以内の知り合いを通じてつながっているというのだ。

もしこの説が正しければ、あなたがタイやアラスカに旅行したり、ザンビアに電話したりしたときに、あなたの前の指導教官や、親友のお父さんや、義理の母親の美容師のことを知っている人に会ったりするのがなぜなのかということを、説明できるかもしれない。このような出来事は本当に、きわめて起こりそうにない偶然なのだろうか？　もしそうなら、なぜこんなにしょっちゅう起こるのだろうか？　それともミルグラムの説は正しく、少なくとも人間に関しては、世界は実は狭いものなのだろうか？　一九九八年、コーネル大学の二人の数学者、ダンカン・ワッツとスティーヴン・ストロガッツは、この問題を解決するために、グラフに関する理論に取りかかりはじめた。

ここで数学者が言うグラフとは、点がマス目状に並んでおり、それらが何本かの線によって結ばれているものを指す。これを使うと、人間（点）とその知人関係（線）とをうまく表わすことができる。点と線だけからいろいろなことが分かるとは思えないが、実際は

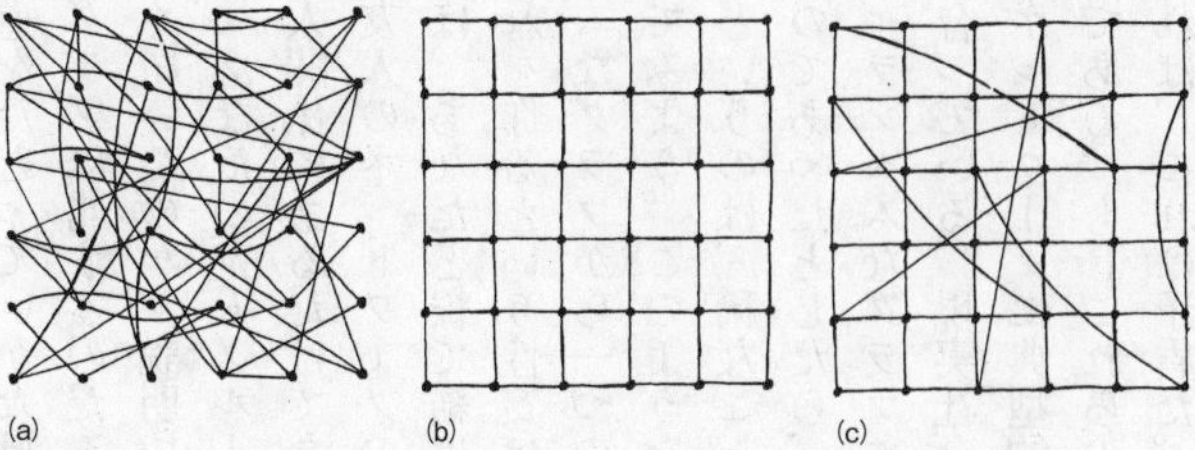

図20　ランダムなグラフ（a）の上では、たった数歩でどこにでもたどり着けるが、規則的なグラフ（b）の上では、もっと多くの歩数が必要になる。スモールワールドのグラフ（c）は、これら二つの極端な場合の中間に位置している。

そうではない。存在しうるグラフの中で一つ極端なものとしては、いくつもの点の組をランダムに選び、それらを線で結ぶことによってできあがる、ランダムなグラフがある。これは、絡まり合ったスパゲッティのような図になる（図20a）。もう一つの極端な例は、規則的なグラフであり、これは隣り合った点同士がきわめて規則正しくつながったものである。そのためこのグラフは、漁網や柵のように見える（図20b）。

ランダムなグラフのなかを動き回るのは、とても簡単だ。たとえば、一方の端の上の点から出発して、もう一方の端にあるどの点へも、数歩でたどり着くことができる。それは、これら二つの点と非常に近い点同士を結ぶ長い線がほぼ必ず存在し、それを使うとすばやく移動できるからである。一方規則的なグラフにはそのような近道が存在しないので、このような狭い世界（スモールワールド）としての特徴はない。一歩ずつ短い道をたどっていかなければならないのだ。さて、現実社会のネットワークは、ランダムなグラフに属するのだろうか？　もしそうなら、ミルグラムの手紙がどうやってそんなに速く届いたのか、説明できるかもしれない。しかしそこには深刻な問題が横たわっている。あなたの友人グループのことを考えてみてほしい。あなたの友人の多くは、あなたと友人関係にあるだけでなく、彼ら同士のあいだでも友人関係にある。それが自然で典型的な友人のネットワークの形である。グラフを使って言えば、あなたの友人を表わす点の多くは、あなたと線で結ばれているだけでなく、互いにも結ばれているはずだ。このような群れを作るという性質は、規則的なグラフにはあるが、ランダムなグラフにはない。ランダムなグラフから一つの点を選び、それと一本の線で結ばれているすべての点について考えてみよう。このような点はあらゆる場所に散らばっており、それらが互いに結ばれているというのは、稀なことであろう。もし社会のネットワークがランダムなグラフのようなものであったとしたら、友人グループのようなものは存在しないはずだ。

ランダムなグラフにおけるスモールワールドの性質は、互いが途方もなく複雑に連結し合っている、現実社会のネットワークの性質を表現しているように思える。しかし社会のネットワークに典型的な、群れを作るという性質をもっているのは、規則的なグラフの方である。もしこれらの極端なグラフの間に、もう一つ別の種類のグラフが存在していなければ、これは矛盾だ。今、規則的なグラフのなかの短い線を何本か切り、それをランダムな長い線と置き換えることで、点同士を若干つなぎ換えたとしよう（図20c）。ワッツとストロガッツは、このような操作の影響を調べたところ、こういった近道を数本作るだけでは、グラフのなかに群れができるという性質にはほとんど影響はないということを見出した。それにもかかわらず、このような近道の存在は、点同士を移動するときの歩数の平均値に大きな影響を与えたのである。すなわちたった数本の近道が、規則的なグラフを、群れを作る性質をあわせもったスモールワールドのグラフに変えたが、それでもそのグラフのなかでは、どこへ行くにもたった数歩で十分なのである。[24]

ワッツとストロガッツは、現実の社会のネットワークもこのように組織化されているのかどうかを見るために、奇妙なことだが、俳優たちの世界に目を向けた。友人のネットワークに関する良いデータを探すのは、簡単なことではない。しかし、半世紀以上にわたる映画史のなかで誰がどの映画に出演したかというデータは、その研究にちょうど適したものとなっている。それぞれの点が俳優に対応し、それらをつなぐ線が互いに共演したことのある関係を表わしているようなグラフを想像してほしい。俗説によれば、アメリカの映画に出演したことのある俳優たちはすべて、このグラフのうえではケヴィン・ベーコン——たくさんの映画に出ていることで有名だが、スターとは言えない——から四歩以内に入っていると言われる。エルヴィス・プレスリーはケヴィン・ベーコンからたった二歩の距離である。プレスリーは一九五八年の『闇に響く声』でウォルター・マッソーと共演し、マッソーは一九九一年の『JFK』でベーコンと共演している。

ワッツとストロガッツは、このネットワーク全体はスモールワールドとしての特徴をもっており、そのためベーコンは特別な俳優ではないのだということを発見した。すべての俳優は互いに、通常三歩か四歩の距離でつながっているのだ。歩数は少し変わるかもしれないが、あらゆる社会のネットワークは、結局これと同じスモールワールドとしての特徴をもっている。我々誰もが、モニカ・ルインスキーからローマ法皇まで、どんな人とも「六回の握手」を通してつながっているという伝説に隠された数学的な秘密が、これなのであろう。しかしそこには、同時により深い意味があるのだ。

現実の社会におけるスモールワールドとしての特徴が、ミルグラムの手紙をすばやく送り届けた。ワッツとストロガッツはまた、伝染病の蔓延（まんえん）についてモデル化したところ、伝染病は、規則的なネットワークのなかでよりもスモールワールドのネットワークのなかでの方が、ずっと速く広がるということを見出した。さらに、そのような急速な蔓延が起こるには、たった数本の近道だけで十分だった。このことは、危険な病気が、たった数人の長距離旅行客によって離れた場所に飛び火し、世界中に蔓延するかもしれないという、不安を掻き立てるような結論を導くものだ。

そして、考え方の広がりというものについてはどうだろうか？　本章で見たように、金融市場とは本質的に荒々しいもので、そこでは一人の投資家の考えや期待が他の人々に影響を与えうる。金融市場における投資家同士の社会的な、あるいは仕事上の関係が、スモールワールドとしての性質をもっているがゆえに、そのような影響は、どんな大きさにでも容易に拡大しうる。結局、臨界状態における激しい変動が容易に市場全体を襲うのは、このためなのであろう。スモールワールドのネットワークという概念はまだ生まれたばかりなので、様々な種類の社会のネットワークの仕組みが最終的にどのような結果を及ぼすのかについては、まだ分かっていない。

ここで読者のなかには、騙されているのではないかと疑っている人もいることと思う。磁石の物理から現われた数学的概念によって、地殻や森林や生態系の仕組みに関するいくつかの重要な特徴を説明できるというのは、おそらく比較的容易に信じられることであろう。これらの物事はすべて、正しい堅固な法則が存在する物理学や生物学の領域に属している。しかし、人間さえも臨界状態の法則に従うと考えるのは、少し行きすぎではないだろうか？　組織化に関する普遍的な原理が、どうして自らの自由意志にもとづいて行動する人間に通用するのだろうか？　金融市場の変動に関するべき乗則が、臨界状態以外の何事かを示唆しているというのは、ありえないことなのだろうか？

第12章では、科学の働き、そして世界の歴史の特性に対して、臨界状態という概念は何を示唆しているのかを、さらに詳しく見ていくことにする。しかしこの話題に移る前に少し立ち止まって、当然起こるはずの疑念について考えることにしよう。これから見ていくように、一見必然的な臨界状態の発生は、どうしても避けられないものである。そしてべき乗則に対する解釈としては、臨界状態、あるいはそれに類似した状態というのが、ほぼ唯一のものであるらしいのだ。

第11章　では、個人の自由意志はどうなるのか

自由を手にする能力、それはたいしたものではない。自由を保つ能力、それが重要だ。

――アンドレ・ジイド(1)

よい物であろうと悪い物であろうと、それを粉々にしてしまうのは、ときにはとても気持ちのいいものだ。

――フョードル・ドストエフスキー(2)

読者のなかには、疑いの気持ちが湧き上がってきている人もいるかもしれない。前の章で示した説には、矛盾はないのだろうか？　人間のもっとも大事な財産である自由意志は、どうなってしまったというのだろうか？　今この本を書いているように、私は自分の言葉を選べるし、他の人は他の言葉を選ぶことができる。あなたはこの本を選んで手に取るこ

ともできるし、他の本を選ぶこともできる。同様に、ウォール街の投資家たちは、独立した自由意志をもっており、好きな日に何千もの株式や債券から好きなものを売買したり、あるいは何もしないこともできる。人間は、あらかじめ決められた規則に従って転がり落ちる米粒や砂粒とは違うのだ。

砂山や地殻や森林のように、ある地点から別の地点へ活動がどのように広がるかが、明確な物理法則によって規定されているような単純な物理的対象に対して、臨界状態の中心的論理が成り立つ、という考え方は、ひとたびそれに慣れてしまえば、受け入れるのは難しいことではない。断層のある場所で歪みが大きくなりすぎれば、その岩石は滑り、その歪みは断層に沿って伝わっていく。このような状況では、思考や感情といった、言葉で表わすのが難しくまた気まぐれな物事を考慮する必要はない。しかしひとたび人間が関与すれば、状況はそう単純ではなくなる。人間は、影響を伝えるか伝えないかを自分で決めるのだ。したがって、たとえ数学的な証拠があろうとも、人間世界に臨界状態が関係していると考えるのは、危険な論理の飛躍なのではないだろうか？

第12章からの最後の四つの章では、科学や人類の歴史における臨界状態について見ていく。そしてそれが、社会における無秩序な出来事の起源を明らかにしてくれるものなのかどうかを考えていく。しかしその前に、この自由意志に関する問題について調べ、それが人間世界に数学的規則性を導入しようとするときの越えることのできない壁になるのかどうかを、見ていく必要がある。これから見るようにその答えは、明白に疑いようもなく「ノー」である。各個人個人は結婚するかどうかを自分で決めているのにもかかわらず、イギリスの結婚率はゆっくりとだが確実に下がりつづけているという事実を、我々誰しも容易に受け入れることができる。したがって個人の自由意志は、何千何万という人々の行動のなかにある明確な数学的パターンの発生を妨げるものではないのだ。しかし、それを納得するにはもっといい方法がある。

道を作る

どんな大学の構内でも、石やレンガ造りの立派な建物の間には、芝(しば)や草の生えた何もない共有の広場があり、そこで学生たちは休息を取り、自由な雰囲気のなかで学問にいそしむ。学生たちはそのような広場に集まり、日光の下で腰を下ろしたり、昼食を取ったり、昼寝をしたり、読書をしたり、考え事をしたりする。しかしもし望めば、そういった場所では、人間行動における数学について非常にたやすく学ぶこともできるのだ。こういった敷地の設計者はたいてい、人々が歩くためにまっすぐで直角に曲がった歩道を作っている。しかし、絶えず反抗的な学生たちはたいてい勝手な場所を通るので、時が経つと芝がはげて土が掘られ、曲がりくねった踏み分け道ができあがるものだ。

図21　シュツットガルト大学の構内に形成された踏み分け道（写真はシュツットガルト大学のダーク・ヘルビング氏提供。許可を得て掲載）

こういった踏み分け道には、歩道のない場所をまっすぐ近道するようなものから、シュツットガルト大学で見られるような（図21）、曲がりくねった道が奇妙につながりあっているものまで、いろいろなものがある。物理学者のダーク・ヘルビングは、このシュツットガルト大学の踏み分け道をいつも歩いていたが、一九九六年に、こういった踏み分け道ができあがる法則を導き出せないかと考えはじめた。はたして、踏み分け道の形成は予測できるものなのだろうか？　学生たちが広場を横切るときには、もちろん通る場所を自由に選ぶことができるし、他の人の後をついていく必要もない。それでもこのような踏み分け道は、惑星の運動と同様に、あらゆる点で正確な法則に従って形成されていくということを、ヘルビングたちは発見したのである。

なぜ踏み分け道が形成されるかというのは、そもそも簡単なことだ。各個人は、貴重な自由意志の要求に従いつつも、同時にある傾向をもっているからである。まだまったく踏み分け道ができていない、芝で覆われた広場を思い浮かべてほしい。それを横切るときに人々は、反対側にあるパブや、さらに先にある教室など、明らかに行きたい方向を目指して進む。しかし、誰もが完全に直線に従って進むのは稀だ。人は水たまりを迂回し、でこぼこな場所やどろどろの場所や芝が濡れている場所を避け、一番歩きやすい所を歩くものである。普通我々は舗装された道を通るが、それで必ずしも満足するとは限らない。舗装された道を通ってパブに行くには、広場全体を大回りする必要があるかもしれないからだ。そうなると、喉の渇いた人たちは選択に迫られる。

もちろん誰もがパブに向かうわけではないが、その他の人たちも、舗装した所を通るか、きれいな芝生に足を踏み入れるかで、選択に迫られることになる。初めのうちは複雑なことは何もない。それぞれの人たちは単純に自らで道を決める。しかし人々が選択をし、足跡ができてくると、状況は変わりはじめる。ある人が芝生に踏み入り、芝が踏みつけられると、その通り道はその後の人たちをほんの少しだけひきつけるようになる。一人通っただけではその差は非常に小さいかもしれないが、何千人と通った後には踏み分け道ができはじめ、舗装路を通りたくない人たちをさらに引き寄せることになるだろう。ある時点でこの新たな道は十分に踏みしめられて、人々が無意識にそこを通るようになり、この踏み分け道はそのまま残りつづけることになる。

これは、踏み分け道の形成に隠された大雑把な話である。しかしヘルビングたちは、実際この物語が完全な理論の基礎をなしていることを発見した。それぞれの人は平均として近道と通りやすい道とのどちらを選ぶか、人が歩くと芝はどれだけ踏みしめられるか、そしてそのとき地面はどれだけ窪むかといった、その後に通る人たちに選ぶ道筋を変えさせるような効果を記述するには、いくつかの方程式だけで十分である。この方程式を適用させるには、問題となっている広場の形、人がもっとも頻繁に目指す目的地の場所、毎日それぞれの端から入ってくる人の数などを、指定しなければならない。そしてコンピュータ上で、何万人という人々に芝生を横切らせ、どこに踏み分け道が現われるか見ていけばよい。

そしてその踏み分け道は、現実の世界と似たような場所に現われることが分かったのだ。ヘルビングたちは、シュツットガルトの広場に似せた条件を設定したところ、三本の道が広場の中心に向かって伸び、そこで小さい三角形を作って交差するという、現実の場合と同様の道筋が作り出されることを発見した。これらの方程式は、こういったパターンを作り出しただけでなく、なぜそれが形作られたかも示してくれる。毎日芝生を横切るのは、ある限られた数の人たちだけである。したがって、その人たちが踏みしめられる道の総延長も限られている。通る人の少ない道では芝はある程度しか踏みしめられないので、そこには芝が再び生えてくる。このような制約条件下で作られる踏み分け道は、「最適な」システム、すなわち人々ができるだけ短く、かつ歩きやすい場所を通れるようなパターンを形成することが分かったのだ。

この理論的な実験は、もちろん研究の始まりにすぎない。都市の設計者たちはこれらの方程式を使って、人間の癖に合うように広場の広さや形を選び、建物や歩道を配置すべきだ。こういった設計をするには、その地域でもっともたくさんの人が行く目的地の場所や、その広場を毎日横切る人数などといった、具体的な情報が必要であろう。人の踏み分け道がヘルビングたちの方程式によって定められた明確な規則に従って形成されるというのは、今では議論の余地のないほど確かなこととされている。[3]

この例は臨界状態とはほとんど関係ない。私がこの話を取り上げたのは、個人の自由意志が、集団行動に見られる驚くべき規則性とどのように共存しうるかということを示すためである。シュツットガルト大学の奇妙な形の踏み分け道は、何千人という人たちが自らの意思に従って自由に行動したことによって現われたものだが、それでもそれは非常に単純な数学的規則に従っているのだ。

都市の仕組み

なぜある都市が大きくなり、別の都市が小さくなったのかを知るには、数え切れない歴史的、地理的事実と、無数の社会的、経済的影響力の分析に取り組まなければならない。アメリカの南北戦争の間、南部連合は首都をヴァージニア州リッチモンドに定めた。リッチモンドは現在では人口九〇万の都市であるが、もし南部連合が独立を勝ち取っていたなら、その五倍にはなっていたことだろう。ワシントンは首都として急速に成長した。シカゴは東部の州と西部の州とを結ぶ交通の要衝として出現し、ピッツバーグやクリーブランドといった中西部の都市は、鉄鋼産業の中心地として成長した。一方、シャーロッツビルやヴァージニアは、ワシントンに近いにもかかわらず、今でも主要産業には関係しておらず、小さい都市のままである。

都市の成長には複雑な力が影響していることや、人々の移動は個人的な理由で行なわれることから考えると、都市の研究からはどんな数学的規則性も見つけられないとあきらめたほうがよいのかもしれない。しかし一九九七年、ベルリンにあるフリッツ・ハーバー研究所のダミアン・ザネットとスザンナ・マンルビアは、実はそうではないということを見出した。シカゴやメンフィスやクリーブランドといったアメリカの都市の歴史に関するあらゆる詳細を忘れ、これらの都市をひとまとめに扱うと、あるパターンが現われてくるのだ。

ザネットとマンルビアは、アメリカ合衆国の二四〇〇の大都市のデータを使い、人口約一〇万、二〇万、三〇万……の都市がそれぞれいくつあるかを、ニューヨークの九〇〇万人にまでわたって数えあげた。つまり、都市に対して、グーテンベルクとリヒターが地震について行なったのと同様の方法で取り組んだのだ。そして彼らは同様のパターンを見出した。この統計から分かったのは、各都市、たとえば人口四〇〇万のアトランタに対して、その半分の人口の都市が四つあるということだ。そのうちの一つはシンシナティーであり、そのシンシナティーの半分の人口の都市が再び四つあり、そしてさらに同じように続いていく。つまり、すべての都市や町は、様々な理由からたくさんの競合する影響の結果として発生してきたにもかかわらず、それでも全体としては一つの数学的法則に従うのである。人々が都市の間を自由に行き来できることを考えれば、このような著しく規則的な傾向は驚くべきものだろう。ザネットとマンルビアは、アメリカの都市に留まらず、世界中の二七〇〇の大都市や、スイスの一三〇〇の大きな自治体についても調べた。そしてどの場合にも、正確に同じべき乗則の傾向を見出した。これは、人々が集まって都市を作るときの過程における、普遍的な帰結であるようだ。ザネットとマンルビアは次のように指摘している。

世界中の大都市に関するデータはおもに発展途上国の状況を反映しており、アメリカは経済的に発展した若い国であり、スイスは比較的人口が安定した古い国である。このように、これら三種類のデータが人口統計的、社会的、経済的に非常に異なる条件に対応しているにもかかわらず、どの場合も正確に同じべき乗則が見出されたというのは、驚くべきことだ。(4)

言い換えれば、人間のレベルにおいてもある種の普遍性が働いているのだ。何らかの理由で、このような国の違いは、大都市、小都市、中規模の都市の相対的な数にはまったく影響を与えないのである。

このべき乗則が示唆しているのは、すでにお馴染みの通りだ。アメリカでもどこでも、都市には「典型的な」大きさというものはなく、また巨大都市の発生の裏には、特別な歴史的、地理的条件などない。都市の成長は、ここまで我々が見てきたものと同様に臨界的な過程であり、それは激しい不安定性の瀬戸際に留まっているのである。ある都市が作られるときに、その位置や産業などの理由から、その都市の発展が運命づけられているという場合も考えられるだろう。しかしべき乗則によれば、その都市がどれほど大きくなるかを、初めから言うことはできない。ニューヨークやメキシコシティーや東京の発展に関しては、必然的で特別なことはおそらく何もなかったのである。もし、歴史のフィルムを巻き戻してもう一度再生できたとしたら、間違いなく大都市はいくつもできるだろうが、それらは別の場所に別の名前でできるはずだ。それでも、都市におけるべき乗則の傾向は変わらないままであろう。

すなわち、数学は人間社会に対しても通用しうるということだ。もちろん個々の人間がどう行動するかは分からないが、何万もの人間からどんな傾向が現われるかということなら分かるかもしれない。そして、その数学は複雑なものではない。ザネットとマンルビアは、都市の成長に潜む本質を、たった二つの性質をもつきわめて単純なゲームで表わすことに成功した。彼らは、各個人が引っ越しをしたり子供を作ったりするという決断は予測不可能なものなので、一年間の人口の変化は、どこにおいても比較的ランダムであると仮定した。ただし、ニューヨークのような大都市における人口変動の人数が、テキサス州ラボックのような小都市よりも大きいだろうと考えるのは、道理にかなっている。ザネットとマンルビアは、この条件をゲームに取り込むために、ある都市における一年間の人口変化の数は、人口そのものに比例すると仮定した。つまり、人口が多いほど人口の変動は大きいということである。(5)

また人々は、広い空間や安い家などを求めて、人口密度の高い場所から低い場所へと「流れる」傾向がある。この効果は、人口分布を平均化させ、都市を消滅させて人間を全域に一様に広げる方向に働くはずだ。しかしザネットとマンルビアは、砂山ゲームと同程度の単純な条件下では、この平均化の影響は人口の変動に打ち勝てないということを見出した。人口の変動によって地域の格差は大きくなり、人間の集合体としての「都市」は必然的に成長し、人口に対するべき乗則が再現される。すなわち、経済的要素や地理的制限は考えなくてよいのである。世界中における都市成長の過程は、ある意味我々が考えているよりもはるかに単純なのだ。

この単純性は、ある都市のなかでどこに人々が住んでいるかというパターンにも当てはまる。ロンドンとベルリンの上空で夜間に撮った空中写真は、正確な細部については非常に違っている。しかし詳しく調べると、これらの空中写真は非常に似通ったフラクタルの性質をもっていることが分かる。どの都市でも、大小の人口集中地域が点在しており、それらの大きさはべき乗則に従う。すなわち、人口集中地域には「典型的な」大きさというものはなく、地域全体にはある種の自己相似性が成り立つのである。どんなに小さな地域を拡大しても、それはその都市全体と同じように見え、そのなかにはさらに小さな人口集中地域が存在しているのだ。

したがって、あらゆる都市は互いに異なってはいるが、深いところではみな似通ったものなのだ。都市は、前に見た臨界点における二次元磁石のように、フラクタルなのである。そして、驚くことではないが皮肉にも、都市のなかの人口分布を説明するために現在もっともよい方法は、相転移の理論をもとにした単純なゲームを用いることなのである。(6)

金持ちへの道

何かを理解するというのは、表面的な詳細を無視してより深い論理を探ることだというのを、普遍性という概念は教えてくれる。今見たように、人間が集団を作って都市を形成する過程は、それが人間だという事実にはまったく依存しない。幾分侮辱的なことかもしれないが、同様のパターンは、細菌の集合体や天井に付着する煙の粒子においても、同様の理由で現われてくる。そしてさらに、このパターンは別の状況、たとえば財布や銀行口座にお金が貯まる（貯まらない、の方が多いが）過程においても現われるのだ。

なぜ、金持ちになる人と貧乏になる人がいるのだろうか？　都市と同様にその理由はたくさんあり、その人の出自や教育などは必ず関係してくる。しかし、人にはそれぞれ長所や短所や能力の違いがあるにもかかわらず、そこには実は単純な傾向が成り立つ。アメリカで一〇億ドルの純資産をもっている人が何人いるかを集計すると、資産五億ドルの人の数はその人数の約四倍であることが分かる。さらにその四倍の人数が二億五〇〇〇万ドルの資産をもっており、同様にこの傾向は続いていく。もしこの傾向が、ある一つの国のある政権下で、ある一時代にのみ成り立っているとしたら、これは何らかの政策による気まぐれだとして無視してしまえばよい。しかしまったく同じ傾向は、イギリスでもアメリカでも日本でも、地球上のほぼすべての国で成り立つのだ。

二〇〇〇年初め、フランス人物理学者のマーク・メザールとジャン・フィリップ・ブショーは、ザネット＝マンルビアとほとんど変わらない方法を使って、この傾向を説明することに成功した。各個人の資産は、毎年ランダムな割合で増減するものと仮定しよう。「絶対確実な」投資の方法というものはないので、一人の人間が得る収入はどの年においても完全にランダムである。しかし金持ちの人は貧乏な人に比べてより多く投資し、より多く損得を出すことになるので、資産のランダムな変化は、その人の資産に比例するはずである。さらに各個人は、労働や投資によって他の人の資産を変化させることもある。これらの基本的な仮定には、異論の余地はないであろう。メザールとブショーは、これらの効果だけを取り込んだ単純なゲームにおいて、資産に関するべき乗則の分布が現れるということを発見した。(7)

つまり、人々は互いに個人的な意思や疑いや計画や企み(たくら)にもとづいて相互作用するにもかかわらず、そこからは非常に規則的な傾向が現れてくるのだ。そしてこの傾向は、相互作用するどんな物事の集合体にも現われる普遍的な組織構造とは大いに関係しているが、それに比べて、人間の人間としての性質とははるかに関係が薄いのである。この考え方では、誰が金持ちになり、誰が貧乏になるかを予測することはできない。しかしこの考え方は、お金の流れと蓄積に関する「基本の物理」とも呼べるようなものを説明することにはなるのだ。

ここで、大きな人間集団に作用する数学的法則が個々の人間にも通用すると考えるのは、当然無理があることだと、私は思う。そのように考えるのは、原子や人間など個々の物体に通用する法則と、そういった物体からなる大集団に通用する法則との違いを、無視することにほかならない。物理学の世界では、どちらに対しても法則のような規則性が存在する。鉄の塊の中の原子磁石は、明確で単純な物理法則に従って向きを変え、それら膨大な数の微小磁石の間の相互作用は、鉄の塊自体に通用する明確な法則を導く。人間世界では、個人に通用する法則はないかもしれないが、それは、人間集団に通用する法則がないことを意味するものではない。

これらのべき乗則は何か別の方法でも解釈できるのではないか、と疑っている人もいることだろう。異なる状況下で同じパターンが現われるからといって、必ずしもそこに同じ原因が働いているということにはならない。もし、あなたの敷地に生えていた木がすべて一晩のうちに倒れていたとしたら、あなたは、一本は根が腐ったために倒れ、次の一本はお節介なお隣さんに切られ……などと、一本一本の木にまったく違う理由をつけるかもしれない。あるいはその代わりに、もっと単純な説明を探すかもしれない。昨夜激しい嵐があったことと、すべての木が同じ方向に倒れていることから見て、強風が木をすべて倒したと推測するかもしれない。

それと同様に、驚くほど単純なべき乗則が存在することに対するもっとも単純な解釈は、そこに何らかの普遍的な過程が働いているというものである。そして、我々の知っている普遍性は、相互作用する要素からなるたくさんの系において成り立っており、しかもその作用の仕方は、それらの要素のほとんどあらゆる詳細には関係しない。これらの事実は、こうした解釈の説得力をさらに高めている。さらに言えるのは、非平衡物理学の範疇(はんちゅう)の外では、べき乗則を導くための方法はほとんどないということである。

第12章　科学は地続きに「進歩」するのではない

歴史が予知力をもつ法則を生み出すことはできない。過去を理解することは、人類の性質に関する知識を広げる点でのみ現代に貢献しており、特定の条件下で特定の物事が起こる可能性が高いという、もっともらしいが誤った主張を、我々に直感的に、あるいは警告的に抱かせるものである。しかしながらこのいずれもが、科学法則における不変で予測可能な確実性には程遠いものだ。

——リチャード・エヴァンズ(1)

我々が現在信じていることは、いずれはすべて変わっていく。したがって、我々が信じていることは必然的に誤りである。我我は真実ではないことを信じることしかできない、と私は思う。

――マックス・ギル

何事が第一次世界大戦を引き起こしたのか？　表面的には、セルビア人テロリスト、ガブリロ・プリンツィプがその引き金を引いた。しかし、「人類に降りかかった史上最悪の災難」と当時の多くの人々がとらえたこの出来事を引き起こした、より深遠な力とは、何だったのだろうか？(2)　戦争直後の歴史学者たちは数多くの説を出した。アメリカでは歴史学者のシドニー・フェイが、複雑に絡まり合った秘密裏の軍事保証関係や、紛争解決のための政治的手段の不十分さなど、国際システムの欠点について指摘した。(3)　ロシアでは、共産党員たちが当然ながら、この戦争を資本主義社会の自発的崩壊と考えた。他の多くの歴史学者たちは、実際の原因は単純に、ドイツの背信行為にあるとした。アメリカ人の歴史学者チャールズ・ビアードは、このような支配的な考え方の無邪気さをからかって、それらを「日曜学校理論」と呼んだ。

軍事的策略など心に抱いていない、三人の純粋で無邪気な少年――ロシアとフランスとイギリス――が、日曜学校に向かう途中で突然、陰でずっと冷酷な行為を策略していた二人の根っからの悪党――、ドイツとオーストリア――に襲われた。(4)

その後の歴史学者たちは、このような考え方は幾分単純すぎたとしてビアードに同調したが、それとは対照的な、ビアードと同時期のハリー・エルマー・バーンズによる考え方を受け入れることはなかった。バーンズは、真剣な歴史学者たちの説が互いにどれほど食い違っているかを示すかのように、次のように結論した。

世界大戦の唯一直接の責任は、フランスとロシアにある。この二ヵ国の責任は等しい。責任の程度としてはその次に、フランスとロシアよりもずっと下がって、オーストリアがある。しかしオーストリアは、ヨーロッパ中を戦争に巻き込むつもりはなかった。最後に、一番下にドイツとイギリスが位置する。両国は一九一四年の危機の際、戦争に反対していた。おそらくドイツ国民は、イギリス国民よりも若干、より軍事行動に賛成していただろう。しかしドイツ皇帝は一九一四年当時、イギリスの外相エドワード・グレイ卿よりもはるかに精力的に、ヨーロッパの平和を守るための努力をしていた。(5)

今日でもまだ、この戦争の根本原因に関して全体的な合意には至っていない。さらに歴史学者たちは、アメリカ南北戦争から一〇六六年のノルマン人によるイギリス征服まで、様々な出来事の原因に関しても、最終的な意見の一致には達していない。これはそんなに驚くべきことではない。結局、歴史には決定論的法則も方程式もなく、研究者たちが様々な出来事の説明を試みるときに頼りになるような、深遠な基本的原理もないのである。物理学者は、万有引力の法則から、惑星の運動や銀河の形に対する説明を導き出すことができる。しかし歴史学は物理学とは違う。歴史においては、凍結した出来事が未来の展開する舞台を常に変化させ、そのため歴史学者は、物語を語ることに頼らざるをえなくなるのだ。

アイゼンハワー率いる連合軍が一九四四年の秋、なぜライン川にたどりつけたかを説明するには、第一次世界大戦とそのドイツにとっての屈辱的な結末、一九三三年のヒトラーの台頭、フランスなど西ヨーロッパでのドイツ軍の勝利、そして最終的なロシアへの敗北に、言及していかなければならない。イギリスとロシアに軍事物資を供給する上で非常に重要な役割を果たしたアメリカの武器貸与計画や、アメリカを戦争に巻き込んだ日本の真珠湾攻撃も、無視することはできない。また、一九四〇年五月二四日、司令官ハンス・グーデリアンの第一機甲師団が、ダンケルクのたった一五キロ手前の地点でヒトラーの至上命令により前進を止めたような、戦場における無数の出来事をも考慮しなければならない。もしヒトラーが口をつぐんでいたら、グーデリアンの軍隊はイギリス遠征軍をとらえ壊滅させていたかもしれない。こういった何千という事実のうちの一つでも変わっていたら、アイゼンハワーは決してライン川にたどり着けなかったかもしれない。

このような出来事のうち、どれがより決定的で、どれがより決定的でなかったのだろうか？　そこに、歴史学者の個人的な嗜好がかかわってくる。ある者は、重要な出来事の真の原因を政治的陰謀に求め、ある者は、経済的、社会的、文化的な力の相互作用に注目し、また別の者は、ヒトラーやスターリン個人の決定的な影響力に注目する。つまり歴史学者たちは、同じ出来事を生き、同じ文献にあたったとしても、互いに異なる物語を語るのだ。

これは歴史学者が直面する、避けられない問題の一つである。しかし今、議論の糸口として、すべての歴史学者が意見を一つにしたと仮定してみよう。すなわち、すべての歴史学者はどの出来事に対しても、十分な研究の後にはまったく同じ物語を語るようになるとするのである。するとこの物語は、実際に何を説明するのだろうか？　それは、第一次世界大戦のような劇的な出来事を説明するための、すべての事柄を含んでいるのだろうか？　もしそのような物語が説明し損ねたものがあるとしたら、それは何なのだろうか？　ここでしばらく現実の歴史を離れ、ずっと単純な歴史の下で、物語というものを検証していくことにしよう。

砂の歴史

ある日巨大な雪崩によって押し流された砂山世界に住む、一人の歴史学者を考えてみよう。この歴史学者は、起こった出来事を次のように説明することだろう。

この災害は一週間前、西部の辺境で始まった。その日の夜まだ浅いうち、一粒の砂が、我々の砂山の傾斜が急になっていた部分に落ちた。これが小さな雪崩を引き起こし、数粒の砂が東部に向けて転がり落ちた。不運にも、この砂山の西部は適切に管理されておらず、これら数粒の砂はさらに別の険しい地域に侵入した。すぐにより多くの砂粒が転がり落ち、夜のうちにこの雪崩は規模を拡大していった。そして次の朝までには制御不能になっていた。振り返ってみると、意外なことは何もなかった。一週間前、一粒の運命の砂が落ち、それが連鎖を引き起こして砂山全体にわたる大災害を生じさせ、ここ東部の裏庭にまで到達した。もし西部の当局にもっと責任感があったなら、最初の地点から砂粒を取り除き、このようなことが起きないようにできたはずだ。このような悲劇が二度と繰り返されることのないよう願うだけだ。

何が起こったのかというこの物語は、間違いなくこの歴史学者や災害に遭った人々の興味を惹(ひ)きつけるはずだ。しかしこの物語は、なぜこの大災害が起こったかということについて、何か説明しているだろうか？　砂山においては、大小あらゆる雪崩を、砂粒一つ一つの細かい動きによって「説明」できる。このことは、砂粒は砂粒の物理法則に従って動くということを示している。しかし、より根本的な質問がある。一粒の砂に、砂山全体にわたる大災害を引き起こす力をもたせたものは、何なのだろうか？

この物語は、西部における特別な状況がこの大災害を起こさせたということを示している、とこの砂山歴史学者は考えた。「もし誰かがもっと早く行動して、その最初の場所から砂粒を取り除いてさえいれば」と彼は嘆く。しかしこれはせいぜい、人を慰めるための幻想でしかない。砂粒が落ちようとしている場所の近くを前もってどれだけ調査したとしても、どんな異常な前兆をも見出すことはできないのだ。たとえその場所の傾斜が急だったとしても、同様に急な場所は砂山じゅうにたくさんあるし、そのどこに砂粒が落下しても、何も異常なことは起こらないかもしれない。歴史学者がこの災害を予知するには、砂山全体にわたってすべての砂粒の正確な位置を知らなければならないし、あらゆる場所に砂粒が落ちた場合の結果を計算するための、途方もない計算能力も必要になるだろう。そうなって初めて、「西部の危険地点Xに一粒の砂が落ちると、巨大な災害が確かに起こる」と確信をもって言えるようになる。

さらに、最初の地点から砂を一粒取り除けば災害が防げたということが、たとえ正しいとしても、どの砂粒をどこに動かすべきかを前もって知る方法はないのである。西部の当局がいくつかの砂粒を動かしたとしたら、数週間後には彼らは愕然とさせられるかもしれない。砂山のどこか別の場所に落ちた砂粒が、まさに彼らの動かした砂粒のために、大災害につながる雪崩を引き起こすかもしれないからだ。そうなった場合、この歴史学者は西部当局を、災害を防ぎ損ねたとしてではなく、災害を引き起こしたとして非難したことだろう。

残念ながらこの歴史学者の語る物語は、表面的な出来事の連鎖を大雑把に語っているにすぎず、その裏に隠されたより深遠な歴史的過程には触れていない。この物語は、歴史の奇妙な偶然に敬意を表しているだけで、なぜすべての雪崩が小さいままで終わらないのかという質問には、何も答えていないのだ。なぜ一粒の砂が大災害を引き起こしうるのかを理解するには、砂山の小さな領域だけでなく、砂山全体の詳細な構造を理解する必要がある。そして、砂山全体に届く不安定性という大きな手についても、理解しなければならない。このようにして初めて歴史学者は、何が起こったかだけでなく、この一般的な特徴をもつ出来事がなぜ起こらなければならないのか、そしてなぜ間違いなく再び起こるのかといった、歴史に対するより深遠な理解を得ることができるのだ。

もちろん人間の歴史に関しては、誰もこのような表層的な物語にこだわる必要はない。しかし歴史学者は、どのようにすればより深遠な理解を得られるのだろうか？

物語を超えて

歴史家の仕事は単に「それは実際どういう出来事だったのか」を述べることだと指摘して、初めて物語の重要性について説いたのは、一九世紀の偉大なドイツ人歴史家レオポルド・フォン・ランケであった[6]。歴史学者のなかには、それでは十分でないと考えた者もいた。四〇年前、オックスフォード大学の歴史学者エドワード・ハレット・カーは、次のように言って嘆いた。

ドイツ、イギリス、フランスの歴史学者たちは、三世代にわたって、「それは実際どういう出来事だったのか」という言葉を呪文のように唱えながら、戦いを進めてきた。多くの呪文と同様に、この呪文は、自分で考えなければならないという厄介さから彼らを解放するために作られているのだ。

カーの考えによれば、歴史研究で真に重要なのは、単に表面的な物語を語ることではなく、そこから一般的な帰結を導き出すことである。

言語の利用は、歴史学者に科学者と同様の一般化を行なわせるものだ。ペロポネソス戦争と第二次世界大戦とは、互いに非常に異なるもので、どちらも特有のものである。しかし歴史学者はどちらも戦争と呼び、それに反対するのは衒学者（げんがくしゃ）だけだ。エドワード・ギボンが、コンスタンティヌスによるキリスト教の確立と、革命によるイスラムの台頭について書いたとき、彼はこれら特有の出来事をまとめて一般化したことになる。現代の歴史学者が、イギリス、フランス、ロシア、中国の革命について書くときも、これと同じことをしている。歴史学者は実は、特有の事柄には興味はない。特有のなかの一般的事柄に興味があるのだ。[7]

特有のなかの一般的事柄とは何だろうか？　歴史の一般化とは何なのだろうか？　これについて歴史学者が指摘することはたくさんあるが、そのなかでももっとも明白で基本的な事柄について、半世紀以上前のアメリカ人歴史学者コンヤーズ・リードが強調している。リードは、歴史研究から得られるもっとも重要な教訓の一つを、次のように述べている。

再調整の必要性に対して常に目を光らせていなければ、不可避な革命の先駆けとなる不調和の状況を作り出してしまう。その革命が、ロシアで起こったようなものになるか、あるいはイタリアで起こったようなものになるかは分からないが……。歴史研究には、そのようなことを行なうという重要な社会的役割があると、私は信じている。[8]

言い換えれば、ある種の内的歪み、すなわちリードが言うところの「不調和」は、あら

ゆる革命的大変動に先立って蓄積していくのだ。あるいは、トーマス・カーライルがフランス革命の発端に関して述べたように、

> 飢えと、衣服の不足と、悪夢のような圧制が、二五〇〇万の心に重くのしかかっていた。フランス革命の主要な原動力は、傷ついた虚栄心、唱導者たちのあいだの哲学の矛盾、裕福な経営者たち、地方の貴族たちなどではなく、まさにこれらのことだったのだ。これは、あらゆる国のあらゆる革命と同じことである。[9]

　歴史学者によれば、不調和は革命の前提条件であり、それは、特性や規模にかかわらず、あらゆる集団において突然起こるすべての劇的な変化に、必ず先立って起こるものだ。[10] この考えが示唆しているのは、この不調和とそれに伴う人間の苦難がある種の限界に達すると、社会構造が瓦解（がかい）するということである。言い換えれば、そのときこの苦難の程度が、別の歴史学者が言うところの「もっとも大きな社会的力――慣性」に打ち勝つということだ。[11] 革命は当然、毎日起こっているわけではないが、社会の一部は、常に現在の秩序に満足していないに違いない。

　このような歴史の一般化は、あまりに当然のことであり、はたして無意味なことなのか、あるいは単に定義上真実であるだけなのか、はっきりしないかもしれない。しかし、砂山

における基本の物理と比較すれば、これは示唆に富み、同時に興味深いものだということが分かる。砂山においては、ある地点の傾斜が非常に急で、次に落ちる砂粒によって限界を超えて砂が滑るような状態になっているときのみ、雪崩は発生する。同様に地殻においては、岩石の中で「不調和」の歪みが蓄積し、それが最終的に突然、地震を引き起こす。もしリードの指摘した一般化がほんとうに一般的なものであるならば、次のように考えられるかもしれない。歴史の過程に潜む作用が、すでに何度も見てきた大変動に対する感受性によって、革命や戦争やその他の劇的な社会的大変動を引き起こしているのではないだろうか？

このような可能性については、次の章で考えることにしよう。人間の歴史という荒れ狂う川へ泳ぎ出す前に、試しにもっと狭い小川――科学の歴史――を渡ってみるとよいであろう。もし人間の歴史が一般的な特徴をもっているとしたら、それは歴史のなかのあらゆる特定の側面にも見られるはずだ。一九六〇年代に、科学史家のトーマス・クーンは、科学者の仕事に対する支配的な考え方に大きな打撃を与えるような、注目すべき本を著した。これから分かるようにクーンは、科学とは、普遍的な歪みの蓄積と解放が歴史の速度と性質に大きな影響を与えるような舞台であるということを、明確に示したのだ。戦争や政治革命の裏にあるものが何かを理解するための第一歩として、科学革命の裏にあるものが何かを見ていくのは有益なことであろう。

学問の性質

一九世紀の終わりには、科学はまだ純潔の時代を過ごしていた。科学者は、偏見をもたず、理性的で客観性をもち、確実な科学的手法の原理に従う能力をもった、超人的な存在であると、多くの人は考えていた。当時一般的には、科学者は、物事の仕組みに関する仮説を立て、それを客観的事実に当てはめて検証し、「事実に適合した」説だけを残すと考えられていた。事実に合わない説はすべて、味のなくなったガムのように、何のためらいもなく捨て去るだけだとみなされていたのだ。

科学とはもちろん、仮説を立ててそれを検証し、自然との対話を通してそれに確信を得るという行為である。ある権威によって「これはこうだ」と下されるようなものでは、断じてない。リチャード・ファインマンはかつて、「科学とは専門家の無知を信じることである」と言った。それに付け加えるなら、科学とは、注意深い研究によって無知を少しずつ減らしていけると信じることである。これは真実ではあるが、このように科学者を、神聖なる理性、客観性、公平性によって動くある種の自動装置ととらえるのは、無邪気すぎることだ。科学者も人間である。科学は研究者の社会のなかから生じるものなので、科学者は他の科学者に影響を与える可能性がある。一九五〇年代、多くの歴史学者が、この単純な可能性が重要な結果を及ぼすことに気づきはじめた。

歴史学者のマイケル・ポランニーは、実際の科学の発展に関する詳細な歴史的研究をもとに、科学者は実際には、みんなが信じているほどには公平でも理性的でもないという結論に達した。

いかなる時代にも、自然の物事に対する広く確立した科学的見方が存在する。強い信念は、この見方に矛盾するいかなる証拠をも無効にしてしまう。そのような証拠が説明不能なものだったとしても、科学者は、それが後で誤りや不適切な事柄だったと判明することを期待して、それらを無視してしまうのである[12]。

科学者は、公平であるどころかしばしば心と目を塞いでしまうということを、ポランニーは発見した。彼らは、自分の説に合わない証拠を探すどころか、そのような証拠に出くわしたときには、それを無視してしまうのである。

ハーバード大学でクーンは、コペルニクス革命や、相対論や量子論の誕生に伴う大激動のような、科学における劇的な出来事に関して、いくつもの長い歴史的研究を完成させた。どの場合も、事実という法廷で古い理論が正しくないと論理的、客観的に判断されてもなお、科学者は直ちにそれを捨て去ろうとしなかったということを、彼は発見した。科学者はどんなときも、互いに共有する学説に感情的に与し、彼らが説明しているつもりの自然界に対する「不調和」が目に見えて耐えられないほどに大きくなるまで、自分たちの学説を否定することなど考えもしないということに、クーンは気がついた。

考えてみれば、驚くべきことは何もない。結局、科学者は超人などではなく、科学に携わっているときも普通の人と変わらないのだ。彼らも普通の人間のもつ偏見や無知に苦しみ、しばしば世界が自分の思っている通りであることを望む。もちろんこのことは、科学が機能していないということを示唆するものではない。科学は確かに機能しているように見えるし、実際にかなりうまくいっている。しかし、科学はどのように発展しているのだろうか？ そして、科学者がお気に入りの学説を放棄しようとしないとき、科学はどのようにして進歩していくのだろうか？ クーンは、歴史のなかに一般的事柄を見出そうとするカーの願望を共有する歴史学者として、これらの問題の答えを探しはじめ、そして一九六二年の名著『科学革命の構造』によってそれを成し遂げた。

クーンは、歴史的により現実味のある科学の描像においては、パラダイムという概念が重要な位置を占めるということを見出した。パラダイムとは、実際に機能すると証明されている科学的学説や実践方法に関する具体的前例のことである。クーンによれば、

　パラダイムとは、法則、理論、応用、装置を含め、科学研究においてある特定の首尾

一貫した伝統を生み出すモデルを提供する、実際の科学的実践方法において広く受け入れられた前例のことである。[13]

ニュートンの方程式と、その惑星の運動に対する数学的応用を合わせれば、一つのパラダイムとなる。もう一つのパラダイムとしては、マクスウェルの電磁気の方程式と、それを電波や発電機などの機能に応用する際の実践的規則とを合わせたものがある。量子論の原理と実践方法は、また別のパラダイムを構成し、現在では多くの物理学者によって常に信頼されている。パラダイムを、それまでずっと謎であった事柄を説明可能にするような一連の「優れた学説(アイディア)」だと考えてみよう。[14] パラダイムをもっていなければ、科学者は自然現象の広大な海に呑みこまれ、どの事実が重要でどれが重要でないか見分けられなくなる。科学者は、学生時代に様々なパラダイムを教わり、どのように科学を進めるべきかを実例から学んでいく。このような一連の学説は、科学者に、宇宙はどんな物でできているのか——原子、波動、量子場など——を示し、それらがどのように振る舞うかという原理を提供する。その結果科学者は、科学活動をほぼ機械的に進めることができる。パラダイムのなかの「優れた学説」は、科学者に活動の基盤を与え、その結果として科学者は、喜んでパラダイムに身を捧げるのである。

そして科学者たちの集団的献身によって、すべての科学的パラダイムは、適切につなぎあわされた優れた学説からなるネットワークを形作る。もっとも傑出したパラダイムは、量子論、相対論、進化論といった、もっとも基本的な優れた学説である。しかし他にも、数えきれないほどの小さな優れた学説が、このネットワークを形作っている。それらは、どこかで正しいと証明されたり、あるいは科学者に、ある種の方程式の解き方や、よい結果を出すための実験方法などを示したりするものである。こういった学説がすべて合わさって、科学の核心構造、つまりポランニーが言うところの「自然の物事に対する、確立した科学的見方」を形作っている。

しかし科学の中心的事業は、より学ぶこと、すなわちこの優れた学説のネットワークをより密で完全なものにすることである。科学が学ぶことであったとしたら、このネットワークは不変のものではないはずだ。クーンは、その変化を起こす、基本的かつ真に対照的な二つの方法を突き止めた。

通常の科学、通常でない科学

一連の学説によって、世界のある一面が理にかなったものに思えるようになったとしても、それらの学説が何を示唆しているのかを正確に明らかにするには、かなりの量の研究が必要である。たとえば、現在多くの物理学者が、水に音波を集中させると明るく輝き出すという、奇妙ではあるが簡単に実験できる、音ルミネッセンス現象の謎を解こうとしている。この謎は何十年にもわたって知られているにもかかわらず、何が起こっているのかを完全に理解するには、化学と量子論と流体物理学を組み合わせる必要があると、誰もが推測している。言い換えればこの事業は、科学者がすでにかかわってきた学説を使って、世界の新たな一面を解明しようとするものだ。

クーンはこれを、「通常科学」と呼んだ。これは、パラダイムを練り上げ、その学説が示唆するすべての事柄を導き出そうとする活動のことである。ある種の単純な成長になぞらえればいいであろう。この種の科学は非常に保守的である。それはその科学者たちが、パラダイムのいかなる優れた学説にも疑問を投げかけず、自然の物事に対する確立した見方がすべての事柄を理解する上で鍵になるという信念をもっているからだ。クーンによれば、

歴史的にも現代の研究室においても、通常科学とは、パラダイムによって与えられた、形が決まった融通(ゆうずう)の利かない箱の中に、自然を押しこもうとする試みのように見える。通常科学のどこにも、新たな種類の現象を呼び起こすという目的は含まれていない。実際、箱に入らない現象は、しばしば完全に無視されるのだ。(15)

通常科学とは、優れた学説のネットワークを拡張して、自然界のより広い範囲を覆うようにし、隙間を埋め、完全で継ぎ目のない一体となったものにするという目的をもった活動なのだ。

しかしすべての科学が通常というわけではない。ネットワークをある方向に伸ばしたり、空いた場所を埋めたりする試みのなかで、どうしても「箱に合わない」現象が見つかることがある。複数の「優れた学説」が矛盾していることが分かったり、ネットワークの様々な部分がなめらかにつながらなかったりすることもある。そのような問題は、通常科学に混乱を引き起こし、不調和を生み出して、クーンの言う第二の科学的変化、すなわち「科学革命」への舞台をしつらえることになる。

一八七〇年代までは、通常科学が、ニュートンの法則とそれを基礎とした古典物理学を推進してきた。ミュンヘン大学の物理学教授は、マックス・プランクという若い物理学者に、「発見されるべきものは残されていない」と警告した。イギリスの物理学者ケルヴィン卿もまた、「将来の物理科学は、小数点以下六桁目を決めるものになる」と述べた。しかしそれから数年後に理論家たちは、古典物理学は論理的に、すべての物体が常に無限の量の光を発する「紫外発散（しがいはっさん）」と呼ばれる不合理を生み出すという、困った結論に達した。ほとんどの物理学者は、最終的には、ある聡明な研究者の手によってこの問題は解決され、古典的な学説が正しいと証明されるだろうと考えていた。しかし何十年かにわたって失敗が繰り返され、事態は不吉なものになってきた。そして、同じように手に負えない様々な問題が、不調和を限界点にまで高めた。パラダイムは、普段は科学者に研究の基盤を提供しているが、その奥深くでは、来るべき災難を引き起こそうとしている。一九二〇年代、物理学者のウォルフガング・パウリは、古典的なパラダイムの混乱に手を焼き、次のように記した。

現在再び、物理学はひどく混乱している。どの問題も私には難しすぎる。自分が喜劇俳優か何かになっていて、物理学のことなど耳にしなくて済んだらよかったのにと思う。(16)

しかし通常科学が行き詰まったとき、科学者は絶好の機会を得ることになる。通常科学は保守的であり、パラダイムとなっている学説は実質的に不変であるとみなされている。その結果、かなりの量の不調和による歪みが生じたときのみ、科学者は、優れた学説を探求したり放棄したりして、新たな研究の基盤を再構築しようとすることができる。クーンが指摘しているように、これが科学の一般的な傾向なのである。

通常科学は、繰り返し道を外れてきた。そうなったとき、つまり研究者たちがもはや、すでにある伝統的な科学の実践方法を打ち崩すような異常現象をはぐらかすことができなくなったとき、初めて研究者たちは新たな取り組み、つまり科学の実践のための新たな基盤を目指して、それまでとは違う特別な研究に取りかかりはじめる。研究者たちの取り組みの変化を引き起こすような、それまでとは違う流れ、これが科学革命である。科学革命は、伝統を打ち崩すことによって、伝統に縛られた通常科学の活動を補完しているのだ。[17]

一九二〇年代の物理学では、ヴェルナー・ハイゼンベルク、エルヴィン・シュレーディンガー、ポール・ディラックが、アインシュタイン、プランク、ニールス・ボーア、ルイ・ド・ブロイの説に触発されて、それまでの学問の全体像を切り裂き、量子論という新たな基盤を築いた。このような特別な動きの後に再び、科学者たちは、研究のための安定したパラダイムを得る。そしてそのネットワークは前と劇的に違ったものではあるが、そこから通常科学は再び復活することになる。先ほどのパウリの不安と、その数カ月後――ハイゼンベルクが新たな量子論的パラダイムを作り上げる上で最初の過渡的な結果を得た後――再び甦（よみがえ）ったパウリの確信とを比べてみよう。

ハイゼンベルクの力学は、私に再び希望と生きる楽しさを与えてくれた。この学説が例の謎に対する解答を与えるものでないのは確かだが、我々は再びさらに先へ進んでいけると、私は信じている。[18]

「進んでいく」という言葉が、彼の心情を表わしている。通常科学とは、馴染みの土地を一歩一歩胸を張って進んでいく、いくようなものなのだ。

クーンの見方を要約すると、通常科学とは、優れた学説からなる現存のネットワークの隙間を埋め、それを広げていくものであり、どんな形であろうと、科学者たちの世界のとらえ方に根本的な修正を迫ろうとするものではない。しかし皮肉にも、この通常の働き自体が、必然的に異常現象や不整合を生じさせ、既存の学説のネットワークに内的歪みを蓄積させていく。そしてこの不調和がある限界に達すると、このネットワーク、そしてそれを基礎とした通常科学は崩壊する。そこで科学者たちは、知識の蓄積と拡張ではもはや先に進むことはできないと悟り、従来のネットワークの一部分を壊して再構築しなければならなくなる。

このような再構築を他の部分と完全に切り離して行なうことは、絶対に不可能である。地殻においては、いくつかの岩石の滑りが近くの岩石の歪みを変化させ、それがさらなる活動の伝播を引き起こす。それと同じように、ネットワークのある一部分の再構築は、それに隣接した領域の変化をも必要とする。そしてこのような変化は、さらに別の場所の変化を要求する。たとえば、原子の量子論の構築は、固体、液体、気体の科学的理論をも同様に再構築させることになった。

革命の物理

クーンによる科学に対する描像は、きわめて大きな影響力をもっている。歴史学者のピーター・ノビックは、クーンの著書『科学革命の構造』について次のように書いている。

二〇世紀のアメリカの学問研究のなかで、これほど幅広い影響力をもつものを他に選び出すのは難しい。歴史学の書籍のなかに、この本の競争相手はないだろう。(19)

これはおそらく、クーンの研究が単に物語に終わらず、すべての科学的変化に通用すると思われる一般論を導いているからであろう。彼は、「伝統に縛られた」変化と「伝統を打ち崩す」変化とのあいだの緊張のなかに、より深遠な歴史の過程に潜む重要な要素を見出したのである。しかしクーンは、この過程がどれほど深遠でどれほど普遍的なものなのかを数理物理学が示してくれるとは、知る由もなかった。クーンの見出した傾向の基本的要素が我々にとってすでに見慣れたものであるのは、驚くことではない。それは、地震の力学の裏に横たわるものときわめて似たものなのだ。

大陸プレートのゆっくりとした移動は、地殻の再構成を直接引き起こすわけではない。摩擦力が岩石を一ヵ所に留めているからだ。大陸プレートの移動は単に、岩石に歪みを与えるだけである。この歪みがある限界を超えたときのみ、岩石は突然激しく動き、自らを再構成する。同様に通常科学は、優れた学説のネットワークに歪みを蓄積させる。ポランニーが指摘したように、科学者の社会はある種の「精神的な摩擦力」をもっており、科学の学説の体系はこの歪みが限界を超えたときのみ、革命へと移るのである。

ということは、通常科学は大陸プレートの移動に相当し、科学革命は地震に似たものということになる。そしてこの類似性はさらに続く。我々がすでに知っているように、地震には典型的な大きさはない。初めのいくつかの岩石が滑ると、近傍の岩石にかかる力が変化し、それがさらなる滑りを引き起こす。地殻はおのずから臨界状態へと組織化されているので、滑りの連鎖がそれぞれどこまで続くかは、完全に予測不可能である。したがって、典型的な大きさの地震というものはない。このことは、科学革命にも当てはまることなのだろうか？

我々は、アルバート・アインシュタイン、アイザック・ニュートン、チャールズ・ダーウィン、ヴェルナー・ハイゼンベルクという名前を、世界を揺り動かした大きな科学革命を示すものとして考えている。しかしクーンは、『科学革命の構造』の一九六九年の新版での後記のなかで、科学革命とは必ずしも、広範にわたる影響を及ぼしたり、根本的な学説を含んでいるものでなくても構わない、ということを強調している。物理学の小さな一分野や、一つの研究グループのなかの数人の研究者たちでさえ、その研究の基盤をなす学説の構造に革命的な変化が起こる場面に遭遇しうる。それまで頼ってきた学説が徐々に結果を生み出さなくなれば、小さな研究者集団でさえ、同じ基本的パターンの変化を経験することになるのだ。

私の実例の選び方のために、あるいは科学者社会の性質や規模に対する私の説明があいまいだったために、本書の何人かの読者は、私の関心はおもに、コペルニクスやニュートンやダーウィンやアインシュタインにかかわるような、重要な革命に限られたものであるという結論に至っている。私の言う革命とは、集団的関与のある種の再構築を伴う、特別な種類の変化のことである。しかしそれは、大きな変化である必要はないし、二五人に満たないような小さな集団の外部には革命的だと思われないものでもよい。科学哲学の論文においてほとんど認識も議論もされていないこの種の変化が、このような小さな規模で常に起こっているからこそ、累積的変化に相対するものとしての革命的変化について理解することが、まさに必要なのである。

つまりクーン自身の心のなかでは、革命と通常科学とを区別するのは、伝統を打ち壊す性質をもつか、伝統を守る性質をもつかということだ。革命は古い学説のネットワークの一部を壊すが、通常科学はそこに何かを付け加えるだけである。クーンの議論から、典型的な革命というものは存在しないのではないかという可能性が考えられる。科学の力学はスケール不変的であり、優れた学説のネットワークは地殻と同様に、臨界状態に留まっているのかもしれない。しかしこのことは、単に可能性にすぎないのだろうか？　もっと説得力のある証拠を見つける方法はあるのだろうか？

第13章　「学説ネットワークの雪崩」としての科学革命

科学、それは社会との完全なる不可侵条約を前提に存在することはできない。どの方面にも、防御可能な前線はないのだ。

——ジョン・クラッシャー・プライス(1)

革命ほど、歴史を面白くさせるものはない。
——エドワード・ハレット・カー(2)

科学の中心に存在する学説のネットワークといったとらえどころのないものを、揺るぎない数学的方法によって理解するのは、もしかしたら不可能なことなのかもしれない。サンアンドレアス断層に沿った大陸プレートの間の密着と滑りを監視する精密なセンサーを、カリフォルニアの丘陵に張り巡らすことならできる。地殻のプレートは我々のそばに存在するので、そこに行きさえすれば測定できるが、それに対して科学の学説のネットワークは、科学者の思考や記憶のなかといった、はるかに調べにくい領域に存在している。しかしそれでもクーンは、『科学革命の構造』のなかで、次のような興味深い提案をしている。個々の科学革命がそれを経験した集団の歴史的見方を変化させる、という私の考えがもし正しければ、そのような変化は、革命後の教科書や論文の構成に影響を及ぼすはずだ。そのような影響の一つとして、論文の脚注で引用されている文献の分布の変遷を、革命の発生を示す指標の一つとして調べるべきである。(3)

クーンはこのアイデアをこれ以上広げることはしなかったが、それがどのようなものになるかを調べるのはそんなに難しくはない。素粒子物理学や遺伝学や宇宙論など、科学のある特定の領域の学説に頼って研究している科学者は誰でも、論文を発表するときには、自分の新たな学説をその専門分野における「優れた学説」のネットワークのなかに位置づけるための方法として、引用文献の一覧を記す。幾分間接的な方法ではあるが、このような引用関係は、いくつもの論文を、学説のネットワークの構造を反映したような形につなぎあわせていく。実際には学説自体は、人間の精神という微妙な環境のなかに存在しているのだが。

そこで、このネットワークで起こる変化の性質について探っていこうと思うが、幸いにも、論文の引用関係を調べることによって、それを進めることができる。そのための手がかりは、地球物理学の分野から得られる。地球科学者たちは、地震の規模を示す指標として、地面の揺れの強さを記録する。この地震の規模は、地殻の岩石の中でどれだけの物理的再構成が起こったかを反映している。大きな地震の方が、より広範囲の地形を再構築させるということだ。前に見たように、グーテンベルクとリヒターは、たくさんの地震の規模に関する統計を調べることで、あの非常に単純なべき乗則を発見した。そしてこの法則は、すべての地震の原因が本質的に同じであることを示唆していると、我々はすでに理解している。地震の活動は常に、断層の小さな一部分の岩石が滑り出すことで起こりはじめる。しかしその地震の規模は、そのきっかけとなった出来事によって決まるのではなく、岩石の滑りの連鎖がさらに遠くまで伝わるかどうか、すなわち地殻の長い範囲に届くような「不安定性という大きな手」が揺り動かされるかどうかによって決まる。

それと同じように、それぞれの科学論文に記された学説は、すでに存在する学説のネットワークのなかに埋め込まれ、そこに大小の再構成を引き起こす。たとえば、ワッツとストロガッツによるスモールワールドに関する論文がある。この論文は、グラフ理論と社会ネットワークの奇妙な性質との意外なつながりを明らかにした。この新たな学説は、他の科学者たちの信念や興味を一部変化させた。科学者のなかには、スモールワールドのグラフの数学的性質についてより詳細に調べた論文を書いたり、あるいはこの基礎的な数学的洞察を病気の流行などに応用しはじめた者もいる。

この一本の論文の学説が最終的にどの程度の範囲の活動を引き起こすのかを言うのは、まだ早すぎる。しかし、そのような活動の結果生み出される論文の多くが、おそらくこの最初の論文を引用することだろう。したがって、このような論文によって引き起こされた「学問の地震」の最終的な規模を測定するには、その後の論文に引用された回数に注目するとよいであろう。たった一回しか引用されなかった論文は科学の学説のネットワークにほとんど再構成を及ぼさなかったが、一〇〇〇回引用された論文は大きな再構成を及ぼしたということである。

この方法はもちろん、論文の最終的な影響力を大雑把にしか測定できない。それでも我々は、グーテンベルク゠リヒター流の問いを出すことができる。一本の論文が引用される回数に、典型的な値は存在するのだろうか？

論文の足跡

幸いにも、論文の引用の歴史をたどるのは簡単だ。サイエンス・サイテーション・インデックスというデータベースは、一九六〇年代以降のすべての科学論文の引用を一覧にしたものである。たとえば、一九六七年一二月に発表された量子場理論に関する論文をいくつかでたらめに取り上げると、それ以降、誰がその論文を引用したかを調べることができる。一九九八年、ボストン大学の物理学者シドニー・レドナーは、この作業を、一九八一年に発表された七八万三三三九本の論文について行なった。最終的に多くの回数引用されることになる論文は、実際にそれだけ引用されるまでに年月がかかるので、調べるべき論文は、現在よりある程度以上前の年に発表されたものにする必要がある。そうしなければ、引用回数はその論文の生み出した影響を正確に反映しなくなってしまう。

レドナーは、選んだ論文に対する統計を調べ、初めに深刻な事実を発見した。三六万八一一〇本もの論文が、一度も引用されていなかったのだ。これらの論文に含まれる学説は、学説のネットワークに目に見える反応をまったく引き起こさなかったのである。しかし、より影響を及ぼした他の論文について調べたところ、さらに興味深いことを発見した。約一〇〇回以上引用された論文において、その引用回数の分布がスケール不変的なべき乗則に従ったのだ。それは学説のネットワークが、砂山ゲームや地殻と同様に、臨界状態へと組織化されている場合に予想される通りのものだった。もちろん、多くの回数引用された論文は、少ししか引用されなかったものより数は少ない。レドナーは、引用回数が増えるとともに、その論文の数がきわめて規則的に減少していくことを発見した。引用回数が二倍になると、そのような論文の数は約八分の一になるのだ（図22）。したがって、論文の引用回数に典型的な値はなく、ある論文が学説のネットワークに最終的に引き起こす変化

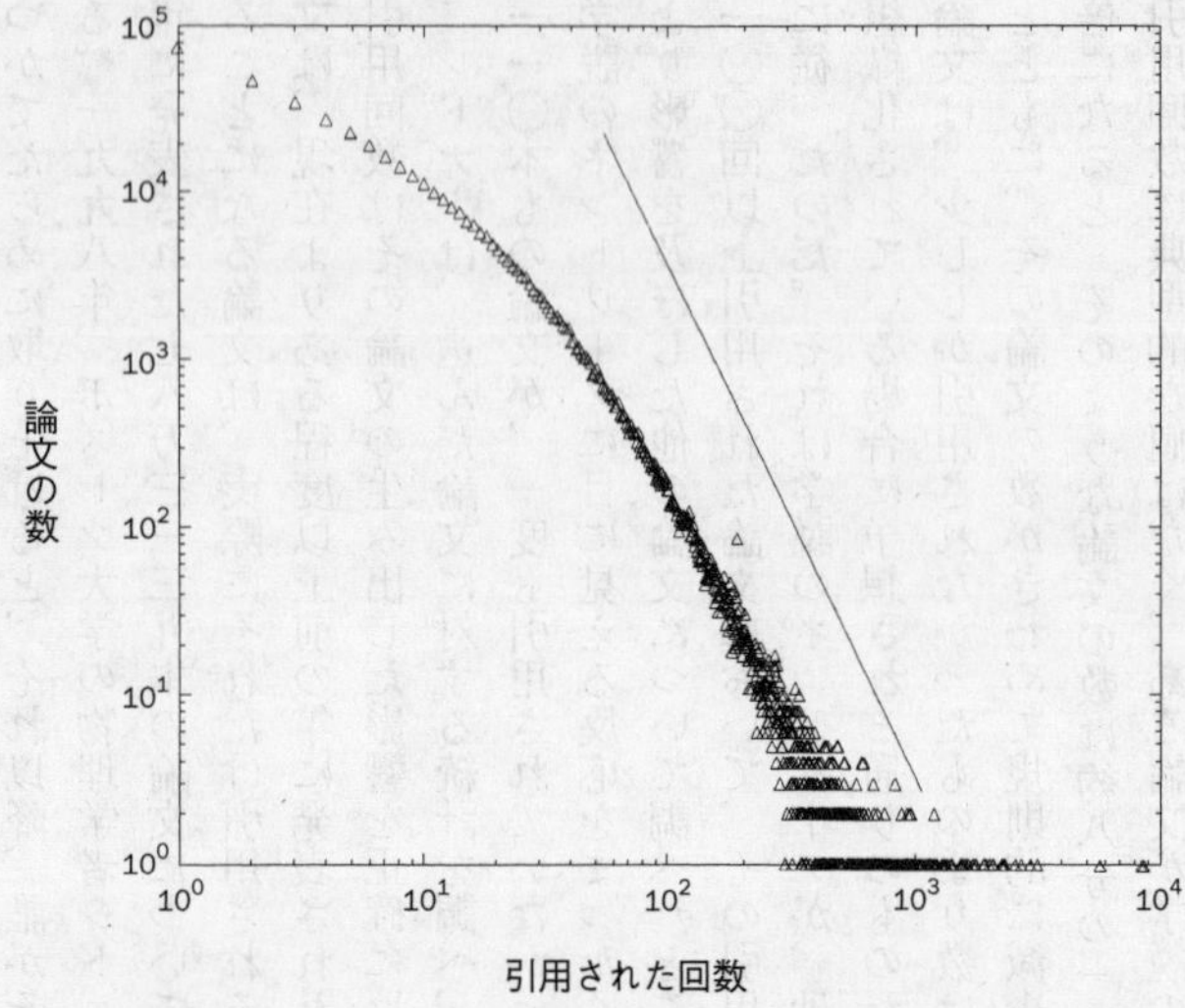

図22　引用された回数に対する論文の分布（Sidney Redner, *Eur.Phys.J.B.*, 1998 ; 4 : 131-4 より改図。許可を得て掲載）

にも、典型的な規模はないのである。[4] このことは何を意味しているのだろうか？

以前に我々は大量絶滅のところで、恐ろしく大規模な絶滅はよりありふれた目立たない絶滅に対してきわだっている、ということを見た。表面的には、これら二種類の絶滅は本質的に異なる原因、つまりそれぞれ、外部からの衝撃と通常の進化の作用によって起こったかのように見える。しかしこの違いは、単なる幻想でしかないということが分かっている。我々はこれと同じことを、地震の場合にも見てきた。大地震の裏にある特別な原因をどんなに必死になって探しても、そのような特別な原因など存在しないことが、グーテンベルク＝リヒター則によって示されている。レドナーの統計から考えて、これとほぼ同じことが科学自体についても当てはまるように思える。クーンにとっては、大規模な革命とともに小規模な革命も存在し、どちらも「伝統を打ち壊す」という本質的に同じ性質をもっていることに気がつくところまでが、精一杯だった。しかしレドナーのべき乗則は、科学的大変動に対するグーテンベルク＝リヒター則に相当するものであり、これは、大規模な科学革命と小規模な科学革命とのあいだには深い意味で違いはないことを示唆している。

この「学問における」グーテンベルク＝リヒター則と、クーンの画期的な分析とを合わせると、科学的知識のネットワークは、地殻やその他の様々な事柄と同様に、臨界状態に留まっているものと考えられる。もしそうならば、科学者たちは常に、予想しない出来事に出会うかもしれないと考えておかなければならない。学説のネットワークは、ささいな偶然がしばしば前触れなしに巨大な革命を導く、ドミノ倒し的連鎖を引き起こすような形へと組織化されているのだ。そのような革命を予知するのはほとんど不可能である。それは、新たな学説が及ぼす最終的な影響は、その学説の本来の奥深さではなく、それがすべての科学的学説からなるネットワークのなかのどこにたまたま位置したかによって決まるからだ。

誰もがアインシュタインという名を、科学史における最大の革命の一つと結びつけて考えている。しかしアインシュタイン革命は、光を電磁気の振動として説明したマクスウェルの方程式の奇妙な性質を、アインシュタインが解明しようとしたことによって始まったのだ。彼がこの単純な方程式から導きだしたのは、光の波と同じ速さで走ったとしてもその光が止まって見えるようにならない、という矛盾であった。この単なる好奇心にもとづく小さな抽象的矛盾が、最終的には何百年にわたって構築されてきた物理学の修正と相対性理論をもたらし、そして無数の経路を通じて核エネルギーと原子爆弾へとつながっていったのだ。

同様の例は、いくらでも簡単にあげることができる。一九〇〇年にプランクは、熱く輝く物体から発する色を説明する式を発見したが、その式を導くためには、光と物質との相互作用においてエネルギーは微小な不連続の塊で移動すると仮定しなければならなかった。そのときプランクは、おそらく誤った理由から、これは単に正しい答えを得るための技術的なトリックにすぎないと考えた。この技術的トリックが、物理科学のほぼ全体に致命傷を与え、最終的に量子物理学という驚くべき革命を引き起こすことになろうとは、彼を含め誰も想像しなかった。

臨界状態という考え方を通して見れば、大きな革命というのは、その原因に関しては必ずしも特別なものである必要はない。それらは単に、臨界状態に留まったシステムに当然起こる、大きな変動にすぎないのである。

科学という砂山

これは決して、科学者に優劣はなく、アインシュタインは普通の人間であり、彼の一九〇五年の相対論に関する論文は大して意義深いものではなかったなどと、言っているわけではない。私はここまで、学説のネットワークに広がる雪崩は、ある研究者の頭のなかから別の研究者の頭のなかへと伝わっていくものだと述べてきた。しかしそのような雪崩は、一人の人間の頭のなかで起こることもある。そのようなことが起こるのは、ある個人が、自分の見出した学説が他の学説に影響を与えることに気づき、その影響を明確に導き出すことができ、さらにそれらが他の学説にも次々と影響を与えることを発見したような場合である。二次元のおもちゃの磁石に関する研究に対する、オンサーガーの説明を思いだしてみよう。

この探求では、一つ有力な手がかりが得られたらそれを追求し、それが結論に達する前に別の手がかりが現われ、それがまた別の手がかりを導き、そしてこれらのどの手がかりもうまくいきそうで、放ってしまうことはできなかった。(5)

同様にアインシュタイン革命は、アインシュタインの頭のなかにあったマクスウェル方程式の奇妙さから始まったのだが、その雪崩がアインシュタインの頭から外に出るまでには、すでに非常に長い距離まで広がっていたのである。おそらくアインシュタイン以外のどんな科学者も、自分一人ではそこまで進められなかったであろう。とすると、偉大な科学者かどうかというのは、科学に革命を起こすような深遠な考えをもっているかどうかよりも、そうなる可能性のある考えを思いつき、その可能性を現実のものにしていけるかどうかということになる。地球内部では岩石は、地殻に蓄積した巨大な歪みに押されることで、自ら滑り出す。砂山では、重力によって砂粒は転げ落ちる。しかし科学的変化は、科学者たちの大変な努力によってのみ起こるものである。偉大な科学者は、自らの学説を大きく広がるドミノ倒し的連鎖が起こりそうな場所に位置づける腕と、その影響を明確なものにする能力や力をもっているのだ。

さてこのことから、我々は何を知ることができるだろうか？　一九世紀には人々は、科学とは知識という偉大な塔を建設するのに似た過程であると考えていた。科学者は石工であり、おのおのが小さなレンガを提供して、それを伸びつつある塔の正しい場所に置いていくということだ。クーンの歴史的、哲学的研究は、このような見方は極端に単純すぎるものだということを示した。科学は、単純な蓄積によっては成長しないのである。新たなレンガが置かれたときに、しばしばすでに存在していた欠陥が明らかとなり、科学者は塔の一部分を壊して、さら先に進める前にそこを作り直さなければならなくなる。

レドナーのべき乗則から、この描像をもう少し明確に表わすことができる。理論家たちの頭に浮かぶすべての新たな学説や、実験家たちの行なったすべての観察結果は、知識の砂山に落ちる砂粒のようなものである。その砂粒は、成長しつつある構造物に付け加わるだけかもしれないし、あるいは砂山の一部分に圧力を与えて、たくさんの学説が崩れ落ちるような状態へと仕向けるかもしれない。その学説の崩落は、すぐに収まるかもしれないし、長い間広がりつづけるかもしれない。引用関係におけるスケール不変的なべき乗則に反映されているように、この雪崩には固有の、予期される大きさというものはない。小規模な革命は毎日起こり、それにかかわるのは、ある特定の集団に属する数人の科学者だけかもしれない。ちょうど我々の足下で常に微小地震が起こっているように、そのような小規模な革命にほとんどの人は気づかない。それに対して大規模な革命は、我々が知っているように科学の大部分を消し去るが、それは、しかるべき学説がしかるべき場所に現われさえすれば、いつでも起こる可能性のあることなのだ。

前の章の初めで我々は、歴史が関係した事柄を理解するうえで、物語を語るという方法は不十分だということを見た。偶然の力がどのように働こうとも、あらゆる小さな偶発的出来事は、未来を必然的にある方向へと導く。そして、様々な出来事の複雑な連鎖がどちらに向かっていくかを説明するうえで、単純な決定論的法則は存在しない。このことは、人間の歴史においても、あるいは砂山ゲームや地殻においても成り立つ。しかし後者については、さらに明確に言えることがある。これらは、驚くほど単純な統計的法則に反映された、臨界状態としての性質を共有している。スケール不変的なべき乗則が、これらの系に組み込まれた感受性と、次の出来事に関してその規模さえも予測できないという性質を示している。したがって、これらのシステムにおける出来事の連鎖は、個々には予測不可能なものではあるが、それは何も予測できないということではない。数多くのそのような連鎖から生じてくる統計的傾向のなかに、歴史の関与する出来事に通用する法則を発見できるのではないかと、我々は期待したい。

そのような法則は、一つではなくたくさんの物語に関する一般的な特性を表わしており、そのためそれは、個々の連鎖の裏で働く、より深遠な歴史的過程の特徴を反映したものとなる。そして意外にもそのような法則は、科学の歴史における力学の裏にも隠れている。科学が進歩する過程や、科学的学説が相互作用して新たな学説を導く過程のなかで、微小な第一原因をあらゆる規模へと拡大させるような、自発的組織化が起こるのである。この場合、その影響は純粋な思考と同様にとらえどころのないものではあるが、学問の地震に関する法則は、この影響がいかに簡単に「伝播」するのかを反映したものとなっている。

もちろん人間のアイデアは、科学以外にも影響を与える。都市計画から演劇まで、あらゆる分野の人間活動は、それぞれ相互作用する優れたアイデア（実践方法や技術などをも含む）からなる独自の「生態系」をもっている。芸術や音楽でも同様である。新たなアイデアが現われると、それが既存のアイデアのネットワークのなかに取り込まれるとき、必ず周囲に影響を及ぼす。したがってさきほどと同様に、ほとんどあらゆる分野において、アイデアは科学と同様の統計的法則に従って散発的に進化していくものと考えられる。普段は、すべての物事が安定し、すべての可能な事柄はすでになされてしまっていると思える。しかし時々、古いアイデアにわずかな歪みが生じ、初めはそんなに劇的ではなかったものの、それが引き金となって再考の波が広がり、最終的に世界を揺るがすような革命へとつながる。

より大胆に言うと、より広い範囲における人間の歴史という力強い川の流れのなかにも、臨界状態を表わすべき乗則を見出せるのではないのだろうか？

あまりに人間的な

イギリス首相ウィンストン・チャーチルはかつて、政治家を志す若者に必要な能力は何かと尋ねられ、こう答えた。

それは、明日、来週、来月、来年、何が起こるかを予言する能力、そしてそれがなぜ外れたかを後から説明する能力である。(6)

もちろん歴史は予測不可能だ。これはすべての政治家や歴史学者が認めている。しかしそれでも彼らのほとんどはそろって、人間社会の進む道は、何のたいした理由もなく突然方向転換したり混乱したりするようなことはない、と確信している。戦争の勃発や、革命による混乱や、経済の崩壊がある国を飲み込んだとき、歴史学者たちは、そのような出来事の原因は人間の病気の原因のように必ず特定できるという信念をもって、研究を進めている。しかし前の章で見たように、歴史学者たちは第一次世界大戦に関して、一般的常識と研究の目的を除いては意見の一致に達することはない。

このような信念と相反した考え方を探るのは、もちろん愉快なことではない。すなわち、世界は何の理由もなしに覆され、一見穏やかなときにも、巨大な見えない力が集まって社会や国際関係の構造を蝕み、近いうちに我々に大災害をもたらすという考え方である。しかし本書の書き出しで私は、なぜ歴史はこのように始末に負えない特徴をもっているのか、そしてなぜ、歴史は重大で予測不可能な大変動によって、不規則に頻繁に打ち砕かれなければならなかったのか、という問題に対して、理論物理学がその答えの手がかりを提供しようとしていると述べた。ここまで読みすすめてきた読者は、なぜそうなのかをおそらく理解しはじめているだろう。より一般的な人間の歴史への最後の一歩を進めるために、ここでクーンの科学観と、その裏に潜む人間の思考の性質に関する彼の洞察について、いくつか見ておく必要があろう。

　クーンのもっとも重要な業績は、科学者も一般の人と同様に、人間であることの重荷を背負いながら研究してはいるが、それでも科学は実際に進歩しているということを示したことだ。科学者は、超理性的な機械などではなく、真理の探求という人間特有の欲求に促されて、近視眼的な野望や先入観や偏見や臆病（おくびょう）さと戦っている存在である。彼らは、あらゆるパラダイムのなかに、世界の一部分を説明できる論理構造を発見し、それを学問的基盤として拠り所にする。そして不一致と矛盾が無視できないまでに蓄積すると、その学問的基盤と伝統は壊され、彼らのお気に入りの学説も変化することになる。

　臨界状態と科学革命に関するべき乗則が生じてくるには、これだけでは不十分である。しかしレドナーのべき乗則は、科学的変化についてさらに別のことを教えてくれる。砂山ゲームにおいては、砂山のある部分の傾斜が急になると砂は滑り落ちるが、その傾斜が再び限界直前まで戻ったところで、その雪崩は止まる。すなわち、雪崩は歪みを緩和させるが、そのとき砂山は、臨界状態と不安定性の瀬戸際の直前で留まることになる。そして、結果としてこのことが、雪崩に典型的な規模がないことの原因となっているのだ。同じことは地殻についても言える。岩石の滑りは、摩擦がちょうどそれを止めるのに十分になった時点で止まる。

論文の引用に関するべき乗則は、科学的思考の力学に関しても、少なくとも大雑把には何か同様のことが言えるということを示している。科学者は、自分たちの理論的基盤のなかの重要なレンガを取り換えなければならなくなっても、決してその建物全体を無鉄砲に破壊し尽くすのではなく、その基盤のなかのどうしても必要な部分だけを作り直す。このため思考のネットワークは、あらゆる場所の歪みが破断点に近づき、次の微小な危機がドミノ倒しのようにあらゆる規模の革命へと結びつくような状態に、常に保たれている。簡単に言えば、学問的摩擦力が学説のネットワークを一カ所に引き止め、学問的興味がそれに歪みを与える。この二つの影響は、地震の場合の摩擦と圧力のように、互いに作用し合う。そしてこの競合関係こそが、臨界状態と革命におけるべき乗則を導いているのだ。

真理の探求を願ったり、伝統の破壊をわずらわしく思ったりするのは、もちろん科学者だけではない。これらは科学者の人間としての行動であり、あらゆる状況のあらゆる人間に典型的なものである。このように考えてくると、クーンは、彼が考えていたよりもはるかに深遠な普遍的変化のパターンを浮き彫りにしたことになるのではないだろうか？　実際に、歴史的記述の様々なところにこのような論理構造を見出すのは、難しいことではないのだ。

文明と不満

第1章で述べたように、歴史学者のポール・ケネディは、超大国間の相互作用における長期的な歴史的リズムが、国家の利益に導かれる歪みの蓄積と解放の結果として生じるということを示した。ケネディによれば、

国際問題における主要国の相対的な力は、一定ではありえない。それはおもに、それぞれの社会の成長率の違いや、技術的、組織的進展が個々の社会に与える利益に差異があるためだ。たとえば、一五〇〇年以降の、長照準の艦砲を備えた帆船の登場と大西洋貿易の始まりは、ヨーロッパ各国に等しく利益を及ぼしたのではない。より大きく発展した国々とそうでない国々があった。同様に、蒸気機関の発展とそれを支えた石炭や金属資源の開発は、いくつかの国々の相対的な力を押し上げ、その結果、別の国々の相対的な力が低下することとなった。(7)

このような自然の変化のなかで、いくつかの国々は、もはや自国の経済力では支えることのできないような力にこだわりつづけ、別の国々は、新たな経済力と大きな影響力を見出す。そして必然的に緊張が蓄積し、ある一時的な突発的危機によってそれが限界を超え

ると、何かが崩壊する。通常はその歪みは軍事衝突を通して解放され、その後各国の影響力は、おおよそ現実の経済力にかなった均衡状態へと引き戻される。

大雑把に同様の傾向は、国家内での様々な集団や、個人のあいだの相互作用をも説明できるであろう。いかなる社会も固定してはおらず、歴史的偶然によっていくつかの集団が変化すると、その集団はより強い力をもつようになり、それが経済的、人種的な内的問題の蓄積をもたらす。どんな社会も、社会的慣習、道徳的禁忌（きんき）、階級構造など、伝統に縛られた構造を有しており、それらが社会の安定を保ち、各個人のあいだの衝突を防いでいる。しかしそのような伝統に縛られた構造は、常に十分なものとは限らない。科学が通常の科学だけで構成されているのではないのと同じように、政治も通常の政治だけで構成されているのではないのだ。クーンみずから、この類似性を次のように指摘している。

政治的革命が始まるのは、既存の機構が、みずから作り出した状況のもたらす問題に適切に対処できなくなったと、広く認識されるようになったときだ。まったく同様に科学革命は、既存のパラダイムが、これまで進めてきた自然の探求に対して適切に機能しなくなったと、広く認識されるようになって始まる。政治的発展においても科学的発展においても、危機へとつながるような機能不全が認識されることが、革命の前提条件となる。(8)

しかしながら、特に権力をもつ者や既存の秩序から恩恵を受けている者は安定を望むものなので、既存の機構の構造は、紛争や不満がある限界を超えないかぎり崩壊することはない。人々は、不満が蓄積してもはや他に頼みの綱がなくなるまでは、革命を起こすことはない。人々は、不当に思える法律が自分たちに大きな困難を与えないかぎりは、それに対して抗議することはしない。第12章で引用した、アメリカの歴史学者コンヤーズ・リードの言葉を思い出してほしい。

再調整の必要性に対して常に目を光らせていなければ、不可避な革命の先駆けとなる不調和の状況を作り出してしまう。その革命が、ロシアで起こったようなものになるか、あるいはイタリアで起こったようなものになるかは分からないが……。歴史研究には、そのようなことを行なう重要な社会的役割があると、私は信じている。

このリードの教訓と、小規模な森林火災が起こることで自然と行なわれる再調整の有用性に注目した、アメリカ西部の森林管理者による教訓とを、比較してみるとよいだろう。そのような調整を妨げることは、事態を悪化させることにしかならないのだ。

ここまでの議論がすべて、完全に納得できるものだというわけではない。「国際関係のネットワーク」も、あらゆる社会の構造も、簡単に把握できるものではない。しかしながら、どちらにおいてもある種の歪みが蓄積するというのは、議論の余地のないことである。さらに、このような歪みが蓄積しても、それが絶えず「調整」によって直ちに解放されつづけるわけではないのも、また正しいだろう。何かが変わるためには、歪みがある限界を超えなければならないのだ。社会に存在する伝統は、強力な社会的摩擦力となる。したがって歪みが蓄積しても、摩擦力が物事をその場に留めさせ、そしてそれがいずれ崩壊するということになる。

すでに何度も見てきたように、そのような条件下では、システムを構成する様々な要素間の相互作用が、システムを臨界状態へと組織化する。この条件下では、ある場所で発生した突発的な歪みの解放が、遠くまで伝わる歪みの解放の雪崩を引き起こしうる。このことがあらゆる社会システムにおいて正しいということを証明するのは、難しいであろう。しかしもしそれが正しいとしたら、世界が大戦を経験するのは必然であり、あらゆる社会は混乱した革命、すなわちどこからともなく発生したかのように見える出来事を、しばしば経験すると考えなければならない。

興味深いことに、実際に世界がそのように構成されていることを示唆する、ちょっとした数学的証拠が存在するのだ。

残酷な計算

フョードル・ドストエフスキーは、過去に関する研究から、ある単純な教訓を引き出した。

彼らは戦い、戦い、戦いを繰り返す。今も戦う。昔も戦った。これからも戦うだろう。世界の歴史は何とでも表現できるが、ただ一つだけ、世界の歴史が道理にかなっている、と言うことだけはできない。(9)

どの点で見ても、大規模な戦争は、他の戦争から際立っている。大地震や大量絶滅と同様に、それは特別で例外的なものに思える。しかし本当にそうなのだろうか？　つまり、大きな戦争は特別で異常な状況によって起こるものであり、人々がより先見性をもてば、そのような状況を認識できるのだろうか？

科学に関しては、引用の記録によって学説のネットワークの変化を詳しく追跡でき、大雑把だがその過程を数学で表わすことができた。一般的な歴史に関しては、それはもっと難しい。一九二〇年代に、イギリスの物理学者ルイス・リチャードソンは、一八二〇年から一九二九年までに勃発した八二の戦争について調べた。リチャードソンは、戦争の規模

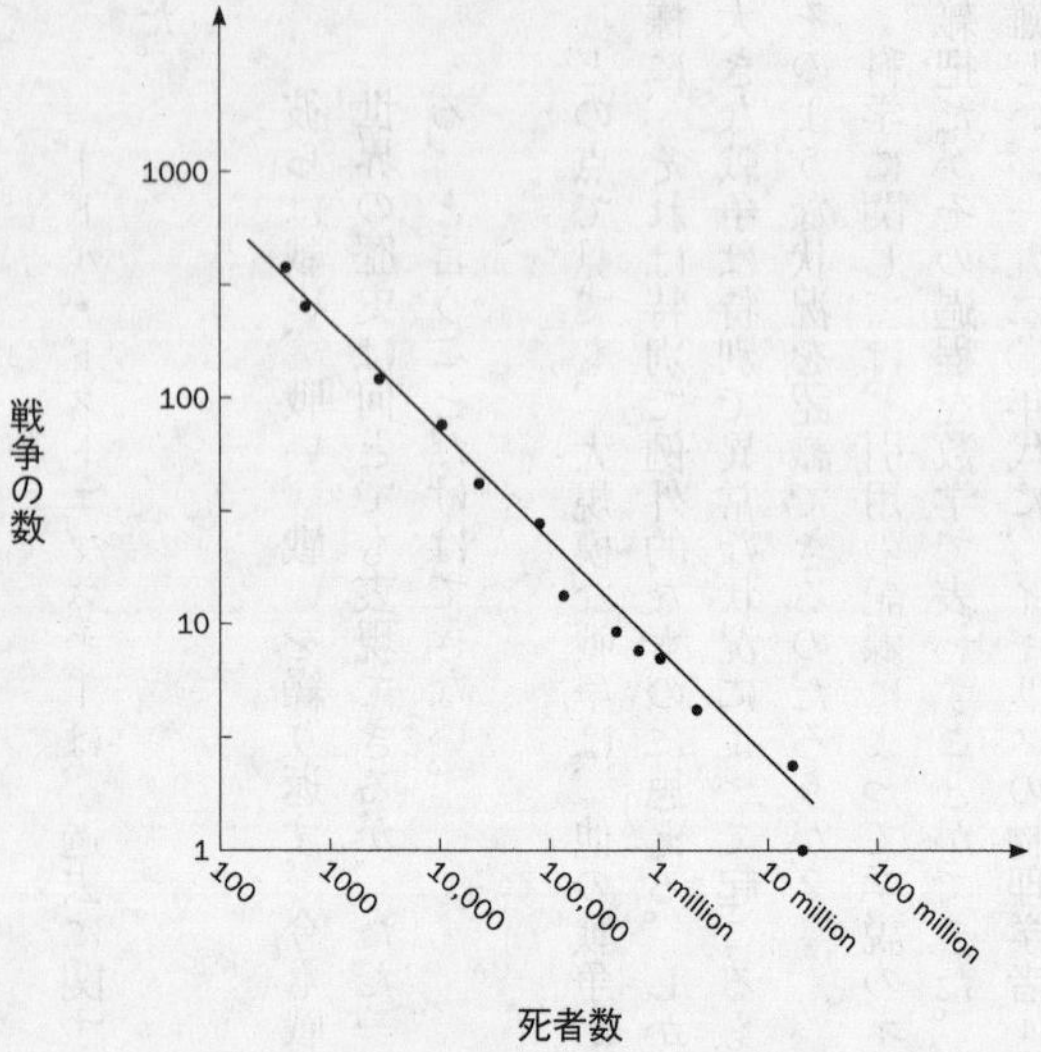

図23　死者数に対する戦争の分布。

を測るために考えられる方法のうち、もっとも明白でもっとも残酷なもの、すなわち戦死者の数を選んだ。彼は、グーテンベルクとリヒターの方法と同様に、死者数五〇〇〇から一万までの戦争の回数、一万から一万五〇〇〇までの回数……を数えていき、それをグラフに表わした。そして、ある規模の戦争がどれだけの頻度で発生したかを表わす曲線を得て、そこに非常に単純なべき乗則が成り立っていることを発見した。死者数が二倍になるたびに戦争の頻度が四分の一になるということを、見出したのである（図23）。これはグーテンベルク＝リヒター則とまったく同様の傾向であり、そこから我々は同様の結論を導き出すことができる。戦争には典型的な規模はなく、小規模な戦争と大規模な戦争とを区別するのは意味のないことである。すべての戦争は滑らかな一本の曲線の上に位置し、これは、すべての戦争の第一原因は同じであるということを示唆しているのだ。

世界の人口は現在、数世紀前や一世紀前よりもずっと多い。そこでリチャードソンの分析に対して、当然、次のような反論をする人もいるだろう。このべき乗則は、単に人間の数が増えてきたために戦死者も増えてきたということを反映しているにすぎないのではないか？　これは筋の通った反論である。しかし別の研究者は、人口の変化を補正した場合にも、同様のべき乗則が成り立つことを見出している。たとえば一九八〇年代に、ケンタッキー大学のジャック・レヴィーは、一四九五年のベネチア同盟の戦争から一九七五年のベトナム戦争までに着目し、リチャードソンの方法を修正して、死者数を当時の世界の人口で割った値をその戦争の規模として用いた。言い換えれば、殺された人間の割合を戦争の規模として使ったのである。そしてそれでもなお、彼はべき乗則を見出した[10]。ただ正確な数値は少し違っていた。この方法では、死者数が二倍になるたびに戦争の頻度は約二・六二分の一になったのである。

すべての戦争が対立によって引き起こされるというのは、もちろん自明の理である。しかしこのべき乗則は、戦争はそれが始まったときには「自分がこれからどれほど大きくなるかを知らない」し、それは誰にも分からないということを示唆している。どこかで何らかの理由で、二つの集団のあいだの不一致や、競争心や、不信感や、憎悪の程度がある限界を超え、それぞれが武器を手に取る。集団間の差異を処理するための伝統的な機構は崩壊し、人々は代わりに野蛮な物理的力に頼る。この亀裂が広がり戦争が大規模なものになるかどうかは、近隣の地域がたまたま崩壊の限界点に近かったかどうか、そして、その地域がこの問題をさらに他の人々、他の集団、他の国々へと広げていくかどうかにかかっている。もちろんこの考え方自体は目新しいものではない。国際問題の分析家は誰しも、ある地域の紛争が近隣の地域を「不安定化」させることを懸念し、国連やNATOなどの組織は、そのような不安定化を阻止するために対応している。

目新しいのは、そこに成り立つべき乗則である。これは、世界の政治や社会の構造は、不安定性の瀬戸際へと組織化される傾向があり、戦争は、その最終的な規模がほとんど予測不可能な形で広がっていくということを示唆している。べき乗則のスケール不変性は、戦争がどこまで大きくなるかをその勃発時に探る明確な手がかりは存在しないことを示している。我々を国家や集団へと平和裏にまとめている組織構造は、戦争を森林火災や砂山ゲームの雪崩のように広げる役割を果たしているのではないだろうか？

コーネル大学の物理学者ドナルド・ターコットは、レヴィーの見出したヨーロッパにおける紛争に対するべき乗則の二・六二という数字が、山火事ゲームにおける二・五から二

・八という値に驚くほど近いことを指摘している。したがって、山火事ゲームは紛争の広がりにおける重要な要素を表わしていると結論できるかもしれない。ターコットは次のように推測している。

戦争は、森林の発火と同様の形で始まるはずだ。ある国が他の国を侵略するかもしれないし、ある大政治家が暗殺されるかもしれない。そして戦争は、不安定な国々の隣接した地域全体に広がるかもしれない。そのような不安定な地域は、中東（イラン、イラク、シリア、エジプトなど）かもしれないし、旧ユーゴスラビア（セルビア、ボスニア、クロアチアなど）かもしれない。大きな火災もあれば、小さな火災もある。しかしその規模対頻度の分布は、べき乗則に従うのだ。世界秩序について言えば、小さな衝突のなかには、大戦争に発展するものもあれば、そうでないものもある。それらが及ぼす安定化や不安定化の影響は、明らかにとても複雑なものである。[11]

戦争と森林火災の広がり方の特徴におけるこの著しい一致を考えると、第一次世界大戦などの紛争の原因に関して歴史学者の意見が一致しないのは、驚くべきことではない。漠然と「国際システムの崩壊」が原因だと指摘している歴史学者たちは、少なくとも方向性については間違っていないだろう。おそらく、戦争の原因を特定のきっかけのなかに見出すことはできず、それは社会的、経済的、政治的人間関係からなる組織構造全体のなかに潜んでおり、その組織構造こそが悪質な影響を「伝播」させるのであろう。実際、ある明晰な歴史学者は、二つの世界大戦は本質的には二度の地震のようなものだったとまで示唆している。ただ彼は、そのみずからの考えがどれほど正しいものか理解していないかもしれないが……。

一九一四年から一九四五年までの時期は、ヨーロッパにとって災難の時期であり、それは一九世紀後半の長い平和の時代と、「冷戦」という長い平和の時代とのあいだを埋めるようなものである。この時期は、大陸プレートの滑りとその結果としての地震の頻発する時期に、なぞらえることができるかもしれない。そこに含まれるのは、一九一四年から一九一八年までの軍事的前触れ、四つの帝国の崩壊、ロシアにおける共産革命の勃発、いくつもの絶対君主国家の出現、大戦間の軍事的休止、イタリア、ドイツ、スペインでのファシストの権力奪取、そして一九三九年から一九四五年までの二度目の世界大戦である。[12]

信念の力

革命のようなその他の重要な出来事については、示唆に富む数学的証拠を探すのはさらに難しくなる。中国やフランスやロシアの革命は多くの犠牲者を出したが、それと同様に重要な、南アフリカや元ソビエト連邦を巻き込んだ変化は、暴力的行為をほとんど伴わなかった。したがって犠牲者数の統計に頼ることは、あまり意味がなさそうである。さらに、革命は政治的であるとも限らない。革命は、芸術や音楽、社会的慣習や労働習慣、そして技術的変革などにも起こる。しかしあらゆる重要な社会的変化の裏では、根本的に一つの単純な推進力が働いている。それは、一人の人間が他の人間に影響を与える力である。前に金融市場の場合で見たように、この力は当たり前のものであるにもかかわらず、その影響は奥深いものなのだ。

人々は、友人や隣人や家族や同僚と同じだという理由だけで、ある特定の商品を買い、ある意見をもち、投票し、デモ行進をするが、これは決して自由意志を否定したことにはならない。一九八九年一二月、何十万ものルーマニア人が、ニコラエ・チャウシェスクの全体主義政権に抗議してデモ行進した。彼らがすべて同時に、しかも独立にデモ行進をする決心をしたとは、とても考えられない。あらゆる集団行動は初めは小規模だが、その数えるほどの人の行動がウイルスのように他の人々に伝染して、その運動は広がっていく。金融市場では、集団行動が株式や債券の価格に劇的な変化を及ぼす。政治においては、集団行動は新たな政府を据えたり、古い政府を追い出したり、革命を引き起こしたり、国家を戦争へと導いたりする。

これらはすべて当たり前のことであり、歴史学者が何世紀にもわたって述べてきたことである。ある国のなかの紛争が他の国に広がりうるというのが目新しい事実ではないのと同様に、大きな社会的動きが一人の個人ではなくたくさんの人間の集団的影響によって引き起こされるというのは、歴史学者が昔から言ってきたことだ。カーは次のように述べている。

歴史上の出来事は実際、個人についての出来事である。しかしそれは、孤立した個人の行動についてのものでもないし、個人が行動の根拠にしたとみずから考える動機についてのものでもない。それは、社会のなかでの個人同士の関係についての出来事であり、個人の行動を意図していた結果から逸らし、ときに正反対の結果に仕向けるような社会的力についての出来事である。(13)

カーは、集団の力学が歴史の中核をなしていると考えた。しかしそのときには、この力学が少なくとも原理的には臨界状態から生じ、そのためにそれは深い意味で手に負えないものだということを、知る由もなかった。

この見方に従うと、集団行動がどのように広がるのかを理解するのは、かなり簡単になる。ある特定の革命を理解するには、歴史学者は、それが発生した社会的条件をすべて調べる必要がある。人々がなぜ銃を手に取ったのか、なぜストライキに入ったのか、なぜ子供を作らない決心をしたのかを理解するには、歴史学者は人々の心のなかに入りこみ、その人々が受けたすべての社会的圧力や影響について理解しなければならない。歴史学者はこのようにして初めて、何が革命を引き起こしたのかを理解できる。多くの人々の行動は、彼らの置かれた条件から理解可能な方法で生じるものだからだ。しかし、歴史学者はまた、様々な種類の影響が人々のなかにどのように広がっていくかについても知る必要がある。集団行動が稀なものではなく、歴史が興味深く変化に富んだものであるのはなぜかを理解するには、臨界状態の特徴を理解しなければならないのだ。

一九二〇年代、ボーアは、量子的物体を観測する行為は必然的にその物体の性質を変えるという、量子論の不確定性原理に、かなり夢中になった。この原理を、社会科学や心理学といった、観測者が必然的に観測対象の振る舞いに影響を与えるような分野にも、有効に応用できるかもしれない、と示唆した論文さえ書いている。ボーアより前にも他の思想家たちが、アインシュタインの相対性理論を自己流に著しく曲解して、物理学の考え方を人文学に導入しようとしていた。アインシュタイン自身は、そのような試みは病的なものだと考えていた。

物理科学の原理を人間生活に適用するという現在の流行は、誤りであるだけでなく、非難されるべきものだと、私は考えている。[14]

しかし量子論も相対論も、時間に依存しない方程式を基礎としており、どのような形でもそこに歴史を含めることはできない。それに対して砂山ゲームなど、我々が見てきた単純なゲームにおいては、歴史が重要な役割を果たしている。そしてもし、相互作用する物事の集団のなかを、どのように影響が広がり、どのように秩序や無秩序や変化が伝わるのかといった方法について、何らかの深遠な事実が臨界状態の性質から分かるとしたら、社会学者や歴史学者がそこに有用な概念を見つけられるかもしれないと考えるのは、そうばかげたことではないだろう。夢中になりすぎたり、あまりに多くの教訓を引き出そうとしたりさえしなければ、臨界状態の概念は我々に、人間の歴史がどのように展開していくかということに関して、いくつかの手がかりを与えてくれるのかもしれない。

第14章　「クレオパトラの鼻」が歴史を変えるのか

歴史家が未来を予測しようとすれば、必ず失敗に終わる。人生は科学とは違い、予期せざることで満ちあふれているのだ。

——リチャード・エヴァンズ(1)

質問することをやめないかぎり、どんな質問も愚かなものではないし、どんな人間も愚かにはならない。

——チャールズ・プロテウス・スタインメッツ(2)

「歴史とは偉人たちの伝記である」と初めて言ったのは、イギリスの有名な歴史学者トーマス・カーライルである。そのように考える歴史学者にとって、第二次世界大戦を引き起こしたのはアドルフ・ヒトラーであり、冷戦を終わらせたのはミハイル・ゴルバチョフであり、インドの独立を勝ち取ったのはマハトマ・ガンディーである。これが、歴史の「偉人理論」だ。この考え方は、特別な人間は歴史の本流の外に位置し、「その偉大さの力で」自分の意志を歴史に刻みこむ、というものである。(3) このような歴史解釈の方法は、過去をある意味単純にとらえているために、確かに説得力をもっている。もしヒトラーの邪悪さが第二次世界大戦の根本原因だというなら、我々はなぜそれが起こり、誰に責任を押しつけたらよいかを知ることができる。そしてまた将来、そのような災難をどのように回避したらよいかを知ることもできる。もし誰かがヒトラーを赤ん坊のうちに絞め殺していたとしたら、戦争は起こらず、数え切れない命が救われていたかもしれない。このような見方を取れば、歴史は単純なものであり、歴史学者は、何人かの主役たちの行動を追いかけ、他のことを無視してしまえばいいことになる。

しかし多くの歴史学者はそうは考えておらず、このような考え方は歴史の動きを異様な形で模倣(もほう)したにすぎないととらえている。アクトン卿は一八六三年に次のように記している。「歴史に対する見方のなかで、個人の性格に対する興味以上に、誤りと偏見を生み出すものはない」(4)。カーもまた、歴史の「偉人理論」を、「子供じみたもの」で「歴史に対する思索の初歩的段階」に特徴的なものだとして斥けている。

共産主義をカール・マルクスの「創作物」と決めつけてしまうのは、その起源と特徴を分析することより安易であり、ボルシェビキ革命の原因をニコライ二世の愚かさやダッチメタルに帰してしまうことは、その深遠な社会的原因を探ることより安易である。そして今世紀の二度の大戦をヴィルヘルム二世やヒトラーの個人的邪悪さの結果としてしまうのは、その原因を国際関係システムの根深い崩壊に求めるよりも安易なことである。(5)

カーは、歴史において真に重要な力は社会的な動きの力であり、たとえそれが個人によって引き起こされたものであっても、それが大勢の人間を巻き込むからこそ重要なのだと考えていた。彼は、「歴史はかなりの程度、数の問題だ」(6)と結論づけている。

もちろん、偉人と呼ばれる人々は確かに存在し、歴史の道筋に決定的な影響をもっている。実際あらゆる集団行動には、先導者がいる。しかし、集団行動の重要性を信じている歴史学者にとっては、このような先導者たちが歴史の展開を演出していると考えるのは間違いである。誰も空虚のなかで生きたり考えたりすることはできない。すべての人間は、他の人間に大きく影響を受けている。その結果、誰しも、見た目のように冷静で自律的に行動する役者にはなりえない。フランスの歴史学者トクヴィルは、次のように述べている。

理性的人間の集団は、政治科学から一般的観念を導き出すか、あるいは少なくとも具体化させる。この一般的観念から、政治家たちが戦わなければならない問題と、政治家たちがみずから作ったと考えている法律が形成される。政治科学は、支配者と被支配者のどちらもが身を置くある種の知的環境を作り出し、その両者が、そこから自分たちの行動原理を導き出すのである。(7)

したがって、偉大な人物が大きな出来事の中心にいたとしても、その人物がその出来事の推進力を与えるわけではない。そのような偉大な人物の置かれた立場こそが、その人物自体よりも重要なのだ。彼らの役割は、大きな社会的力の衝突する接点となることであり、そのような中心的役割を果たすことが、その人物を偉大にさせるものだからである。

たとえばヒトラーを例にあげてみよう。もし彼がゆりかごの中で絞め殺されていたとしたら、あるいは権力をもつ前に死んでいたとしたら、はたして戦争は起こっただろうか？「偉人理論」を唱える者たちは、「ノー」と言うだろう。しかし集団的な力を重要視する歴史学者は、この問題をはるかに複雑なものととらえ、ケンブリッジ大学の歴史学者リチャード・エヴァンズの考え方に同調することだろう。彼は、ドイツの社会的、政治的状況があのようになっていたら、もしヒトラーやナチスが権力を手にしていなくても、必ず戦争は起こったはずだと示唆している。

一九二九年に始まった世界大恐慌以降、ワイマール共和国が生き延びる可能性は非常に小さかった。もし、フランツ・フォン・パーペンのような極右による独裁や、ホーエンツォルレン家による君主制の復活があったとしても、再軍備、ベルサイユ条約の改定、オーストリア併合、そしてさらに強力で強固な意志を伴なった征服行動の再開といった、現実の歴史と同様の結果へと、ほぼ確実に進んでいったことだろう。(8)

「偉人」が歴史の進む道を決めるのかどうかという議論に、数理物理学が決着をつけられると考えるのは、ばかげているだろう。歴史は砂山などよりはるかに複雑だ。しかしそれでも、砂山について考えるのは、歴史を見つめるときに、そしてその因果関係を解き明かそうとするときに犯しがちな誤りを見極めるのには、役に立つだろう。

偉大な砂粒

第12章で登場した砂山歴史学者が、長く輝かしい業績の最後に、その集大成としての教科書、『砂山世界の歴史』の執筆に取りかかったとしよう。この砂山歴史学者は、ドイツの歴史学者レオポルト・フォン・ランケに刺激を受けることだろう。ランケは一八七八年、八三歳のときに、大著『世界の歴史』の執筆に取りかかり、その八年後に亡くなるまでに、その一七巻を書き上げた。我らが砂山歴史学者は、そのような壮大な歴史書を書き上げるために、それまでに起こったすべての雪崩の背景と結果を考慮したいと思うだろう。しかし、その作業の膨大さを考えて彼は、大規模な雪崩だけに注目し、より小規模な雪崩は別の歴史学者に任せるという現実的な方法を取るかもしれない。大規模な雪崩の方が砂山により重大な影響を及ぼしたのだから、これは賢明な方法である。実際、最大の雪崩は何万という砂粒を巻き込んだが、ほとんどの雪崩はわずかな砂粒しか巻き込んでいない。砂山では数が重要なのだ。この意味で砂山の歴史は、大規模な社会的変動について著していかなければならない。しかしこれでは、それら大規模な変動をどのように説明したらよいかという質問に対する答えは得られない。

この砂山歴史学者はまた、特定の個々の砂粒が大きな影響力をもっていた、と思うことだろう。おそらく仲間の歴史学者は、スナップ・コロンブスという名の勇敢な一粒の砂が、一四九二年に恐ろしい雪崩を引き起こし、それによって最終的にたくさんの砂粒が東部から西部へと運ばれ、世界と未来の歴史を一変させた、と指摘するはずだ。また、東部斜面の半数の砂粒を滑り落とした忌まわしい大災害の引き金を引いたかどで、別の人物を非難するかもしれない。彼らはそれぞれの大規模な出来事について、それを引き起こした特別な砂粒と、それを重大な局面にまで導いた砂粒を特定できる。そして彼らは、これらの砂粒が真に歴史を動かしたものと結論づけるかもしれない。

しかし、個々の砂粒の特徴を細かく観察する能力をもった、かの砂山歴史学者は、この結論には同意しないだろう。砂山世界ではすべての砂粒はそっくりであり、「偉大な砂粒」などというものは実際には存在しないことに、彼は気づくからだ。その結果、大規模な出来事と偉大な砂粒とを結びつけようとする心理的欲求がどれだけあろうとも、この考え方は捨てなければならない。この砂山歴史学者は、砂山は常に極端な変化の瀬戸際にあることを理解し、砂山には常に、一粒の砂の落下が世界を変える影響を引き起こすような場所が存在することを認識するようになる。しかしそのような砂粒は、たまたまその場所にその時間に落ちたというだけの理由から、特別なものとなるのだ。臨界状態にある世界では、偉大な役回りは必ず存在し、そこに当てはめられる砂粒も必ず存在する。

これと同じことが、人間の歴史についても言えるのだろうか？　人格や知性に関して他の人より影響力の強い人物がいるということは、否定できない。しかし少なくとも理論的には、我々の世界は臨界状態と非常に似た状態にあるのかもしれない。そのような世界においては、すべての人間が能力的に等しいとしても、そのうちの何人かの行動は、まさに驚くべき結果をもたらすことになる。彼らの行動の影響力は、歴史が進んでからでないと明らかにならないので、本人たちはそれに気づくこともないかもしれない。そのような人物たちは、きわめて重要な社会的変動を生み出したということで、偉人として知られるようになるだろう。そういう人たちの多くは、確かに特別な人物かもしれない。しかしそれは、彼らの偉大さが彼らの引き起こした出来事の大きさの原因である、ということを示しているのではない。

我々は、大地震や大量絶滅に潜む大きな原因の探求と同様、歴史の大きな出来事に潜む偉大な人物を見つけたいという欲求に、いやおうなしに駆られてしまう。しかしこの砂山歴史学者は、歴史の「偉大な砂粒理論」にきっぱりと反対し、おそらく人間世界の歴史学者にも、同じようにするべきだと忠告するだろう。この砂山歴史学者は、ゲオルク・ヴィルヘルム・フリードリッヒ・ヘーゲルに同意することだろう。ヘーゲルは次のように結論づけた。

偉人とは、その時代の意志を言葉に表わし、その意志が何かを時代に語りかけ、そしてそれを達成できる人物である。その人物の行なうことは、その時代の核心であり本質である。偉人が時代を実現させるのだ。(9)

この考え方によれば、出来事の重要性は個人の偉大さに由来するものではない。ある人物を重要で「偉大」にさせるのは、時代の意志という鬱積(うっせき)した力を解き放ち、その巨大な力を動かす能力なのである。

科学について言えば、アインシュタインは第一級の天才だ。彼の才能が、過去のマクスウェルの方程式に隠された意味を導き出した。しかし相対論が革命的であるのは、アインシュタインの才能のためではなく、学説のネットワークに激しい雪崩を起こしたからだ。もし科学者が皆、遺伝的に同一なクローンだったとしても、そのような革命的な偉業は限られた何人かによってなされるだろう。生物学者エドワード・O・ウィルソンの言葉を借りれば、「天才とは、大勢の人間の集合体であり、それを後から簡単に思い出すために、そこに何人かの名前をつけたものである」。

より一般的な人間の歴史においても同様に、ある個人が大きな影響を及ぼす可能性は、何よりも社会システムの特有な組織構造に左右される。つまるところこのことは、個人の行動についてだけでなく、歴史の奇妙な偶然についても当てはまるものなのであろう。

クレオパトラの鼻

ギュスターヴ・フロベールはかつて、「歴史を編むことは、海一杯の水を飲み干してコップ一杯の小便をするようなものだ」と言った[10]。どんな歴史上の出来事にもあまりにたくさんの事実がつきまとっているので、歴史学者はペンを手にする前に、そのなかからわずかな割合の記すべき事実を選び出すという、困難な作業に取り組まなければならない。ヒトラーが少年の頃に着ていたとされる服についてや、マーガレット・サッチャーが何回フィッシュ・アンド・チップスを食べたことがあるかについて、いろいろ語られてはいるが、これらは歴史的に重要な事実ではない。事実という広大な海のなかのわずかなものだけが、歴史学者に、歴史の進路を決めてきた重要な出来事や流れを教えてくれるのだ。

しかしここで問題がある。アンリ・ポアンカレが指摘したように、「事実は語らない」からだ。重要な事実は、鯨のように海から現われて、みずから注目に値するものだと宣言したりはしない。どの事実が歴史的に重要で、どの事実がそうでないかを見極めるには、歴史学者はその評価をみずからに課さなければならない。おもに政治的影響が経済力を支配すると考える歴史学者は、事実の海から政治的事実のみを釣り上げ、他は無視しがちになるだろう。また別の歴史学者は、別の魚を釣り上げるだろう。カーは、すべての歴史学者は「帽子のなかに蜂を飼って」おり、読者はそれに注意しなければならないと言っている。

歴史に関する著作を読むときは、必ずその羽音に耳を澄まさなければならない。何も聞こえないとしたら、それはあなたの耳が悪いか、あるいは、その歴史学者が頭の悪い犬であるかのどちらかである。様々な事実は、魚屋の店先に並んだ魚とはまったく違う。それは、広大でときには近寄ることもできない海を泳ぎまわっている魚のようなものだ。そして歴史学者の捕まえる魚は、ある程度は偶然に左右されるが、おもにはどの海域に釣り糸を垂らすか、そしてどんな道具を使うかに左右される。もちろん

これら二つの要素は、どんな種類の魚を捕まえたいかによって決まる。(11)

この事実の選び方と、それが個人的関心に左右されるという問題は、歴史学者が「クレオパトラの鼻」と呼ぶもう一つの問題と関係してくる。マルクス・アントニウスはクレオパトラの美貌の虜(とりこ)となって、自分の艦船を戦いに巻きこみ、最終的にアクティウムの戦いでオクタヴィアヌスに敗れた。この戦いの発端と、ローマ帝国の発展を含むその結果を、いかなる形で合理的に説明しようとも、必ずクレオパトラの美貌に言及せざるをえない。チャーチルは、また別の出来事に対する同様の奇妙さについて指摘している。一九二〇年、ギリシャの国王が、ペットの猿に噛まれたことがもとで死んだ。その後の一連の出来事がギリシャとトルコの戦争につながっていったことに対して、チャーチルは、「五〇万の人間がこの猿の一噛みによって死んだ」と述べた。もし微小な詳細が、大きな歴史に絶えずちょっかいを出し、それが歴史を根底から変える力をもっているとしたら、歴史学者はどうやって物事を理解すればよいというのだろうか？　歴史学者はこの難問に直面し、すべての事実のなかから歴史的に重要なものを選び出すことに、さらに困難を感じることになる。

ほぼすべての歴史学者が、このような問題に関してたびたび言及している。カーももちろんそうである。いかに物事を理解すればよいかということに対する彼の提案については、今でも繰り返し歴史学者たちに議論されているので、我々もそれを見ておくべきであろう。カーは、事実にはもともと階級があると主張した。ロビンソン氏がタバコを買うために、見通しの悪い曲がり角のそばで道を渡ろうとして、飲酒運転の車にひき殺されたとしよう。彼の死の原因は何だったのか？　カーはそこから、一般的に適用できる、注目すべき原因を探した。もしロビンソンがタバコをほしがらなかったら、彼は死ななかっただろう。これは正しい。したがって、彼がタバコをほしがったことが、この事故の原因である。しかしこれは一般的に適用できる原因ではない。なぜなら一般的に、タバコをほしがることが車にひかれることに結びつくのは、あまりないからである。一方、ロビンソンの死に対する別の一因となった、飲酒運転や見通しの悪い曲がり角は、一般的に適用できる。飲酒運転や見通しの悪い曲がり角の存在は、人がひき殺される可能性を増やすので、これらをこの事故の重要な原因だとみなすべきである。同様にクレオパトラの鼻やペットの猿は、国を戦争に向かわせた一因ではあるかもしれないが、その一般的な原因ではありえない。カーは、ここから分かるように、歴史とはおもに一般的に適用できる原因に関するものだと考えていた。

このようにしてカーは、歴史に関する出来事を、奇妙な偶然からなる第二階級と、実際の歴史を表わすための資料となるような、一般的な原因からなる第一階級とに分けた。これはまったく理に適った方法である。さてこの区分は、砂山という歴史の試験台においては、どのようになるだろうか？　西部のどこかに、一粒の砂が落ちたとしよう。その落ちた場所はすでに傾斜が急になっており、そのため小規模な雪崩が引き起こされた。砂山歴史学者は、その一般的な原因を次のように記した。傾斜の急な部分に砂粒が落ちると、必ず雪崩が発生する、と。これは合理的で直感的な説明である。ここまではいい。

しかしここで、もう一つの砂粒が別のところに落ち、それが砂山全体にわたる大規模な大変動を引き起こしたとしよう。この歴史学者はそれでも、砂粒が落ちたところの傾斜が急だったことがこの雪崩の原因だと指摘できる。しかし、この雪崩がこれほど大きくなったのはなぜなのか？　この重要な質問に答えるには、この雪崩を砂山全体へと広げた、複雑な出来事の連鎖に言及する必要がある。結果としてこの歴史学者は、一般的に適用できる原因を見つけ出すのは困難だということに気づき、二度と起こらないような無数の出来事の連鎖について語るしかなくなる。

第一次世界大戦の原因として国際システムの崩壊に注目した歴史学者のように、この砂山歴史学者は雪崩の原因を、一粒の砂によって災害が起こりうるような形へと構築された、砂山の異常で悲劇的な配置に帰することだろう。これは実際正しいかもしれない。しかし、もしこの「異常な状況」が特別で稀なことだと仮定すると、この考え方は見当違いなものになってしまう。我々はすでに知っているが、砂山ゲームにおいてこのような状況は典型的なものであり、一粒の砂がしかるべきところに落ちるだけで、大規模な雪崩が引き起こされうるのである。

もしリチャードソンとレヴィーの発見した戦争の規模の分布におけるべき乗則が、現実の事柄を示唆しているものだとしたら、国家内および国家間の政治的ネットワークは、実実際に臨界状態に似た状態にあり、砂山世界について言えたことは、人間の歴史についても止しいことなのかもしれない。地域的なレベルでは、社会集団の伝統や慣習からなるネットワークの崩壊に常に先行する、リードの言う「不調和」のような一般的な原因を見つけるのは、簡単なことかもしれない。このリードの行なった一般化は、傾斜の激しさが砂粒の滑落の原因だとした砂山分析家の判断や、一本の木の発火が隣接した木を燃焼させると説明した分析家の分析に相当する。しかし、なぜ革命や戦争のなかには、大きな結果を及ぼさずに終わるものと、大変動へとつながっていくものとがあるのだろうか？この質問に対しては、一般的な原因で説明するのは難しいかもしれない。歴史学者は結局、世界大戦のような重大な出来事についてさえ、その発端として、鼻や猿や、あるいは道を誤った運転手について指摘し、そしてそこから続く一連の出来事をたどっていくことしかできないのかもしれない。これが、第一次世界大戦の根本的な原因について彼らが意見の一致を見ない理由なのだろうか？そのような出来事の唯一、一般的な原因は、その裏にある臨界状態の組織構造であり、それゆえにそのような大激変は、起こりうるだけでなく、不可避なものになっているのかもしれない。

もしそうなら、クレオパトラの鼻の問題は非常に深刻であり、イギリスの哲学者マイケル・オークショットの次の言葉は、正しいのかもしれない。

どの歴史的出来事も必然であり、その必然性に違いを見出すのは不可能である。有害なだけの出来事も、何も影響を及ぼさないような出来事も存在しない。ある一つの忌むべき出来事(まわりの状況から確実に分離できる歴史的出来事は存在しない)が、原因と解釈という意味で、その後の出来事の成りゆき全体を決定したと論じるのは、誤った歴史や怪しげな歴史であるどころか、歴史解釈自体にさえなっていない。ある一つの先行する出来事を選び出し、それをその後の出来事の成りゆき全体の原因と考えるのは、意味のないことである。原因と結果という厳密な概念は、歴史解釈とは関係がないように思える。(12)

臨界状態にある歴史では、偶然性がきわめて強力な力をもつようになる。戦争が勃発するのは、一つの見方によれば、人々が互いの不一致を暴力以外で解決できなくなったり、あるいは彼らが血を見るのが好きだからである。しかし、別のより抽象的な見方をすれば、大規模な戦争が起こるのは、単に多数の人間の集団的態度や考えや行動が、磁化相と非磁化相との間に留まった磁石と同様に、激しい変動状態にあるからなのかもしれない。私が前のいくつかの章で言ってきたことがこれを証明することにならないのは、言うまでもない。我々が手にできる教訓は、これが現実にありうるということにすぎない。

歴史ゲーム

歴史に関してよくある質問は、「物事はどのように変化するか」というものである。よくある答えをいくつか挙げてみよう。ヘーゲルとカール・マルクスが考えたように、歴史は原理的には樹木の生長のようなものであり、成熟し安定した最終点に向かって、単純に進歩していくものなのかもしれない。この場合、人類が「歴史の終焉(しゅうえん)」における安定した社会に近づくにつれ、戦争や社会的混乱はどんどん少なくなっていくはずだ。あるいは、アーノルド・トインビーが考えたように、歴史は地球のまわりを回る月のように、繰り返されるものなのかもしれない。彼は文明の興亡を、規則的に繰り返すよう運命づけられた過程であると考えた。経済活動のなかに規則的な周期を見出したと信じている経済学者もいるし、ある政治科学者は、そのような周期が戦争発生における規則性を生み出していると推測している。あるいはもちろん、歴史は完全にランダムなものであり、まったく何の規則性も示さないものなのかもしれない。ここまでが、歴史学者が「物事はどのように変化するか」という問いに対して考えうる、もっとも一般的な答えである。

しかし、これだけではまだ列挙しつくされていない。物事がどのように変化するかを明らかにするのは、歴史学の仕事ではなく、物理学の仕事である。一九八〇年代、物理学者たちは、非常に単純な物事さえもきわめて複雑な形で振る舞うことがあるという発見をした。遊園地の乗り物のように、完全に規則的に上下運動する台を想像してほしい。今、その台の上に、非常によく弾むゴムのボールを落としたとしよう。そして次のような質問をしてみよう。このボールは台で跳ね返った後、どこまで高く上がるだろうか？　台が止まっていれば、答えは簡単である。ボールは、ほぼ落とした高さまで跳ね返るだろう。しかし台が動いていると、この質問に答えるのは実質的に不可能になってしまう。それは、ボールを落とすときのどんなに小さな手の震えも、ボールが跳ね返るたびにどんどん拡大され、数回跳ね返った後にはボールの高さが完全に違ってしまうからだ。台が動いているためにボールの軌道は完全に不安定になり、跳ね返るたびにボールの高さは、でたらめで不規則に見えるようになる。これがカオスである。

とすると、ほぼでたらめに動いているように見える物事が、実際にはまったくでたらめでないという可能性が出てくる。これがもう一つの種類の変化の形であるが、これは歴史に関して適用できる種類のものではない。カオス理論は、跳ねるボールのような実際には単純な振る舞いをする物事が、非常に複雑に見えることがある、ということを明らかにした。今のボールの高さが分かれば、次に跳ね返った後のボールの高さを計算するのは、単なる算数の問題である。どんな瞬間でも、ボールの状態を特定するには、非常にわずかな情報しか必要としない。これは非常に単純なゲームであるが、これがカオス的であるがゆえに、興味深いものとなっている。

しかし歴史は複雑である。様々な行動や考えや記憶をもった、様々な人がいる。人間の歴史は、数多くの人間の物語であり、人間集団に関するものだ。したがって、それに関連しそうな物理学は、集合体の物理学である。ある瞬間に鉄磁石の中で何が起こっているかを言うためには、わずかな情報だけでは足りず、天文学的な数の原子磁石の向きに関する情報が必要となる。磁石は非常に複雑な物体なのだ。カオスの概念から物理学者は、実際には単純な物事が非常に複雑に見えるということを学んだが、一方臨界状態の概念からは、実際には複雑な物事がきわめて単純な形で振る舞うということを学んだ。第6章で見たように、二つの相の間の臨界状態に留まった物質の基本的な組織構造は、そこに関与する個々の要素の正確な性質にはほとんど依存しない。そこには深遠な普遍性が働いており、そのために文字通り何千というまったく異なる種類の集合体を、同じ論理構造を共有する単純な数学的ゲームによって理解できるのだ。

磁石で平衡的臨界状態を実現するには、注意深い調節と、研究室での多くの実験が必要となる。しかし、現代物理学におけるもっとも深遠な発見の一つは、非平衡系においてはしばしばひとりでに臨界状態が生じてくるということである。物理学者はいまだに、どのような条件下で臨界状態が生じるのかを見極めようとしている段階にしか達していない。しかし別の分野の科学者たちは、そのためにこの発見を利用するのを躊躇(ちゅうちょ)する必要はない。歴史学者も然りだ。

カオスと同様に臨界状態は、規則性と不規則性との概念的隔たりをつなぐものである。集団化と激しい変動を伴う変化の傾向は、真にでたらめなものでもないし、簡単に予測できるものでもない。それは普遍的で理解可能な傾向ではあるが、それにもかかわらず正確な予測の及ばないものであり、それは統計的な方法でのみ姿を現わし、人間の心に錯覚を引き起こしているように思える。長い間平穏が続いた後、散発的に突然大変動が起こるということが、正常で法則に則ったものだとは一見思えないが、実際にはそうなのである。これが、世界の普遍的な性質であるようだ。

第15章　歴史物理学の可能性

私の式辞は手短に終えたいと思います。しかし世界で一番手短な挨拶(あいさつ)をした、サルヴァドール・ダリにはかないません。彼は、「短くしたいのでここで終わりになります」とだけ言って、席に着いたのです。

——E・O・ウィルソン
ペンシルベニア州立大学の卒業式での式辞(1)

歴史は魅力的だと気づいた人たちが、歴史学者になる。歴史学者のハーバート・バターフィールドは、「歴史的出来事には、誰も意図しなかった方向へと歴史を捻じ曲げる性質がある」と記した。歴史は魅力的だ。しかしなぜ？　なぜ歴史は退屈なものではないのか？

一つの理由は間違いなく、未来は絶えず真に新たなものを生み出しているということだ。

人間の歴史は生物的進化と少し似ている。現在存在するものが新たな形で発展し、これまで決して存在しなかったたぐいのものを未来に作り出す。歴史には紛れもない流れがある。そのうちもっとも明白なのは、我々の世界における科学的知識や技術的複雑さの増大である。それまで存在しなかった物事、過程、可能性が、絶えず現われつづけている。しかし前に見たように、生命の進化の歴史は必ずしも、種の多様性の増大によってだけ興味深いものになるわけではない。生命が魅力的なのは、それが臨界状態における激しい変動にさらされているからだ。このことは、あらゆる生態系における大量絶滅や個体数の大変動に見出される。

もし同じことが、人間の文化的進化や、地球を覆う文化のネットワークについても言えるとしたら、歴史が退屈でないのはそのためなのかもしれない。この点を詳しく見るために、もう一度あの磁石について考えてみよう。あなたは磁石の中の世界に住んでおり、温度は臨界点の下に保たれている。すべての原子磁石は同じ方向を向き、それと違う向きを向くものは、あったとしても稀である。あなたの友人たちは皆同じことをし、人生は単調で無意味なものになる。この世界の歴史は一定の法則に従い、終わりのない平和が永遠に続き、何の変化も起こらない。歴史は本当に退屈なものになるだろう。実際、歴史は存在しえないだろう。途切れることなく続く同じ状態を記録していっても、それは歴史にはならず、歴史の欠如を表わすだけだからだ。

さてここで、温度が臨界点よりずっと上まで上昇したとしよう。すべての原子磁石はでたらめに激しく反転しつづけ、どの瞬間にも、一つの磁石の振る舞いが周囲の磁石の振る舞いと関連することはない。この狂気の世界では、どの友人にも何も期待することはできず、時間の連続性や秩序などかけらもなく、過去の記録は完全にでたらめな変化だけからなる無意味なものになるだろう。この場合も、世界は退屈なものになる。言えることはただ一つ、「でたらめ」だけだからだ。

面白くなるのは、温度が臨界点に近づいたときである。そうなると、どの原子磁石も近傍の磁石にかなりの影響を与えられるようになるが、それでもすべての磁石が整列するまでにはならない。そしてこの世界はあらゆる大きさの集団で占められるようになり、それらは絶えず離合集散し、完全に規則的でも完全にでたらめでもないような状態になる。数えるほどの磁石によって引き起こされた集団的動きが、しばしば思いがけず、世界全体を蹂躙（じゅうりん）するようになる。平穏な時代が予測不可能な期間だけ続いた後、新たな集団的動きが歴史を別の方向に動かす。いかなる動きも以前に起こったものの単なる焼き写しではなく、すべての変化は、前に起こったものと細部において異なっている。

あなたはまた、自分の行動が世界に大きな影響を与える可能性があるということ、そして他人の行動があなた自身に、避けられないものではないが、深い形で影響を与えるということに気づく。歴史を振り返れば、秩序さとでたらめさとが、複雑だが魅力的な形で混ざり合っている様子が分かる。物事は落ち着いていて予測可能なように見えても、ときに大きな変動が世界を混乱に陥れる。歴史はきわめて興味深いものになる。

ここまでの話から、我々の世界がなぜ興味深いものなのかを探るための手がかりは、得られるだろうか？　我々はここまで、この世界は、砂山や臨界点にある磁石のように絶えず変動にさらされており、そこでは影響が「伝播」する力をもっている、ということを示唆するいくつかの手がかりを見てきた。もし世界の社会的、政治的構造が本当にそのように形作られているとしたら、我々はいつか、予想もしないことに直面すると考えておかなければならない。我々は現在、比較的平和な時代に生きている。この平穏は今後一世紀にわたって続くかもしれないし、あるいは五年以内に次の世界大戦が起こるかもしれない。それは誰にも分からない。この国は、五〇〇年間存在しつづけるかもしれないし、三〇年で崩壊するかもしれない。もし世界が臨界状態にあるとしても、我々は局所的な原因なら調べることができるし、それぞれの場所で政治的、社会的な力がどのように歴史を変化させるのかを理解することならできる。しかし、すべての出来事の最終的な結果が、世界をつかむ「不安定性という手」を生み出す詳細な出来事の連鎖に左右されるとしたら、未来を見据えるのはほとんど不可能になる。今の時代の流れが続いていくと信ずることはできず、予測できるのは、未来が我々の手から逃げつづけるということだけである。これこそが、歴史が興味深い理由なのかもしれない。歴史は一定でもでたらめでもなく、その間のどこかの点で不安定なバランスをとっており、そして砂山のように劇的な大変動の瀬戸際に留まっているのだ。

古生物学者で進化生物学者のスティーヴン・ジェイ・グールドは、次のように述べている。

我々は、必然ではない出来事にとりわけ心動かされる。我々はその出来事の原因を、永遠に考え思い巡らすことになる。一方、必然性と不規則性という二面性の両極端に位置する出来事は、歴史の主体や対象に左右されることがないために、通常、我々の感情にあまり訴えかけることはない。そして我々はそれらを中間点に押し戻せるとは思わずに、ただ注目するか、抵抗するかのどちらかとなる。しかし我々は偶然性にはひきつけられる。我々は巻き込まれ、勝利や悲劇の苦しみを共有する。実際に起こった結果が必然のものではないと分かったとき、つまりその過程のどの段階が変化しても、その連鎖が異なる道筋へと続いていくということに気づいたとき、我々は個々の出来事の影響力を悟ることになる。我々は個々の詳細について議論し、嘆き、歓喜する。そのそれぞれが歴史を変化させる力をもっているからだ。偶然とは、一時の出来事が運命を支配するという意味である。蹄鉄の釘を欠いたがゆえに、戦に負けた王国そのものだ。[2]

この世界では、あらゆるささいな出来事が記録され、それらは影響力をもち、そしてその影響力は世界を変えうる。これは必然ではない。世界は、今とは別の形で組織化された可能性もあったのだ。

歴史の物理学

歴史学者のなかには、物理学が実際に自分たちの目的にかなった概念的方法を提供してくれると考えはじめている者もいる。オックスフォード大学の歴史学者ニーアル・ファーガソンは最近、次のように語った。

今世紀の偉大な歴史哲学者の多くは、はたして歴史が「科学」かどうかということを議論してきた。しかし彼らは、自分たちの考えている科学が一九世紀の時代遅れのものだということを、理解していなかったようだ。もし彼らが、同時代の科学者が実際にどのようなことをやっているのかにもっと注目していたとしたら、自分たちが誤った質問をしていたことに気づいて驚き、そしておそらく喜んだであろう。自然科学における最近の偉大な進歩の多くは、本質的に歴史的な性質を有しているからだ。(3)

ファーガソンは、カオスは歴史学者にとって重要な概念的道具であり、それは「因果性と偶然性とを調和」させるものだと指摘した。厳密に決定論的な過程がどのように初めの小さな変化を大きく異なる結果へ導くかということを、カオスが明らかにしたのは間違いない。しかし先ほど見たように、カオス理論に欠けているのは、集団的振る舞いという重要な概念である。歴史には無数の力が働いている。歴史における典型的な傾向を理解するには、多くの独立した物事が互いに相互作用しているような系を表わす、歴史科学が必要となる。

それは、非平衡統計物理学の分野に属する。そのような系では、正確な予測ができる望みがないのは明らかだが、しかし個々の出来事における無秩序さが相殺しあうことで、深いところでは規則性が成り立ち、我々が何度も見てきたべき乗則のような、非常に単純な統計的法則にしばしば従うようになる。このことは、特定の出来事の裏にある、より深遠な歴史的過程の特徴を明らかにしてくれる。歴史学者が教えを請(こ)うべきは、カオスではなく普遍性からである。相互作用する様々な種類の物事からなる系が、非常に幅広い条件下で普遍的な特徴の振る舞いを示すという、奇跡に近い発見なのだ。

古代の人々は、大きな出来事を普通、神の業(わざ)と考えた。ある歴史学者は次のように言った。

原因が結果と釣り合わないように思えたり、ありふれた説明が適切ではないように思えたり、偶然や奇妙な憶測が予想に反した結論を引き出したり、通常は予測にかかわってこないような異質な要素が物語に驚くべき展開を及ぼしたりした場合、人は神が介在したと信じる。説明できないことを神の業として説明するというのは、歴史における偶然の重要性を示すものである。初期段階で出来事同士のつながりを見出せないということや、その出来事に大変動を引き起こす性質があるということ、ささいな原因から重大な結果が生じうるということや、自分の理解できない出来事に人は恐れを抱くということ、歴史は自分たちが作るものでなく自分たちに降りかかってくるものだと感じていることや、自然の働きや自然の出来事を理解したり支配したりできないときに服従感を味わうということ、これらすべてのことから人は、ほとんどの事柄が神に支配されていると感じるのである。(4)

今日我々はいまだに大きな戦争や革命に苦しんでいるが、今では我々は、古代の人々の神に対する信仰がもたらした超自然的な慰めに頼らずに、それらと立ち向かっている。我々は、歴史は個人が個人として行動することによって作られ、戦争を導くものも平和を導くものもすべての人々のなかに存在し、そして歴史の大きなうねりは、個人の行動からなる神秘の海のなかから絶えず現われ、我々を押し流すのだということを知っている。このうねりが避けようのないものだということが分かっていても、誰も自分が安全で幸せだと思うことはない。しかしこのことは、混乱した人類の歴史は人間の危険な狂気の産物ではなく、それは通常の人間の性質と単純な数学の産物であるという、より広い観点からの理解を導くための、少なくとも第一歩にはなる。

物理学は驚くべき時代に入った。カリフォルニア大学サンタバーバラ校の物理学者ジェームズ・ランガーは、一九九七年に次のように記している。

> 我々は歴史上初めて、思索する人類の想像力をずっととらえてきた問題に答えるための道具、すなわち実験装置や計算能力や理論的思考を手にした。私は今ほど、物理学の知的活力について楽観的になった時代を思い出すことはできない[5]。

これはランガーが、歴史的過程の理解に向けた理論的な取り組みについて述べたものだ。しかし、これは人間の歴史に関してではなく、きわめて複雑な形の雪片を生み出す成長過程に関して述べた言葉である。雪片は希薄な空気から氷として結晶化する。その成長の仕組みは、歴史が重要な役割を果たすような過程の好例である。偶然にも私はこの最終章を、フレンチアルプスの山腹を望む窓のそばに座って書いている。高山特有の猛吹雪(ふぶき)が、山の斜面を膨大な数の雪片で覆い隠している。この雪片の数は想像を絶するほどであるが、それよりもっと印象的なのは、そのうち二つとして同じ雪片はなく、それでもすべての雪片が普遍的な特徴をもっているということだ。このことは、何百年もの間、深い謎であった。しかし今はそうではない。科学は、雪片の形を説明できる段階にまで到達したのだ。

非平衡物理学は、物理学者にとって新たな未知の分野である。学術雑誌に記されたあらゆる歴史ゲームや、それらがもたらした数多くの物事に対する驚くべき洞察から、物理学の「知的活力」に対するランガーの自信について容易に理解できる。これはもちろん始まりにすぎない。事実、私が本書で述べてきた研究成果はすべて、それが地震の科学であれ、絶滅の科学であれ、雪片の科学であれ、科学自体の科学であれ、そして人間の歴史の科学であれ、歴史が重要な役割を果たす物事についての科学の、ほんの端緒を示したものにすぎない。

トルストイは『戦争と平和』のなかで、「なぜ戦争や革命は起こるのか」と問うている。物理学者が単純化や抽象化といった独自の方法を通して得たものを使って、いつの日か歴史学者は、次のトルストイ自身による答えを、より正しいものへと書き換えられるかもしれない。

我々はその答えを知らない。我々が知っているのは、人々がすべてある団結へと向かうことによって、それらは起こるということだけだ。それが人間の性質であり、それが法則なのだ。

訳者あとがき

若き天才数学者ハリ・セルダンは、人類の歴史を理解するための新たな方法を発見した。彼は考えた。個人個人の行動は予測不可能ではあるものの、ちょうど風船の中の無数の気体分子が全体としては規則的かつ予測可能な形で振る舞うのと同様に、膨大な数の人間が集まれば、その集団が紡ぎ出す歴史は完全に予測可能であるはずだと。そしてセルダンは研究を進め、「心理歴史学」という、人類の未来を正確に予言できる理論を作り出した。ところがこの理論は、近いうちに人類の英知がすべて失われ、人類は長い暗黒時代に突入することを予言していた……。

この話はもちろん現実ではない。実はこれは、SF界の巨人アイザック・アシモフの書いた壮大な叙事詩《ファウンデーション》シリーズで物語の中心をなす逸話である。

人は誰しも、未来を予測したいという願望をもっている。もしあのとき未来が分かっていたらきっと別の道を選んでいたのに、と後悔した経験は、誰でももっていることだろう。

またハリ・セルダンのように、来るべき歴史の激変を予測して、それに備える方法を手にするというのは、人類全体の永遠の夢であろう。しかし、未来を予測するなどということが、果たして原理的に可能なのだろうか？　そもそも、歴史に何らかの法則などというものが存在するのだろうか？　これこそが、本書で著者が解き明かそうとする問題である。

明白な因果関係によって結びついている二つの出来事に関しては、片方が起これば、もう片方も起きるということは容易に予測できる。たとえば、コップがひっくり返れば、中の水がこぼれるということは、ほぼ間違いなく言える。しかし現実の世界には、このような一見明白な原因を伴わずに起こる出来事が数多く存在する。本書ではそのもっとも顕著な例の一つとして、地震について詳しく取り上げている。長年の詳細な研究によって、なぜ地震が起こるかについては、ほぼ完全に解明されている。ところが、いつ、どんな規模の地震が起こるかを正確に予知するというのは、いまだに疑似科学あるいは夢物語の一つでしかない。地震は一見まったくランダムに起こっており、そこには規則性などまったく存在していないように思えるのだ。

このように、地震をはじめ多くの自然現象は、従来の決定論的な科学では扱うことができない。現象的には、地震は決定論には従わないのだ。ところが科学者たちは、「複雑系科学」という新たな目で地震を見つめたところ、そこに美しい規則性が隠されていることに気がついた。そして驚くことに、同様の規則性が、森林火災、分子磁石、生物の絶滅など、様々な自然現象にも当てはまるということが明らかになった。さらに、これら互いにまったく関係のない現象はすべてひとまとめに、非常に単純な物理学的モデルで理解できるということも分かった。

そこで著者は一歩進んで、人類の歴史も、同様の規則性に従い、同様の物理的モデルで理解できるのではないかと考えた。そして、歴史上の出来事のような、人間の行動が支配する物事にも規則性が成り立つのかどうかという問題を、著者は様々な面から考察していく。はたして歴史は物理学で理解できるのだろうか？「歴史物理学」というものは存在しうるのだろうか？ そして、著者は第二（第一？）のハリ・セルダンになりうるのだろうか？

著者マーク・ブキャナンは、アメリカで理論物理学の博士号を取った後、カオス理論について研究していたが、その後イギリスに渡って、世界第一級の科学雑誌『ネイチャー』の編集、そして最新の科学技術を解説する雑誌『ニュー・サイエンティスト』のコラムの執筆を担当した。現在はフランスの田舎に移り住んで、サイエンスライターとして活躍している。他の著書としては、『複雑な世界、単純な法則』（阪本芳久訳、草思社、二〇〇五年）、『人は原子、世界は物理法則で動く』（阪本芳久訳、白揚社、二〇〇九年）がある。

最後になったが、本書の翻訳の機会を与えていただいた早川書房編集部の小都一郎さんと、原稿を細かくチェックしていただいた菊池薫さん、そして文庫版の編集作業を進めていただいた早川書房編集部の富川直泰さんに深く感謝申し上げる。

二〇〇九年七月

解説

東京大学大学院情報理工学系研究科 准教授（ネットワーク科学）
増田直紀

本書は、べき乗則の原理、一般性、含蓄、そして、魅力について、統計物理学の視点から語った啓蒙書であると言えよう。複雑系やフラクタルに関係する書籍で、べき乗則に言及しているものは数多い。そのような関連書籍と比べて本書が独特である、と私が思う理由がいくつかある。

第一に、べき乗則の生成原理について動きをもって語っている。多数の要素が相互作用してべき乗則が出てくる様子について、統計物理学の論文やその概念図を用いて説明する場面が多い。このような説明を啓蒙書で行うと、わかりにくくなりがちである。しかし、本書の著者は、数式に頼らずに、数理モデルが発想された背景や比喩を折りまぜつつ、なるべく平易な説明を試みている。プロの研究者にとっても、自分の専門分野と少しずれるだけでこういった論文を理解することは困難でありやすい。また、内容を正しく理解するだけでは、論文の本質を読者に伝えることはできない。どの論文を本の題材として選ぶか、どう説明するか、といった感覚が必要になる。著者は、自らの研究者としての経験と科学ライターとしての腕前の両方に裏打ちされ、記述が冴えている。日本にもそのような書き手が増えることを願いたい。

第二に、べき乗則にまつわる予測不可能性について、著者独自の考察が展開されている。科学研究の裏付けが薄いところで論が展開している場面もある。しかし、確定した証拠にとらわれずに自由に論じているからこそ、本書は面白いのかもしれない。例えば、べき乗則を生み出す仕組みは、本書で語られている仕組みが全てではない。また、予測不可能性はべき乗則の独壇場ではない。正規分布（つりがね型の分布）の場合でも、予測はある意味で不可能である。地震の大きさが、仮想的に正規分布にしたがうとしよう（本当はべき乗則である）。マグニチュードの平均が三で、標準偏差が一、という具合である。すると、この分布にしたがって次の地震の大きさが決まることは言えるが、やはり、具体的なマグニチュードの値は予測できない。マグニチュード六の地震が何回目に起こるかも予測できない。この事情は、正規分布かべき乗則かに関わらず同じなのである。べき乗則における予測不可能性が特徴的なのは、出てくる値が大幅に振れるからであろう。地震ごとにマグニチュードはものすごく異なるので、我々は驚きをもって地震を迎える。本書は、そのような驚きやその影に潜む統一原理を生き生きと語っている。

第三に、本書は積極的に歴史を語っている。歴史は前振り、履歴とも言いかえることができよう。歴史があってこそ、戦争の歴史、科学の歴史などに見られるべき乗則は発生する、というわけである。啓蒙書か専門書かを問わずに、べき乗則の原理を書いた本では、カオス、フラクタル、自己組織化現象、相転移、複雑系などのお決まりの例やシナリオに沿ってべき乗則の起源が説かれることが多い。コッホ曲線や砂山モデルは、そのような例の横綱格である。本書は、これらのような標準的な例を盛りこみつつも、歴史や科学の姿勢などについて独自の語りかけをしている。特に最後の三章に論理の飛躍を感じる読者がいるかもしれない。しかし、これらの章にこそ、他の論文や啓蒙書の受け売りでない著者の世界観が最も現れていると思われる。

さて、べき乗則は、本書が語るよりも身近なところにもたくさんある。

収入分布の例について考えよう。話を簡単にするために、平均年収が四〇〇万円であるとする。すると、三〇〇万円は平均未満である。ところが、順位としては三〇〇万円は半分より上位かもしれない。というのも、本書でも紹介されているように、収入分布はべき乗則にしたがう。本書ではあまり述べられていないが、べき乗則の帰結として、大多数の人は平均未満の値をもち、少数の人が平均よりとても高い値をもつ。例えば、成功した投資家や花形スポーツ選手は、平均よりもとても多額を稼ぎ、平均値を押し上げる。そのような人は、多くはないがそれなりの人数いる。大地震がそれなりの頻度で起こることと同じである。一億円の人が一人だけいれば、あと三十二人が年収一〇〇万円だとしても、三十三人全体での平均は四〇〇万円になる。三十二人の側としては、自分は平均より三〇〇万円も少ないという悲観的な見方は捨ててよいのかもしれない。一人だけ突出した人がいて自分を含む残り全員はどっこいどっこいなので心配しすぎないでよい、と思う方が、精神衛生上よさそうである。これはべき乗則の特徴（特長？）である。

私たちは、平均値思考やつりがね型分布に慣れすぎてしまっている。日本の平等教育の影響もあるだろう。べき乗則においては、平均値に目を奪われると本質を見失う。これは、昨今の格差社会を理解するための一つの切り口かもしれない。同じことは、会社の規模や本の売り上げなどについても言える。

次に、同じことの裏返しであるが、べき乗則は極端に言うと「ひとり勝ち」を意味する。年収で言えば、人数の意味では一部の人が、金額の意味では多くの割合を稼ぎ出す。この事実の応用は、ビジネスなどで模索されている。

八〇対二〇の法則という言葉がある。二〇％の人が八〇％のお金を稼ぐ、八〇％の仕事時間は二〇％の仕事に使われる、など様々な意味に使われる。八〇と二〇という数字に特別な意味はない。べき乗則のべき指数（本書でたびたび現れた、二倍の規模になると、そのイベントの生起回数が何分の一になるか、という数字と大体同じ）が現象ごとに異なるように、ちゃんと言うと八〇対二〇でなく、九〇対一〇かもしれない。ともかく、八〇を大部分、二〇を（ほんの）一部分と読みかえた上で、この原理の教訓は大きい。八〇％の仕事は重要でないからしなくてよいという解釈もあるし、数の上では大多数の八〇％に属するいわば眠った資源を金脈に変えるという算段もある。ロングテールの法則（これもべき乗則のことを指す）や八〇対二〇の法則を銘打った啓蒙書やビジネス書が出版されている。

最後に、私の主要研究分野である「ネットワーク」について触れておく。というのも、ネットワークでもべき乗則が主人公なのである。また、本書の著者が処女作である本書の次に書いた本は、ネットワーク科学の啓蒙書である。

ネットワーク科学（「複雑ネットワーク」とも言う）の研究は一九九八年頃に始まった。人と人のつながり、コンピューターとコンピューターのつながり、などを抽象化して、点と線の図で表す。本書でも、二四七ページで少しだけ触れられていて、図も掲載されている(ただし、本書の文脈とは密接な関係にない、と著者自身も認めている)。本書で登場した食物網も、ネットワークの例である。ここ十年で明らかにされたこととして、非常に多くのネットワークについて、各自がつながっている相手の数の分布はべき乗則となる。そのようなネットワークをスケールフリー・ネットワークと呼ぶ。スケールフリーとは、特徴的な縮尺(スケール)がない(フリー。バリアフリーのフリーと同義)ことを表す。本書からわかるように、これは、べき乗則そのもののことである。

例えば、国内の航空網では、羽田空港や伊丹空港は、他のたくさんの空港と直行便でつながっている。そのような空港はハブ空港と呼ばれる。収入分布で言う、年収一億円の人のような存在である。一方、大多数の空港は、直行便でつながっている相手空港の数が少ない。インターネットでは、少数のコンピューターは、他の非常に多くのコンピューターとつながっているハブである。一方、私が使うコンピューターは、つながっている相手が少数である。ただ、数の意味では、そのような少数としかつながっていないコンピューターが大半を占める。

スケールフリー・ネットワークでは、スケールフリーではないネットワークと比べて、噂や感染症が広まりやすい、故障に強い、テロには弱いなど、様々なことが起こる。また、本書ではべき乗則の個別の起こり方は予測不可能とされたが、ネットワークでは予測可能な場合がある。ハブを実際に探すのである。ネットワークの写真がそれなりに与えられれば、ハブ探しが可能になることが実はよくある。すると、ハブを制御する可能性が開け、応用可能性が広がる。

このこととも関係して、ネットワーク科学の成果は、感染症対策、グーグルの検索機能、インターネットのパケット輸送、生態系の保護、など広い範囲で使われている。そのネットワーク科学の二大キーワードの片方がべき乗則なのである（もう一つは、本書でごく簡単に紹介された「スモールワールド」）。

本書でべき乗則の研究者として紹介されたスタンレー、アマラル、ニューマン、レドナー、スネッペンらは、ネットワーク研究に本格的に参入して、世界のネットワーク研究を牽引している。

ネットワーク科学の啓蒙書をいくつかあげて、本解説の終わりとしたい。訳者あとがきでも紹介されている、ブキャナンによる啓蒙書『複雑な世界、単純な法則――ネットワーク科学の最前線』の他に、例えば下記の書籍がある。

アルバート＝ラズロ・バラバシ『新ネットワーク思考――世界のしくみを読み解く』、青木薫訳、NHK出版、二〇〇二年ダンカン・ワッツ『スモールワールド・ネットワーク――世界を知るための新科学的思考法』、辻竜平・友知政樹訳、阪急コミュニケーションズ、二〇〇四年
増田直紀・今野紀雄『「複雑ネットワーク」とは何か――複雑な関係を読み解く新しいアプローチ』、講談社ブルーバックス、二〇〇六年
増田直紀『私たちはどうつながっているのか――ネットワークの科学を応用する』、中公新書、二〇〇七年

こと。

5. J. S. Langer, Nonequilibrium physics, in *Critical Problems in Physics* (Princeton University Press, 1997).

13. Edward Hallett Carr, *What is History?* p.52 (Penguin, 1990).
14. Peter Novick, *That Noble Dream,* p.139 (Cambridge University Press, 1988) に引用。

第14章

1. Richard Evans, *In Defence of History,* p.62 (Granta Books, 1997).
2. Alan J. Mackay, *A Dictionary of Scientific Quotations* (Adam Hilger, 1991) より。
3. Edward Hallett Carr, *What Is History?* p.54 (Penguin, 1990).
4. Edward Hallett Carr, *What Is History?* p.47 (Penguin, 1990) に引用。
5. Edward Hallett Carr, *What Is History?* p.46 (Penguin, 1990).
6. Edward Hallett Carr, *What Is History?* p.49 (Penguin, 1990).
7. A. de Tocqueville, *Democracy in America* (1852). (『アメリカのデモクラシー』［全4巻］, 松本礼二訳, 岩波文庫, 2005-2008)
8. Richard Evans, *In Defence of History,* p.133 (Granta Books, 1997).
9. Georg Wilhelm Friedrich Hegel, *Philosophy of Right,* p.295 (English translation, 1942).
10. Richard Evans, *In Defence of History,* p.62 (Granta Books, 1997) に引用。
11. Edward Hallett Carr, *What Is History?* p.23 (Penguin, 1990).
12. Niall Ferguson, Virtual history:towards a chaotic theory of the past, in *Virtual History* (ed. N. Ferguson) p.50 (Picador, 1997) に引用。

第15章

1. Duncan Watts, *Small Worlds* (Princeton University Press, 1999) (『スモールワールド――ネットワークの構造とダイナミクス』, 栗原聡・佐藤進也・福田健介訳, 東京電機大学出版局, 2006) に引用。
2. Stephen Jay Gould, *Wonderful Life,* p.284 (Penguin, 1991). (『ワンダフル・ライフ』, 渡辺政隆訳, ハヤカワ文庫, 2000)
3. Niall Ferguson, Virtual history:towards a chaotic theory of the past, in *Virtual History* (ed. N. Ferguson) p.72 (Picador, 1997).
4. Herbert Butterfield, *The Origins of History,* p.200 ff. (Eyre Methuen, 1981). Niall Ferguson, *Virtual History,* p.20 (Picador, 1997) も参照の

16. Ralph Kronig, The turning point, in *Theoretical Physics in the Twentieth Century:A Memorial Volume to Wolfgang Pauli*（eds M. Fierz and V. F. Weisskopf）, p.22（Interscience, 1960）.
17. Thomas Kuhn, *The Structure of Scientific Revolutions,* p.6（University of Chicago Press, 1996）.
18. Ralph Kronig, The turning point, in *Theoretical Physics in the Twentieth Century:A Memorial Volume to Wolfgang Pauli*（eds M. Fierz and V. F. Weisskopf）, pp.25-6（Interscience, 1960）.
19. Peter Novick, *That Noble Dream,* p.526（Cambridge University Press, 1988）.

第13章

1. John Krasher Price, *Government and Society*（New York University Press, 1954）.
2. Edward Hallett Carr, *What is History?*（Penguin, 1990）, 第二版の注釈。
3. Thomas Kuhn, *The Structure of Scientific Revolutions,* p.xi（University of Chicago Press, 1996）.
4. Sidney Redner, *Eur. Phys. J. B* 1998;4:131-4.
5. Cyril Domb, *The Critical Point,* p.130（Taylor&Francis, 1998）に引用。
6. Alan Mackay, *A Dictionary of Scientific Quotations*（Adam Hilger, 1991）に引用。
7. Paul Kennedy, *The Rise and Fall of the Great Powers,* p.xvi（Random House, 1987）.
8. Thomas Kuhn, *The Structure of Scientific Revolutions,* p.92（University of Chicago Press, 1996）.
9. Fyodor Dostoevsky, *Notes From Underground*（Penguin, 1972）の注釈。
10. J. S. Levy, *War in the Modern Great Power System 1495-1975,* p.215（University of Kentucky Press, 1983）. レヴィーの研究について指摘してくれた、ブルース・マラマッドに感謝する。
11. D. L. Turcotte, Self-organized criticality. *Rep. Prog. Phys.* 1999;62:1377-429.
12. Norman Davies, *Europe,* p.900（Pimlico, 1997）.（『ヨーロッパ』, 別宮貞徳訳, 共同通信社, 2000）

1926;24:733.

5. Harry Elmer Barnes, *The Genesis of the World War:An Introduction to the Problem of War Guilt,* pp.658-9（Scholarly Press, 1968）.
6. Richard Evans, *In Defence of History*（Granta Books, 1997）.
7. Edward Hallett Carr, *What Is History?*（Penguin, 1990）.（『歴史とは何か』, 清水幾太郎訳, 岩波新書, 1962）
8. Conyers Read. Peter Novick, *That Noble Dream,* p.192（Cambridge University Press, 1988）に引用。
9. Thomas Carlyle. Edward Hallett Carr, *What Is History?*（Penguin, 1990）に引用。
10. コンヤーズ・リードは実際は、上に引用した意見を述べた際、単に遠まわしに国内政治や国際政治の危機について述べただけである。彼がこの文を書いたのは1937年であるが、その頃アメリカの歴史学者には、学校の授業に社会科を導入すべきという教育専門家の要求に応えなければならないという強い圧力がかかっており、リードもその問題に巻きこまれていた。もっとも保守的な歴史学者たちはこの考えに激怒したが、リードは、彼らが自分たちの主張を貫くことこそが、より大規模革命的変化への状況を生み出すのだと忠告した。
11. Peter Novick, *That Noble Dream,* p.192（Cambridge University Press, 1988）.
12. Michael Polyani, The potential theory of adsorption:authority in science has its uses and its dangers. *Science* 1963;141:1012. 分かりやすくするため、第二文の言葉の順序を少し入れ替えた。
13. Thomas Kuhn, *The Structure of Scientific Revolutions,* p.10（University of Chicago Press, 1996）.（『科学革命の構造』, 中山茂訳, みすず書房, 1971）
14. クーンはしばしば、パラダイムには理論的学説だけでなく、数多くの概念や実践方法も含まれており、学説を自然界に適用する際にはそれらすべてが関与するということを、念入りに述べていた。つまり、パラダイムを「一連の優れた学説」と言うのは厳密には正しくない。しかしこうすることで議論がはるかに単純になるし、この点が先の議論に重大な問題を与えることもない。
15. Thomas Kuhn, *The Structure of Scientific Revolutions,* p.24（University of Chicago Press, 1996）.

Social Behaviour（New Classics library, 1999）に引用。
24. D. Watts and S. Strogatz, Collective dynamics of small-world networks. *Nature* 1998;393:440-2.

第11章

1. André Gide, *The Immoralist*, p.7（Random House, 1970）.
2. Fyodor Dostoevsky, *Notes From Underground*, p.41（Penguin, 1972）.（『地下室の手記』, 江川卓訳, 新潮文庫, 1969）
3. D. Helbing, J. Keltsch and P. Molnar, Modelling the evolution of human trail systems. *Nature* 1997;388:47-50.
4. D. Zanette and S. Manrubia, Role of intermittency in urban development:a model of large-scale city formation, *Phys. Rev. Lett.* 1997;79:523-6.
5. より正確に言うと、ザネットとマンルビアのモデルでは、世界のどの地域の人口も、毎年ランダムな割合で増減すると仮定されている。つまり人口はランダムに変化するのだが、一年間に増減する人の数はすでにそこに住んでいる人の数に比例する傾向がある。これは合理的な仮定である。ニューヨークの人口変化の人数は、明らかにテキサス州ラボックのものより大きいはずだ。
6. H. A. Makse, S. Havlin and H. E. Stanley, Modelling urban growth patterns. *Nature* 1995;377:608-12. あるいは、Michael Batty and Paul Longley, *Fractal Cities*（Academic Press, 1994）を参照。
7. J.-P. Bouchard and M. Mézard, Wealth condensation in a simple model of the economy. Los Alamos e-print（*cond-mat/0002374*）, 24 February 2000.

第12章

1. Richard Evans, *In Defence of History,* p.61（Granta Books, 1997）.
2. J. F. Jameson. Peter Novick, *That Noble Dream*（Cambridge University Press, 1988）に引用。
3. Sidney Fay, *The Origins of the World War*（Macmillan, 1949）.
4. Charles Beard, Heroes and villains of the World War. *Current History*

Wave Principle of Human Social Behaviour（New Classics Library, 1999）. 本章は、現代経済思想に対するプレクターの痛烈な批評に多く拠っている。

10. J. D. Farmer and A. Lo, Frontiers of finance:evolution and efficient markets. *Santa Fe Institute Working Paper 99-06-039*（1999）.
11. Alan Kirman, Paul Ormerod, *Butterfly Economics,* p.16（Faber, 1998）に引用。
12. R. E. Litton and A. M. Santomero, *Wall Street Journal,* 28 July 1998.
13. John Casti, Flight over Wall Street. *New Scientist,* 19 April 1997.
14. Benoit Mandelbrot, *J. Business* 1963;36:294.
15. P. Gopikrishnan, M. Meyer, L. A. N. Amaral and H. E. Stanley, *Eur. Phys. J. B* 1998;3:139.
16. Vasiliki Plerou *et al.,* Scaling of the distribution of price fluctuations of individual companies. Los Alamos e-print（*cond-mat/9907161*）, 11 July 1999. 技術的な正確さを期すには、株価の変動ではなく、株式の時価総額について述べるべきだ。S & P 500 指数は、500 社の株価の単なる平均ではなく、発行量の多い株式に重みをつけた加重平均である。同様に、一つの企業に対する調査では、株価と発行株数とを掛け合わせた値の変動に注目する。もちろんこれらの点は、市場が激しく変動するという結論を変えるものではない。
17. R. N. Mantegna, Levy walks and enhanced diffusion in the Milan stock exchange. Physica A 1991;179:232.
18. O. V. Pictet *et al.,* Statistical study of foreign exchange rates, empirical evidence of a price change scaling law and intraday analysis. *J. Bank. Finance* 1995;14:1189-208.
19. Y. Liu *et al.,* Statistical properties of the volatility of price fluctuations, *Phys. Rev.* E 1999;60:1-11.
20. Paul Ormerod, *Butterfly Economics,* p.36（Faber, 1998）.
21. D. Sornette and D. Zajdenweber, Economic returns of research:the Pareto law and its implications. Los Alamos e-print（*cond-mat/9809366*）, 27 September 1998.
22. T. Lux and M. Marchesi, Scaling and criticality in a stochastic multi-agent model of a financial market. *Nature* 1999;397:498-500.
23. Bernard Baruch. Robert Prechter Jr, *The Wave Principle of Human*

第10章

1．Wassily Leontief, Letter to the editor. *Science,* 9 July 1982.
2．Alfred Zauberman, *Guardian,* 5 October 1983.
3．John Kay, Cracks in the crystal ball. *Financial Times,* 29 September 1995.
4．OECD Economic Outlook, June 1993.
5．J. Rothchild, *The Bear Book*（John Wiley, 1998）.
6．再び、この単純で当然と思える変化を予想するのさえも、簡単ではないかもしれない。1997年に行なわれたある研究では、従来の経済モデルを扱うイギリスの五大団体に、公共投資の増加に対して経済はどう反応するか答えてもらった。その結果、このような一見単純な問題に対しても、理論上の意見の一致は見られないということが分かった。それぞれの団体が異なる数値をあげただけでなく、経済の生産活動を全体的に上昇させるか下降させるかについてさえ、意見は一致しなかったのである。Paul Ormerod, *Butterfly Economics*（Faber, 1998）（『バタフライ・エコノミクス――複雑系で読み解く社会と経済の動き』, 塩沢由典監修, 北沢格訳, 早川書房, 2001）を参照。
7．Rudiger Dornbush, Growth forever. *Wall Street Journal,* 30 July 1998.
8．Robert Schiller, Robert Prechter Jr, *The Wave Principle of Human Social Behaviour*（New Classics Library, 1999）に引用。
9．従来の経済理論が、予測の可能性を主張しているにもかかわらず惨めにも失敗しつづけているとしたら、どうして彼らは、この理論を役に立たないものとして捨て去らないのだろうか？ あるアナリストは、ありえそうなこととして、次のように示唆している。「経済学者たちは、たとえそれが失敗したとしても、自分たちのお気に入りの理論を捨てようとはしない。それは、その道具としての実用性を無駄にしたくないからだ。大脳皮質にとっては、知識や思考が不足したままでみずからを正当化してしまう方が、楽なのである。それゆえに彼らは、上昇相場のなかである日には、日経株価の上昇はアメリカの株価にとって明るい材料だと言い（『これは日本の不況が深刻なものではなく、アメリカに波及することもないと確信させるものである』)、次の日には、日経株価の下落はアメリカの株価にとって明るい材料だと言う（『資金が強い相場に流れてくる』）のである」Robert Prechter Jr, *The*

だ。しかし、この点についてバク＝スネッペンのゲームを批判するのは意味がない。このゲームに対するもっとも論理的な説明のなかでは、適応度についてはまったく言及されていないからだ。

8．生物学者たちがバク＝スネッペンのゲームに声高に異議を唱えたのは、皮肉なことである。このゲームは、もともとチャールズ・ダーウィン自身が思い描いていたものを数学的にうまく表現したものなのだ。ダーウィンは『種の起原』のなかで、次のように記している。「自然とは、柔らかい壁面のようなもので、そこには何万もの鋭い楔が並び、それらが一つまた一つと絶えず打ち込まれている」。ダーウィンに倣って、たくさんの楔が木の天井に打ち込まれている場面を想像してほしい。それぞれの楔が生物種を表わし、楔の深さが適応度を表わすとしよう。木材は完全に一様な材質ではないので、それぞれの楔は異なる「摩擦力」でそこに留まっている。いくつかの楔は他のものよりしっかりと止まっていて、それらをさらに打ち込むのは難しい。今誰かが、金槌をでたらめに当てながら、楔を最初は弱く、そして徐々に強く打っていき、どれかの楔が動くまで続けたとしよう。一番ありうるのは、もっとも弱い摩擦力で止まっていた楔が最初に動く場合である。その楔は叩かれてより深く食い込み、新たな摩擦力で留まることになる。その摩擦力は前より大きいかもしれないし、小さいかもしれない。そして再び金槌を打ちはじめる。この場面に一つ仮定を付け加えると、バク＝スネッペンのゲームが正確に再現されることになる。その仮定とは、ある楔が打ちこまれると、その隣の楔の摩擦力も変わるというものだ。これはまさにダーウィンが思い描いていたものであり、実際現実的な仮定である。楔が打ちこまれると、そばの木材の圧力が変わるからだ。

9．Francis Crick, *What Mad Pursuit,* p.136（Weidenfeld&Nicolson, 1988）.

10. Daniel Dennett, *Darwin's Dangerous Idea,* p.101（Penguin, 1995）.

11. もちろんニュートンは単に、運動の基本法則を作り上げようとしただけである。もし彼が月にロケットを送る計画を指揮していたとしたら、彼は詳細についてももっと考えに入れなければならなかっただろう。

12. Paul Anderson, *New Scientist,* 25 September 1969, p.638.

13. M. E. J. Newman, Self-organized criticality, evolution, and the fossil extinction record. *Proc. Roy. Soc. B* 1996;263:1605-10.

第9章

1. Umberto Eco, *Serendipity,* p.21 (Weidenfeld&Nicolson, 1999). (『セレンディピティ——言語と愚行』谷口伊兵衛訳, 而立書房, 2008)
2. P. Yodzis, The indeterminacy of ecological interactions, as perceived through perturbation experiments. *Ecology* 1988;69:508-15.
3. この点に関連してチャールズ・ダーウィンは、「ある地方にネコ科の動物がたくさん棲んでいると、それによってその地方のある種の花の数が左右されるのではないか」と推測した。ネズミはミツバチを好んで襲うので、ネズミが増えるとミツバチが減る。ネコはネズミを好んで食べるので、ネコが増えるとネズミが減ってミツバチが増える。そしてミツバチはムラサキツメクサと紫色や黄色のパンジーを授粉させるので、ミツバチが増えると花が増える。イギリス人のネコ好きは、この思いがけないが直接的な因果関係によって、美しい庭を作り出しているのだ。Jocelyn Kaiser, Of mice and moths - and Lyme disease? *Science* 1998;279:984 を参照のこと。
4. T. Keitt and H. E. Stanley, Dynamics of North American breeding bird populations. *Nature* 1998;393:257-60.
5. S. Kauffman and S. Johnsen, Coevolution to the edge of chaos - coupled fitness landscapes, poised states, and coevolutionary avalanches. *J. Theor. Biol.* 1991;149:467. あるいは S. Kauffman, *Origins of Order* (Oxford University Press, 1993).
6. たとえば、各遺伝的変化が一年間に100分の1の確率で起こると仮定しよう。すると、変化が立てつづけに3回起こる確率は約100万分の1、10回起こる確率は10の20乗分の1となる。離れた山まで移動できる可能性は、その距離が伸びるにつれて急激に減少する。
7. バクは、このモデルについて記すなかでしばしば、うっかり「種の適応度」という言葉を使っている。彼は話を単純にするために、棒の長さは、「進化するときにその種が飛び越えなければならない距離」ではなく、「種の適応度」を表わしているのだと記した。これが生物学者たちを怒らせることになった。適応度という特性は、少なくとも多くの生物学者にとって、種に正しく当てはめられないものだからである。正統的な（しかし異論もある）考え方によれば、進化は個体に作用するものなので、適応度とは個体にしか当てはめられない特性なの

(『絶滅のクレーター——T - レックス最後の日』, 月森左知訳, 新評論社, 1997)
13. Walter Alvarez, *T. rex and the Crater of Doom,* p.12 (Penguin, 1997).
14. 皮肉にも、アルヴァレズたちが衝突による大量絶滅に関する最初の論文を発表したわずか一年後に、実際にそのクレーターが発見された。石油探査に従事していた研究者たちは、1981年にその地点を調査し、世界最大の衝突クレーターが存在することを確認した。しかし彼らはアルヴァレズの説を知らなかった。科学者がこれらの事実を結びつけるのには、さらに10年かかった。
15. M. Benton, Scientific methodologies in collision:a history of the study of the extinction of the dinosaurs. *Evol. Biol.* 1990;24:371-400.
16. Walter Alvarez, *T. rex and the Crater of Doom,* p.15 (Penguin, 1997).
17. K. A. Farley, A. Montanari, E. M. Shoemaker and C. S. Shoemaker, Geochemical evidence for a comet shower in the late Eocene. *Science* 1999;280:1250-3.
18. Steven M. Stanley, *Extinction,* p.40 (W. H. Freeman, Scientific American Library, 1987). (『生物と大絶滅』長谷川善和・清水長訳, 東京化学同人, 1991)
19. Paul Wignall, *New Scientist,* 25 January 1992, p.55.
20. David Raup, *Bad Genes or Bad Luck,* pp.112-13 (W. W. Norton, 1991). (『大絶滅——遺伝子が悪いのか運が悪いのか?』, 渡辺政隆訳, 平河出版社, 1996)
21. David Jablonski, Background and mass extinctions:the alternation of macro-evolutionary regimes. *Science* 1986;231:131.
22. Richard Leakey and Roger Lewin, *The Sixth Extinction,* p.62 (Weidenfeld&Nicolson, 1996).
23. J. J. Sepkoski, Ten years in the library:new data confirm palaeontological patterns. *Palaeobiology* 1993;19:43.
24. M. J. Benton, Diversification and extinction in the history of life. *Science* 1995;268:52-8.
25. この話題については、次の総説に負うところが大きい。M. E. J. Newman and R. G. Palmer, Theoretical models of extinction:a review. *Santa Fe Institute Working Paper 99-08-061* (1999).

4．おそらくすべてではない。今では古生物学者たちは、わずかな恐竜が生き延び、そこから現代の鳥類が進化したと信じている。だから地球上にはいまだに恐竜がいるのだ！

5．F. B. Loomis, Momentum in variation. *Am. Nat.* 1905;39:839-43.

6．F. Nopsca, Notes on British dinosaurs. Part IV:*Stegosaurus priscus,* sp. Nov. *Geol. Mag.* 1911;8:143-53.

7．M. Benton, Scientific methodologies in collision:a history of the study of the extinction of the dinosaurs. *Evol. Biol.* 1990;24:371-400.

8．このことで私は、『ネイチャー』誌の前の編集者であるジョン・マドックスが用いた、巧みな心理作戦（そして明確な意思）のことを思い出す。マドックスは、論文に『……の証拠』という題をつけたがる著者たちには容赦せず、論文の題には実際に立証された事実を記すべきで、その事実が示唆する可能性のある物事を記してはならないと、いつも要求していた。著者たちはそれに対してしばしば異議を唱えたが、そんなときマドックスは、『……の証拠』という言葉を残すのなら、それをよりはっきりと『……の未確定の証拠』と修正したらどうかと提案した。私にはそれを受け入れた人がいるとは思えない。

9．S. A. Bowring *et al.,* U/Pb zircon geochronology and tempo of the end-Permian mass extinction. *Science* 1998;280;1039-45.

10. Charles Darwin, *The Origin of Species,* p.321（Penguin, 1985).（『種の起原』, 八杉龍一訳, 岩波文庫, 1990）これはダーウィンの名声を落とすものではない。現在我々は、進化の微妙な過程について議論をする余裕があるが、ダーウィンは、進化は現実のものだと当時の人々に認めさせるために戦いを繰り広げていた。スティーヴン・スタンレーが指摘しているように、ダーウィンは、「人為選択は農場で見ることができるが、自然界で選択が行なわれているのを見ることはできないという理由だけで、彼の理論に反論しようとする」人たちを黙らせるためだけに、進化は非常にゆっくりと作用することを読者に納得させなければならなかった。Steven Stanley, *Macro-evolution*（Johns Hopkins University Press, 1998）を参照。

11. L. W. Alvarez, W. Alvarez, F. Asaro and H. V. Michel, Extraterrestrial cause for the Cretaceous-Tertiary extinction. *Science* 1980;208:1095-108.

12. Walter Alvarez, *T. rex and the Crater of Doom,* pp.5-8（Penguin, 1997).

1991）に引用。
2. Samuel Karlin, Eleventh R. A. Fischer Memorial Lecture, Royal Society, 20 April 1983.
3. Hendrik Jensen, *Self-organized Criticality,* Cambridge Lecture Series in Physics 10, p.148（Cambridge University Press, 1998）.
4. B. Malamud, G. Morein and D. Turcotte, Forest fires:an example of self-organized critical behaviour. *Science* 1998;281:1840-2.
5. Stephen Pyne, *America's Fires*（Forest History Society, 1997）.
6. Steve Allison-Bunnell, *The Dance of Life and Death.* 森林火災に関する一連の論文。ウェブページで参照可能（http://www.discovery.com/）。
7. US Federal Wildland Fire Policy. ウェブページで参照可能（http://www.fs.fed.us/）。
8. D. Lockwood and J. Lockwood, Evidence of self-organized criticality in insect populations. *Complexity* 1999;2:49-58.
9. C. J. Rhodes and R. M. Anderson, Power laws governing epidemics in isolated populations. *Nature* 1996;381:600-2.
10. R. Garcia-Pelayo and P. D. Morley, Scaling law for pulsar glitches. *Europhys. Lett.* 1993;23:185.
11. V. Frette *et al.* Avalanche dynamics in a pile of rice. *Nature* 1996;379:49-52.
12. Per Bak, *How Nature Works,* p.51（Oxford University Press, 1996）.
13. A. Vespignani and S. Zapperi, How self-organized criticality works:a unified mean-field picture. *Phys. Rev.* E 1998;57:6345-62. Ronald Dickman, Miguel Muñoz, Alessandro Vespignani and Stefano Zapperi, *Paths to Self-Organized Criticality,* Los Alamos e-print（*cond-mat/9910454*）も参照のこと。

第8章

1. Laurence Sterne, *Tristram Shandy*（Wordsworth Editions, 1996）.（『トリストラム・シャンディ』，朱牟田夏雄訳，岩波文庫，1969）
2. Daniel Dennett, *Darwin's Dangerous Idea,* p.21（Penguin, 1995）
3. モンタナ州東部での化石探しの様子を描いたすばらしい物語は、Peter Ward's *The End of Evolution*（Weidenfeld&Nicolson, 1995）.

明された。彼はこの業績によってノーベル賞を受賞している。繰り込み群が普遍性の原理を証明したと言える。

12. たとえば1995年、チューリッヒ連邦工科大学の物理学者たちは、非常に薄い磁石を作成した。彼らは、原子一個分の厚さの鉄の膜を敷き、その上にさらに鉄の原子を不規則な斑点状に付着させた。いくつかの部分ではたまたま、原子三層分付着してしまった。その結果、オンサーガーの平面世界の磁石をうまく実現化させることはできなかった。この鉄の層は完全に二次元状ではないし、磁石が完全な格子状に並んでもいない。他にも違いがある。量子力学の法則によれば、鉄が金属であるためにこの原子磁石は局所的でさえない。各原子磁石はある非常に奇妙な形で大きな領域に「広がっている」のだ。さらに、モデルでは近傍の原子との間の相互作用が完全に等しかったのに対して、この不規則な鉄の膜ではそれが微妙に違っていた。それでもなお、この粗雑な鉄の薄膜における臨界指数は、オンサーガーのモデルのものと完全に一致した。次元の数と秩序変数の大きさが等しいというだけで十分だったのだ。C. H. Back *et al.,* Experimental confirmation of universality for a phase transition in two dimensions. *Nature* 1995;378:597-600.

13. 一つ注意。この章で我々が扱った臨界状態は、二つの異なる相の間に留まっている平衡系において生じたものである。平衡系に関しては、どんな温度においてもその系の振る舞い方を導き出す一般的方法が存在し、そこからケネス・ウィルソンの繰り込み群の考え方を使って普遍性の原理を導き出される。平衡から外れた系についてはこれまで誰も、平均的な状態がどのようなものか、あるいはその平均からの変動がどれほど大きいものになるかを導き出すための方法を見つけることには、成功していない。そのため、すべての非平衡系に適用できるような、普遍性に関する一般的な理論は、まだ存在していない。しかし物理学者たちは、たくさんの単純な非平衡系を研究し、それらが実際に普遍性クラスに分類されることを見出している。したがって非平衡系においても、何らかの普遍性が成り立つのは確かなようである。

第7章

1. Alan J. Mackay, *A Dictionary of Scientific Quotations*（Adam Hilger,

8．磁石が二つの方向のうち一方向を向くのは、完全に偶然の結果である。シミュレーションを1000回行なうと、磁石は約500回は上向きの状態になり、約500回は下向きの状態になる。磁石が二つの方向のうち片方をより好むということはない。最終的にどちらを向くかは、初めのランダムな状態の細部に依存する。物理学者たちはこれを、自発的な対称性の破れと呼んでいる。上向きと下向きとは物理的に同等なので、本来この問題は対称的なものなのだが、実際には対称性が破れるのである。

9．記述をできるだけ単純にするために、私は物理学で通常使われる用語から少し逸脱している。物理学者たちは、「臨界値」という言葉の代わりに、「臨界指数」という言葉を使っている。この二つの言葉の関係は非常に単純である。グーテンベルク＝リヒターのべき乗則によれば、エネルギーを解放する地震の頻度は、の二乗に反比例する。したがって地震のエネルギーが二倍になると、その頻度は四分の一になる。本書を通して私は、べき乗則の正確な特徴を表わすのに、この「四」に相当する数を使っている。問題となっている物事の規模を二倍にすると、その物事の頻度は何分の一になるか？　これが私の使っている臨界値の意味だ。一方グーテンベルク＝リヒター則における臨界指数とは、の肩についているべき数の「二」のことである。したがって、これら二つの数の関係は次のようになる。私の使っている臨界値は、二の臨界指数乗、つまり2(臨界指数) に等しくなる。奇妙な小細工に思えるかもしれない。私は、1.5や、1.31や、マイナス1.6といった整数でない数が肩に付いている式を使うと混乱する人がいると思ったので、このような式を使わなくて済むようにこの小細工をしたのだ。いずれにせよ、べき乗則を正確に扱うためにどの数を使うべきかといった決まり事はない。重要な点は、べき乗則にはいろいろな種類があるが、それでもすべてのべき乗則は同じ特別な自己相似性を有しているということである。

10．ほとんどどんな事柄も問題にはならない。物理学には必ず例外が存在する。重要となるもう一つの事柄は、粒子間の相互作用の距離である。粒子同士が長距離にわたって相互作用できれば、そのシステムは別の普遍性クラスに分類される。

11．このことは、コーネル大学のケネス・ウィルソンによって構築された、繰り込み群の理論と呼ばれるものを使って、1970年代に数学的に証

continuous, non-conservative cellular automaton modeling earthquakes. *Phys. Rev. Lett.* 1992;68:1244-7.

9．K. Ito, Punctuated equilibrium model of evolution is also an SOC model of earthquakes. *Phys. Rev. E* 1995;52:3232-3.

10．Francis Crick, *What Mad Pursuit,* p.136（Weidenfeld&Nicolson, 1988）.（『熱き探究の日々——ＤＮＡ二重らせん発見者の記録』, 中村桂子訳, TBS ブリタニカ, 1989）

第６章

1．J. Robert Oppenheimer, *The Open Mind*（Simon&Schuster, 1955）.

2．Homer Adkins, *Nature* 1984;312:212.

3．Alan Mackay, *A Dictionary of Scientific Quotations*（Bristol, IOP Publishing, 1991）より。

4．この説明では、粘性の効果を完全に適切に表現したことにはならない。粘性は必ずしも運動の速度を下げるわけではないからだ。スープは粘性をもっているため、スープの入った器を回転させると、中のスープもすぐに同じように回転しはじめる。同じ実験を超流動体のスープで行なうと、液体は静止したままになる。数年前、カリフォルニア大学バークレー校の物理学者リチャード・パッカードたちは、この効果を利用して見事な実験を行なった。彼らは超流動体を小さなドーナツ状の器に入れた。この器はちょうど、ミニチュアの豚用の餌入れをまるく曲げて端と端とを繋げたような形をしている。彼らはこの器を実験室の台の上に固定した。そうすることで器は地球に固定され、一日一回、回転することになる。一方、超流動体は静止しようとするので、器に対して流れることになる。パッカードのチームは、この流れを測定することによって、地球の自転の速度を1000分の１以内の精度で測定することに成功した。

5．Cyril Domb, *The Critical Point,* p.130（Taylor&Francis, 1996）に引用。

6．Daniel Dennett, *Darwin's Dangerous Idea,* p.174（Penguin, 1995）.（『ダーウィンの危険な思想——生命の意味と進化』, 山口泰司監訳, 青土社, 2000年）

7．J. J. Binney *et al.*, *An Introduction to the Theory of Critical Phenomena*（Oxford University Press, 1992）から改図。

4. Benoit Mandelbrot, *The Fractal Geometry of Nature* (Freeman, 1983).（『フラクタル幾何学』，広中平祐監訳，日経サイエンス社，1985）
5. スケール不変な幾何学図形という概念は少なくとも、ドイツの数学者カリ・フォン・ワイエルストラウスの1872年の研究にまで遡ることができる。
6. B. V. Chirikof, A universal instability of many-dimensional oscillator systems. *Phys. Rep.* 1979;52:265-379.
7. 結晶の成長を開始させるには、固体の塩の小さな粒を入れて「種付け」をしたり、中に紐をぶら下げて成長過程を引き起こさせたりすることになる。しかし成長過程がひとたび始まれば、その後はみずからの力で成長を続けていく。

第5章

1. John von Neumann, *Collected Works,* vol. 6, p.492 (Pergamon, 1961).
2. Friedrich Nietzsche, *Twilight of the Idols* (Penguin, 1990).（『偶像の黄昏／反キリスト者』［ニーチェ全集14］，原佑訳，ちくま学芸文庫，1994）
3. Albert Camus, *The Myth of Sisyphus* (Penguin, 1975).
4. サンアンドレアス断層帯に関する代表的なデータは次の論文にある。R. E. Wallace, Surface fracture patterns along the San Andreas fault, *in Proceedings of the Conference on Tectonic Problems of the San Andreas Fault System, Spec. Publ. Geol. Sci.* 13, R. Kovach and A. Nur (eds), pp.248-50 (Stanford University, 1973).
5. R. Burridge and L. Knopoff, *Bull. Seismol. Soc. Am.* 1967;57:341.
6. P. Bak and C. Tang, Earthquakes as a self-organized critical phenomenon. *J. Geophys. Res.* 1989;B94:15635.
7. 砂山と地震とを関連づけたのはバクとタンだけではないということは、触れておく必要がある。同じ頃、何人かの研究者が同時に独立に、同じような結論に達した。例として次の論文を参照のこと。A. Sornette and D. Sornette, Self-organized criticality and earthquakes. *Europhys. Lett.* 1989;9:197. あるいは、K. Ito and M. Matsuzaki, Earthquakes as self-organized critical phenomena. *J. Geophys. Res.* 1990;95:6853.
8. Z. Olami, H. J. Feder and K. Christensen, Self-organized criticality in a

Report, pp.83-163（1983). この地域では、その後1989年にロマ・プリータ地震が起こっており、何人かの研究者はこの地震を、予知に成功した稀な例だとしている。しかし、他の研究者たちがロマ・プリータ近郊の断層をより詳しく調べた結果、断層のこの部分は、1906年の地震では他の部分と同じ程度滑ったという結論に達した。したがって、もともとの予知には根拠がなかったことになる。この件に関してはまだ議論が続いている。Robert Geller, Earthquake prediction:a critical review. *Geophys. J. Int.* 1997;131:425-50を参照のこと。

7. P. M. Davis, D. D. Jackson and Y. Y. Kagan, The longer it's been since the last earthquake, the longer the expected time till the next? *Bull. Seismol. Soc. Am.* 1989;79:1439-56.
8. R. Geller, Earthquake prediction:a critical review. *Geophys. J. Int.* 1997;131:425-50.
9. 鐘形曲線が幅広く適用できるのは、数学者が「中心極限定理」と呼んでいるものの結果である。この印象的な名前は、ある単純な事実を表わしている。膨大な数の独立した物事が結果に影響するような場合には、その結果は必ず鐘形曲線に従うということである。サイコロを100回投げて、その目の数字を足し合わせてみよう。そしてそれを何度も何度も繰り返して、結果をグラフに表わしてみよう。すると必ず、平均値350を中心とした鐘形曲線状の分布が得られるはずだ。これは、それぞれのサイコロ投げが互いに独立しているために成り立つ。中心極限定理は非常に強力な数学の道具であるが、すべての物事が鐘形曲線に従うということを言っているわけではない。現代科学は、やはり膨大な数の物事が鐘形曲線に従わないということを見出してきた。
10. 彼らは凍ったジャガイモ（もちろん皮をむいたもの）以外に、石膏や石鹸など、他の物でも実験した。結果はどれもほぼ一緒だった。L. Oddershede, P. Dimon and J. Bohr, Self-organized criticality in fragmenting. *Phys. Rev. Lett.* 1993;71;3107-10を参照のこと。

第4章

1. Max Gluckman, *Politics, Law and Ritual,* p.60（Mentor Books, 1965).
2. John Archibald Wheeler, *Am. J. Phys.* 1978;46:323.
3. Isaiah Berlin, *Concepts and Categories,* p.159（Pimlico, 1999).

Evaluation Council, March 29-30, 1985. *USGS Open File Report* 85-507.
18. A proposed initiative for capitalizing on the Parkfield, California earthquake prediction. *Commission on Physical Sciences, Mathematics and Resources,* National Research Council（National Academy Press, Washington DC, 1986).
19. 'Small earthquake somewhere, next year - perhaps.' *The Economist,* I August 1987.
20. Y. Y. Kagan, Statistical aspects of Parkfield earthquake sequence and Parkfield prediction experiment. *Tectonophysics* 1997;270:207-19.
21. Richard Evans, *In Defence of History,* p.59（Granta Books, 1997).
22. 正確に言うとマントルの成分は、実際には液体ではなく、固体の鉱物の集合体である。しかし、非常に高い温度で強烈な圧力の下では、まるで液体のように流れようとする。その動きが非常に遅いだけである。
23. 米国地質調査所のウェブサイト、http://www-socal.wr.usgs.gov/index.html.

第３章

1. Friedrich Nietzsche, *Twilight of the Idols,* p.62（Penguin, 1990).
2. Eric Temple Bell, *Mathematics:Queen and Servant of Science*（McGraw-Hill, 1940).（『数学は科学の女王にして奴隷』［I・II］, 河野繁雄訳, ハヤカワ文庫 , 2004）
3. Eliza Bryan, in *Lorenzo Dow's Journal,* pp.344-6（Joshua Martin, 1849).
4. 一つ例外がある。いわゆる「深部地震」は、もろい地殻ではなくもっと下の方で起こっており、これは、岩石の一部が膨大な圧力の下で突然相転移するとき、つまり分子の並び方が突然変化するときに起こる。この相転移によって岩石の体積が突然変化し、それが地震を引き起こす。
5. Francis Fukuyama, *The End of History and The Last Man,* p.331（Penguin, 1992).
6. C. H. Scholz, Whatever happened to earthquake prediction? Geotimes 1997;42:16-19. もとのレポートは Preliminary assessment of long-term probabilities for large earthquakes along selected fault segments of the San Andreas fault system in California, *US Geological Survey Open File*

吉田映子訳, 彩流社, 1994)

9. R. J. Geller, Predictable publicity. *Seismol. Res. Lett.* 1997;68:477-80.
10. もちろん、もっと大雑把な「予知」はいつでも役に立つ。カリフォルニア州や日本といった地域は過去に数々の地震に襲われたが、ニューヨーク州やイギリスではほとんど地震が起こっていないということを、我々は知っている。したがって、ある地域では他の地域よりも地震の危険が大きいということになる。この知識は、危険性の高い地域の建築基準を決めるうえでは大いに役に立つが、特定の地震については何も教えてはくれない。
11. R. J. Geller, Earthquake prediction:a critical review. *Geophys. J. Int.* 1997;131:425-50.
12. P. B. Medawar, *Pluto's Republic* (Oxford University Press, 1984).
13. 『ネイチャー』誌オンライン・ディベートの、トピック Is Earthquake Prediction Possible? の初めの Ian Main のコメントを参照。この議論の場は1999年に開設され、世界の代表的な地震専門家の多くが参加した。各発言は、http://www.nature.com/ で参照できる。
14. ある研究者たちはいくつかの比較的信頼できる前兆を発見したと主張しているが、彼らの議論はばかげた方向へとそれている。たとえば『ネイチャー』誌オンライン・ディベートで、ある参加者は次のように主張した。「すべての地震のうち、10から30パーセントは発生前一週間以内に前震を伴い、いくつかは一年程度の地震活動の後に起こり、いくつかは何年にもわたって増加した偶力が解放された後に起こり、いくつかは地震の静穏期の後に起きている」言い換えると、地震のうち何回かは一週間程度の地震活動の後に起こり、別の何回かは一年程度の活動の後に起こり、また別の何回かはまったく地震活動がなかった後に起きた、ということだ。地震の前には必ず何かが起こるが、ときには「何も起きない」ということがあるのだ。確かに信頼できる前兆かもしれないが、あまり役に立ちそうにはない。
15. 地震のマグニチュードは、地震の総エネルギーを示し、対数的な数値となっている。したがって、マグニチュード7の地震は、マグニチュード6の地震よりも10倍強力だということになる。
16. W. H. Bakun and A. G. Lindh, The Parkfield, California, earthquake prediction experiment. *Science* 1985;229:619-24.
17. C. F. Shearer, Minutes of the National Earthquake Prediction

19. P. Bak, C. Tang and K. Wiesenfeld, Self-organised criticality:an explanation of 1/f noise. *Phys. Rev. Lett.* 1987;59:381-4.
20. Per Bak, *How Nature Works* (Oxford University Press, 1996).
21. バク、タン、ヴィーゼンフェルドのコンピュータ上での砂山ゲームは、実際には本物の砂山で起こる雪崩を正確には再現していない。しかしそれは重要なことではない。皮肉にも、彼らのコンピュータゲームは今では、我々の世界のあらゆる階層で起こる魅力的な現象の典型例として、どんな現実の砂山よりも計り知れないほど重要だとみなされている。これについては、第7章でより詳しく述べることにしよう。
22. Paul Kennedy, *The Rise and Fall of the Great Powers* (Random House, 1987).(『大国の興亡――1500年から2000年までの経済の変遷と軍事闘争』,鈴木主税訳,草思社,1993)

第2章

1. Paul Valéry, *Analects. Collected Works,* vol. 14, ed. J. Matthew (Routledge,1970).
2. Charles Richter, Acceptance of the Medal of the Seismological Society of America, *Bull. Seismol. Soc. Am.* 1977;67:1244-7.
3. W. Spence, R. B. Hermann, A. C. Johnston and G. Reagor, Responses to Iben Browning's prediction of a 1990 New Madrid, Missouri, earthquake. *US Geological Survey Circular,* 1083 (US Government Printing Office, 1993).
4. T. Rikitake, The large-scale earthquake countermeasures act and the earthquake prediction council in Japan. *Eos. Trans. Am. Geophys. Un.* 1979;60:553-5.
5. B. T. Brady, Theory of earthquakes - IV. General implications for earthquake prediction, *Pure Appl. Geophys.* 1976;114:1031-82.
6. USC Geology Chairman Forecasts Quake, *Los Angeles Times,* 29 April 1995.
7. J. R. Gribben and S. H. Plagemann, *The Jupiter Effect* (Macmillan, 1974).(『真説・木星効果――かきなおされた「惑星直列」理論』,杉元賢治・額川栄治訳,講談社,1983)
8. Mark Twain, *Life on the Mississippi.* (『ミシシッピの生活』[上・下],

原 注

第1章

1. John Kenneth Galbraith, Letter to John F. Kennedy, 2 March 1962, in *Ambassador's Journal,* p.312（Houghton-Mifflin, 1969）.
2. Paul Valéry, Variété IV.
3. A. J. P. Taylor, *The First World War*（Penguin, 1970）.（『第一次世界大戦――目で見る戦史』，倉田稔訳，新評社，1992）
4. たとえば、Niall Ferguson, *The Pity of War*（Penguin, 1998）を参照せよ。
5. Clarence Alvord. Peter Novick, *That Noble Dream,* pp.131-2（Cambridge University Press, 1988）より引用。
6. Niall Ferguson, *The Pity of War,* p.146（Penguin, 1998）.
7. Francis Fukuyama, *The End of History and the Last Man*（Penguin, 1992）.（『歴史の終わり』，渡部昇一訳，三笠書房，1992）
8. H. A. L. Fisher, Richard Evans, *In Defence of History,* pp.29-30（Granta Books, 1997）（『歴史学の擁護――ポストモダニズムとの対話』，今関恒夫・林以知郎監訳，晃洋書房，1999）より引用。
9. 神戸市ウェブサイト、http://www.city.kobe.jp/.
10. Paul Somerville, The Kobe earthquake:an urban disaster. Eos 1995;76:49-51.
11. Rocky Barker, *Yellowstone Fires and Their Legacy* より引用、http://www.idahonews.com/yellowst/yelofire.htm で参照可能。
12. *Wall Street Journal,* 23 September 1987.
13. *Wall Street Journal,* 26 August 1987.
14. *Wall Street Journal,* 7 October 1987.
15. *Wall Street Journal,* 19 October 1987.
16. Robert Prechter Jr, *The Wave Principle of Human Social Behaviour,* p.378（New Classics Library, 1999）.
17. William James, *Principles of Psychology,* vol. 2, ch. 22（Dover, 1950）.
18. Albert Camus, *The Myth of Sisyphus*（Penguin, 1975）.（『シーシュポスの神話』，清水徹訳，新潮文庫，1982）

原注

第1章

1. John Kenneth Galbraith, Letter to John F. Kennedy, 2 March 1962, in *Ambassador's Journal*, p. 312 (Houghton Mifflin, 1969).
2. Paul Valéry, *Variété IV*.
3. A. J. P. Taylor, *The First World War* (Penguin, 1966). [illegible]
4. [illegible] Niall Ferguson, *The Pity of War* (Penguin, 1998). [illegible]
5. Clarence Alvord, Peter Novick, *That Noble Dream*, pp. 131–2 (Cambridge University Press, 1988) [illegible]
6. Niall Ferguson, *The Pity of War*, p. 140 (Penguin, 1998).
7. Francis Fukuyama, *The End of History and the Last Man* (Penguin, 1992). [illegible]
8. H. A. L. Fisher, Richard Evans, *In Defence of History*, p. 29 (Granta Books, 1997). [illegible]
9. [illegible] http://www.city.kobe.jp/
10. Paul Somerville, 'The Kobe earthquake: an urban disaster', *Eos*, 1995.
11. Rocky Barker, 'Yellowstone Fires and Their Legacy', [illegible] http://www.idahonews.com/yellowst/[illegible]
12. *Wall Street Journal*, 23 September 1987.
13. *Wall Street Journal*, 28 August 1987.
14. *Wall Street Journal*, [illegible] October 1987.
15. *Wall Street Journal*, 19 October 1987.
16. Robert Frechter Jr, *The Wine Cellar of Remote Social Reformer*, [illegible] (New Classical Library, 1996).
17. William James, *Principles of Psychology*, vol. 2, ch. 22 (Dover, 1950).
18. Albert Camus, *The Myth of Sisyphus* (Penguin, 1975). [illegible]

本書は二〇〇三年十一月に早川書房より単行本『歴史の方程式――科学は大事件を予知できるか』として刊行された作品を改題、文庫化したものです。

〈数理を愉しむ〉シリーズ

史上最大の発明アルゴリズム
——現代社会を造りあげた根本原理
デイヴィッド・バーリンスキ／林大訳

数学者たちの姿からプログラミングに必須のアルゴリズムを描いた傑作。解説・小飼弾。

不可能、不確定、不完全
「できない」を証明する数学の力
ジェイムズ・D・スタイン／熊谷玲美・田沢恭子・松井信彦訳

〝できない〟ことの証明が豊かな成果を産む——予備知識なしで数学の神秘に触れる一冊

物質のすべては光
——現代物理学が明かす、力と質量の起源
フランク・ウィルチェック／吉田三知世訳

物質の大半は質量0の粒子から出来ている!? 素粒子物理の最新理論をユーモラスに語る。

隠れていた宇宙 上下
ブライアン・グリーン／竹内薫監修／大田直子訳

先端理論のあるところに多宇宙あり!? その凄さと面白さをわかりやすく語る科学解説。

偶然の科学
ダンカン・ワッツ／青木創訳

ネットワーク科学の革命児が、「偶然」で動く社会と経済のメカニズムを平易に説き語る

マシュマロ・テスト
――成功する子・しない子

The Marshmallow Test

ウォルター・ミシェル

柴田裕之訳

ハヤカワ文庫NF

目の前のご馳走を我慢できるかどうかで子どもの将来が決まる？　行動科学史上最も有名な実験の生みの親が、半世紀にわたる追跡調査からわかった「意志の力」のメカニズムと高め方を明かす。カーネマン、ピンカー、メンタリストＤａｉＧｏ氏推薦の傑作ノンフィクション。解説／大竹文雄

100年予測

The Next 100 Years

ジョージ・フリードマン
櫻井祐子訳

ハヤカワ文庫ＮＦ

各国政府や一流企業に助言する
政治アナリストによる衝撃の未来予想

「影のＣＩＡ」の異名をもつ情報機関が21世紀を大胆予測。ローソン社長・玉塚元一氏、ＪＳＲ社長・小柴満信氏推薦！ 21世紀半ば、日本は米国に対抗する国家となりやがて世界戦争へ？ 地政学的視点から世界勢力の変貌を徹底予測する。解説／奥山真司

国家はなぜ衰退するのか（上・下）

——権力・繁栄・貧困の起源

Why Nations Fail

ダロン・アセモグル&ジェイムズ・A・ロビンソン

鬼澤 忍訳

ハヤカワ文庫NF

歴代ノーベル経済学賞受賞者が絶賛する新古典

なぜ世界には豊かな国と貧しい国が存在するのか？　ローマ帝国衰亡の原因、産業革命がイングランドで起きた理由、明治維新が日本に与えた影響など、さまざまな地域・時代の事例をもとに、国家の盛衰を分ける謎に注目の経済学者コンビが挑む。解説／稲葉振一郎

訳者略歴　翻訳家　東京大学理学部卒　主な訳書に『重力の再発見』モファット，『量子コンピュータとは何か』ジョンソン（以上早川書房刊），『もっとも美しい対称性』スチュアート，『太陽系はここまでわかった』コーフィールド，『論理ノート』マキナニー　他多数

HM=Hayakawa Mystery
SF=Science Fiction
JA=Japanese Author
NV=Novel
NF=Nonfiction
FT=Fantasy

〈数理を愉しむ〉シリーズ

歴史(れきし)は「べき乗則(じょうそく)」で動(うご)く
種の絶滅から戦争までを読み解く複雑系科学

〈NF358〉

二〇〇九年八月二十五日　発行
二〇一八年九月二十五日　七刷
（定価はカバーに表示してあります）

著者　マーク・ブキャナン
訳者　水谷(みずたに)　淳(じゅん)
発行者　早川　浩
発行所　株式会社　早川書房

郵便番号　一〇一‐〇〇四六
東京都千代田区神田多町二ノ二
電話　〇三‐三二五二‐三一一一（大代表）
振替　〇〇一六〇‐三‐四七七九九
http://www.hayakawa-online.co.jp

乱丁・落丁本は小社制作部宛お送り下さい。
送料小社負担にてお取りかえいたします。

印刷・中央精版印刷株式会社　製本・株式会社明光社
Printed and bound in Japan
ISBN978-4-15-050358-1 C0140

本書は活字が大きく読みやすい〈トールサイズ〉です。